上海市政工程设计研究总院（集团）有限公司成立 70 周年

纪念上海市政工程设计研究总院（集团）有限公司
成立 70 周年系列丛书

道法自然 城水共生

——海绵城市规划设计
关键技术研究与典型案例

陈红缨　陈　嫣　吕永鹏　邹伟国　雷洪犇◇编著

上海市政工程设计研究总院（集团）有限公司◇组织编写

中国建筑工业出版社

图书在版编目（CIP）数据

道法自然　城水共生：海绵城市规划设计关键技术研究与典型案例/陈红缨等编著；上海市政工程设计研究总院（集团）有限公司组织编写 . -- 北京：中国建筑工业出版社，2025.1. --（纪念上海市政工程设计研究总院（集团）有限公司成立 70 周年系列丛书）. -- ISBN 978-7-112-30746-3

Ⅰ . TU984.2

中国国家版本馆 CIP 数据核字第 2024LF5271 号

责任编辑：于　莉　李玲洁
责任校对：张惠雯

纪念上海市政工程设计研究总院（集团）有限公司成立 70 周年系列丛书

道法自然　城水共生
——海绵城市规划设计关键技术研究与典型案例

陈红缨　陈　嫣　吕永鹏　邹伟国　雷洪犇　编著
上海市政工程设计研究总院（集团）有限公司　组织编写

*

中国建筑工业出版社出版、发行（北京海淀三里河路 9 号）
各地新华书店、建筑书店经销
北京海视强森图文设计有限公司制版
天津裕同印刷有限公司印刷

*

开本：787 毫米 ×1092 毫米　1/16　印张：22¼　字数：429 千字
2025 年 1 月第一版　2025 年 1 月第一次印刷
定价：248.00 元
ISBN 978-7-112-30746-3
（44473）

编委会

主　　编：陈红缨　陈　嫣　吕永鹏　邹伟国　雷洪犇

副 主 编：莫祖澜　严　飞　邵奕敏　江伟民　李春光

参编人员：

丁　磊　于　江　马　玉　马　超　马成锦

王　盼　王诗婧　王维仪　王腾澔　王蔚卿

方　宇　汉京超　匡昊南　吉　驰　朱　骅

朱　琳　仲明明　刘　爽　刘　鑫　刘婧颖

闫　鹏　严　钰　李　志　李　彤　李运杰

李明将　李岳泽　李新建　李慧杰　杨　洋

杨思明　吴　焱　吴朱昊　吴晨浩　何　磊

沈红联　陈　建　陈　涛　陈　铭　陈国生

武振东　周文武　郝晓宇　胡天天　胡添翼

姜文超　贺　佳　袁　悦　聂俊英　钱　露

徐旻辉　栾敬帅　郭　烨　唐燕华　黄欣怡

章智勇　梁昕荔　韩松磊　程丹丹　程艮凤

程锐辉　谢　胜　鲍竹兵　司马勤　沙　超

前　言

　　水作为人类生存之本、文明之源、生态之基，是城市最灵动的元素、最宝贵的自然资源。改革开放以来的快速城镇化，带动了城市经济增长和生活水平的提高，粗放的城市建设也引发了各种城市病：交通拥堵、城市内涝、黑臭水体、资源破坏等，大刀阔斧式的城市开发建设模式已无法适应新时代城市发展要求，无法满足人民日益增长的对美好生活向往的需求。面对复杂的城市水问题，2013 年 12 月，习近平总书记在中央城镇化工作会议上提出要建设自然积存、自然渗透、自然净化的"海绵城市"。

　　海绵城市建设是顺应自然的生态文明建设思想在中国式现代化城市规划建设中的充分体现，为统筹城市水安全、水环境、水生态、水资源多维度发展目标，提高新型城镇化治理水平，促进人与自然和谐共生提供了新理念、新方法。上海市政工程设计研究总院（集团）有限公司自 2015 年起，作为海绵城市建设的主力军之一，作为中国工程建设标准化协会海绵城市工作委员会、中国城镇供水排水协会海绵城市建设专业委员会副主任委员单位，主编、参编多部与海绵城市有关的国家、地方和行业标准，为我国 30 多个城市提供海绵城市相关规划、设计和技术服务，承接了上海、厦门、珠海、南平、汕头、芜湖、金华、汕头、六安等多个试点和示范城市的全过程咨询服务，有较为丰富的东部地区海绵城市规划设计经验。2024 年是上海市政工程设计研究总院（集团）有限公司成立 70 周年，本书作为"纪念上海市政工程设计研究总院（集团）有限公司成立 70 周年系列丛书"之一，对十年来总院开展的海绵城市规划设计技术和优秀案例进行总结，向总院 70 周年庆致敬。

本书共 4 篇 8 章。第 1 篇为制度篇，对国家和相关省市为推进海绵城市建设出台的支持政策、技术标准、资金保障、建设管控等机制进行梳理和总结；第 2 篇为理论篇，对海绵城市规划编制体系和技术方法、系统方案的技术方法以及排水防涝、水环境治理技术进行总结；第 3 篇为实践篇，对城市、片区层级规划、系统方案等典型案例以及排水防涝、水环境治理、建筑和小区、道路交通、绿地和广场、河湖水体等典型工程实例和智慧案例进行总结；第 4 篇为展望篇，对系统化全域推进海绵建设要求提出思考。本书以期为规划设计同行、政府管理部门提供技术参考，为上海及全国系统化全域推进海绵城市建设贡献总院智慧。

感谢全国工程勘察设计大师张辰首席总工程师、上海市政工程设计研究总院（集团）有限公司总工程师办公室、海绵城市建设技术研究中心以及各参编部门和人员对本书编写的大力支持。由于时间仓促和编者水平有限，书中不足和疏漏之处在所难免，敬请同行和读者指正。

目 录

制
度
篇

理论篇

第3章　海绵城市规划技术

第 4 章 排水防涝和水环境治理技术

实
践
篇

第 5 章 规划案例

第6章　工程实例

第7章　智慧案例

展望篇

第 8 章 展望

参考文献

制度篇

国家推进海绵城市建设的制度

系统化全域推进
科学化技术保障
持续化政策支持

各省市推进海绵城市建设的制度

多维度资金引导
全流程建设管控
多层级工作组织

第1章　国家推进海绵城市建设的制度

1.1　持续化政策支持

我国城市建设取得显著成就，同时也存在开发强度高、硬质铺装多等问题。特别是建筑屋面、道路、地面等设施建设导致下垫面过度硬化，改变了城市原有自然生态本底和水文特征，70% 以上的降雨形成径流被排放，城市"大雨必涝、雨后即旱"，带来水生态恶化、水资源紧缺、水环境污染、水安全缺乏保障等问题，严重影响人们生产生活和城市有序运行。

2013 年 12 月 12 日，习近平总书记在中央城镇化工作会议上针对中国城镇化过程中出现的城市病，尤其是城市水少、水脏的资源环境问题直接影响到城镇化建设质量和居民美好生活品质，首次提出在提升城市排水系统时要优先考虑把有限的雨水留下来，优先考虑更多利用自然力量排水，建设自然存积、自然渗透、自然净化的"海绵城市"；之后，在 2014 年考察京津冀协同发展座谈会、中央财经领导小组第五次会议、2016 年中央城市工作会议等场合，反复多次强调要建设海绵城市。海绵城市建设是城市发展理念和建设方式的转型，是通过加强城市规划建设管理，充分发挥建筑、道路和绿地、水系等生态系统对雨水的吸纳、蓄渗和缓释作用，有效控制雨水径流，实现自然积存、自然渗透、自然净化的城市发展方式。

1.1.1　出台指导意见

2015 年 10 月，国务院办公厅印发《关于推进海绵城市建设的指导意见》，部署推进海绵城市建设工作，敲定推进海绵城市建设的"时间表"和"路线图"，指出建设海绵城市，统筹发挥自然生态功能和人工干预功能，有效控制雨水径流，实现自然积存、自然渗透、自然净化的城市发展方式，有利于修复城市水生态、涵养水资源，增强城市防涝能力，扩大公共产品有效投资，提高新型城镇化质量，促进人与自然和谐发展；因地制宜确定海绵城市建设目标和具体指标，科学编制和严格实施相关规划，完善技术标准规范；统筹发挥自然生态功能和人工干预功能，实施源头减排、过程控制、系统治理，切实提高城市排水、防涝、防洪和防灾减灾能力；编制城市总体规划、控制性详细规划以及道路、绿地、水等相关专项规划时，要将雨水年径流总量控制率作为其刚性控制指标；划定城市蓝线时，要充分考虑自然生态空间格局；建立区域雨水排放管理制度，明确区域排放总量，不得违规超排。

从 2015 年起，全国各城市新区、各类园区、成片开发区要全面落实海绵城市建设要求。老城区要结合城镇棚户区和城乡危房改造、老旧小区有机更新等，以解决城市内涝、雨水收集利用、黑臭水体治理为突破口，推进区域整体治理，逐步实现小雨不积水、大雨不内涝、水体不黑臭、热岛有缓解。各地要建立海绵城市建设工程项目储备制度，编制项目滚动规划和年度建设计划，避免大拆大建。通过海绵城市建设，最大限度地减少城市开发建设对生态环境的影响，将 70% 的降雨就地消纳和利用。

1.1.2　中央财政支持

根据习近平总书记关于"加强海绵城市建设"的讲话精神和中央经济工作会议要求，"十三五"期间中央财政支持海绵城市试点工作，"十四五"期间支持系统化全域推进海绵城市示范工作。2014 年 12 月 31 日，财政部、住房城乡建设部、水利部下发《关于开展中央财政支持海绵城市建设试点工作的通知》，决定开展中央财政支持海绵城市建设试点工作，中央财政对海绵城市建设试点给予专项资金补助，积极引导海绵城市建设。2021 年 4 月 25 日，财政部办公厅、住房城乡建设部办公厅、水利部办公厅发布《关于开展系统化全域推进海绵城市建设示范工作的通知》，中央财政对示范城市给予定额补助。

1.1.3　制定绩效评价

海绵城市建设是落实生态文明建设的重要举措，是实现修复城市水生态、改善城市水环境、提高城市水安全等多重目标的有效手段。为科学、全面评价海绵城市建设成效，2015 年 7 月 10 日，住房城乡建设部办公厅依据《海绵城市建设技术指南——低影响开发雨水系统构建（试行）》，发布了《关于印发海绵城市建设绩效评价与考核办法（试行）的通知》，坚持客观公正、科学合理、公平透明、实事求是的原则，从水生态、水环境、水资源、水安全、制度建设及执行情况、显示度六个方面，采取实地考察、查阅资料及监测数据分析相结合的方式，分城市自查、省级评价、部级抽查三个阶段对海绵城市的绩效进行评价与考核。为做好系统化全域推进海绵城市建设工作，提高中央财政补助资金使用效益，2021 年 12 月 20 日，财政部办公厅、住房城乡建设部办公厅、水利部办公厅印发《中央财政海绵城市建设示范补助资金绩效评价办法》。

1.1.4　海绵城市二十条

为落实"十四五"规划有关要求，扎实推动海绵城市建设，增强城市防洪排涝能力，2022 年 4 月 18 日，住房城乡建设部办公厅发布了《关于进一步明确海绵城市建设工作有关要求的通知》（以下简称《通知》），提出二十条海绵城市建设具体要求。

按照习近平总书记关于海绵城市建设的重要指示精神，《通知》进一步明确海绵城市建设的内涵和主要目标，强调问题导向，当前以缓解极端强降雨引发的城市内涝为重点，使城市在适应气候变化、抵御暴雨灾害等方面具有良好的"弹性"和"韧性"。明确实施路径，突出系统性、整体性的要求，坚持全域谋划、系统施策、因地制宜、有序实施；明确规划、建设、管理的底线要求，在规划环节，要求以问题为导向合理确定规划目标，合理确定技术路线，多目标融合、多专业协同、全生命周期谋划；在建设环节，要求把海绵城市建设要求纳入工程设计、施工许可、竣工验收等环节，强调对工程质量的把控；在管理环节，要求落实城市政府主体责任。明确部门分工，科学开展评价，实事求是宣传，鼓励公众参与。

1.1.5　探索政策机制

2024 年 5 月 2 日，住房城乡建设部办公厅《关于印发海绵城市建设可复制政策机制清单的通知》，住房城乡建设部会同国务院相关部门先后在 90 个城市开展海绵城市建设试点、示范工作，各地认真落实工作要求，形成了一批可复制可推广的政策机制。总结地方在工作组织、统筹规划、全流程管控、资金保障、公众参与 5 个方面的探索实践，形成了《海绵城市建设可复制政策机制清单》。

1.2　科学化技术保障

1.2.1　发布技术指南

2014 年 10 月 22 日，为贯彻落实习近平总书记讲话及中央城镇化工作会议精神，大力推进建设自然积存、自然渗透、自然净化的"海绵城市"，节约水资源，保护和改善城市生态环境，促进生态文明建设，依据国家法规政策，并与国家标准规范有效衔接，住房城乡建设部组织编制了《海绵城市建设技术指南——低影响开发雨水系统构建（试行）》。该指南提出了海绵城市建设——低影响开发雨水系统构建的基本原则，规划控制目标分解、落实及其构建技术框架，明确了城市规划、工程设计、建设、维护及管理过程中低影响开发雨水系统构建的内容、要求和方法。首次提出"雨水径流总量控制率"指标，从源头缓解城市内涝等现象，指导各地建设海绵城市，对于缓解各地新型城镇化建设中遇到的内涝问题、削减城市径流污染负荷、节约水资源、保护和改善城市生态环境具有重要意义。

1.2.2　出台编制规定

推进海绵城市建设是在城市规划建设中落实生态文明理念的重要内容，涉及工程与非工程措施，关系建筑与小区、道路与广场、公园与绿地、河湖水系等方面的建设项目。

海绵城市专项规划是建设海绵城市的重要依据，是城市规划的重要组成部分。住房城乡建设部印发《关于海绵城市专项规划编制暂行规定的通知》，指导各地编制海绵城市专项规划，构建源头减排、过程控制、系统治理三大体系，综合评价海绵城市建设条件、确定海绵城市建设目标和具体指标、提出海绵城市建设的总体思路、提出海绵城市建设分区指引、落实海绵城市建设管控要求、提出规划措施和相关专项规划衔接的建议、明确近期建设重点、提出规划保障措施和实施建议；做好城市道路、排水防涝、绿地、水系等相关规划衔接，将批准后的海绵城市专项规划内容在城市法定规划中予以落实。

1.2.3　发布评价标准

2018 年 12 月 26 日，住房城乡建设部发布《海绵城市建设评价标准》GB/T 51345—

2018，规范海绵城市建设效果的评价、提升海绵城市建设的系统性。明确海绵城市建设的宗旨：应保护山水林田湖草等自然生态格局，维系生态本底的渗透、滞蓄、蒸发（腾）、径流等水文特征的原真性，保护和恢复降雨径流的自然积存、自然渗透、自然净化。

标准明确了海绵城市建设的技术路线与方法：应按照"源头减排、过程控制、系统治理"理念系统谋划，因地制宜，灰色设施和绿色设施相结合，采用"渗、滞、蓄、净、用、排"等方法综合施策。明确海绵城市建设效果要从项目建设与实施的有效性、能否实现海绵效应等方面进行评价。

1.3　系统化全域推进

1.3.1　探索性全国化试点先行

根据《关于开展中央财政支持海绵城市建设试点工作的通知》，财政部、住房城乡建设部和水利部决定启动 2015 年中央财政支持海绵城市建设试点城市申报工作。2015 年 4 月，由财政部、住房城乡建设部、水利部根据竞争性评审得分，公布排名在前 16 位的城市进入 2015 年海绵城市建设试点范围（表1-1），重点解决城市建设中的水环境、水生态和内涝等问题。3 年实施计划试点区域总面积为 435km^2，共设置了建筑与小区、道路与广场、园林绿地、地下管网、水系整治等各类项目 3159 个，总投资 865 亿元，在此基础上推出一批可复制、可推广的经验和模式。2016 年财政部、住房城乡建设部、水利部发布《关于开展 2016 年中央财政支持海绵城市建设试点工作的通知》，根据竞争性评审得分，2016 年 4 月公布排名在前 14 位的城市进入 2016 年海绵城市建设试点范围，见表1-1。

中央财政支持海绵城市建设试点工作批次与试点城市　　　　　　表 1-1

工作批次	试点城市
2015 年第一批试点城市 16 个	重庆、迁安、白城、镇江、嘉兴、池州、厦门、萍乡、济南、鹤壁、武汉、常德、南宁、遂宁、贵安新区、西咸新区
2016 年第二批试点城市 14 个	北京、天津、大连、上海、宁波、福州、青岛、珠海、深圳、三亚、玉溪、庆阳、西宁、固原

1.3.2 "十四五"系统化全域推进

为贯彻习近平总书记关于海绵城市建设的重要指示批示精神，落实《中华人民共和国国民经济和社会发展第十四个五年规划和二〇三五年远景目标纲要》关于建设海绵城市的要求，2021 年 4 月 25 日，财政部办公厅、住房城乡建设部办公厅、水利部办公厅发布《关于开展系统化全域推进海绵城市建设示范工作的通知》，2021—2023 年通过竞争性选拔，确定部分基础条件好、积极性高、特色突出的城市开展典型示范（表 1-2），中央财政对示范城市给予定额补助。示范城市应充分运用国家海绵城市试点工作经验和成果，制定全域开展海绵城市建设工作方案，建立与系统化全域推进海绵城市建设相适应的长效机制，统筹使用中央和地方资金，完善法规制度、规划标准、投融资机制及相关配套政策，结合开展城市防洪排涝设施建设、地下空间建设、老旧小区改造等，全域系统化建设海绵城市。力争通过 3 年集中建设，示范城市防洪排涝能力及地下空间建设水平明显提升，河湖空间严格管控，生态环境显著改善，海绵城市理念得到全面、有效落实，为建设宜居、绿色、韧性、智慧、人文城市创造条件，推动全国海绵城市建设迈上新台阶。

示范城市统筹使用中央和地方资金系统化全域推进海绵城市建设。其中：新区以目标为导向，统筹规划、强化管理，通过规划建设管控制度建设，将海绵城市理念落实到城市规划建设管理全过程；老区以问题为导向，统筹推进排水防涝设施建设、城市水环境改善、城市生态修复功能完善、城市绿地建设、城镇老旧小区改造、完整居住社区建设、地下管网（管廊）建设等工作，采用"渗、滞、蓄、净、用、排"等措施，补齐设施短板，"干一片、成一片"。

"十四五"系统化全域推进海绵城市建设示范工作批次与示范城市　　表 1-2

工作批次	示范城市
2021 年第一批示范城市 20 个	唐山、长治、四平、无锡、宿迁、杭州、马鞍山、龙岩、南平、鹰潭、潍坊、信阳、孝感、岳阳、广州、汕头、泸州、铜川、天水、乌鲁木齐
2022 年第二批示范城市 25 个	秦皇岛、晋城、呼和浩特、沈阳、松原、大庆、昆山、金华、芜湖、漳州、南昌、烟台、开封、宜昌、株洲、中山、桂林、广元、广安、安顺、昆明、渭南、平凉、格尔木、银川
2023 年第三批示范城市 15 个	衡水、葫芦岛、扬州、衢州、六安、三明、九江、临沂、安阳、襄阳、佛山、绵阳、拉萨、延安、吴忠

第 2 章　各省市推进海绵城市建设的制度

2.1　多层级工作组织

2.1.1　出台省市法规

2015 年 10 月，国务院办公厅发布《关于推进海绵城市建设的指导意见》，随后各省级政府办公厅结合当地需求和工作特征，相继发布关于全省海绵城市建设的实施意见。以浙江省为例，2016 年 8 月发布《浙江省人民政府办公厅关于推进全省海绵城市建设的实施意见》，进一步明确了海绵城市建设的总体要求、建设重点、主要举措和保障措施。

2021 年 4 月，财政部办公厅、住房城乡建设部办公厅、水利部办公厅联合印发了《关于开展系统化全域推进海绵城市建设示范工作的通知》，开启了"十四五"共三批海绵城市示范城市建设的序篇，也在一定程度上提出了系统化全域推进海绵城市建设的要求。随后，上海市、山西省等省级人民政府办公厅印发了关于系统化全域推进海绵城市建设的文件，明确了系统化全域推进海绵城市建设的工作要求、主要任务和保障措施等内容。

而地级市方面，大部分试点城市和示范城市，比如南平、芜湖、金华等，均出台了海绵城市建设管理条例等地方性法规，将海绵城市建设管理工作纳入国民经济和社会发展规划，明确海绵城市建设关键管控指标，将海绵城市建设要求纳入项目立项、规划、设计、施工、验收、运维等全过程管控流程，明确工程建设、施工、监理等单位职责，建立健全海绵城市建设管理评价考核机制，强化对海绵城市建设管理工作中违法违规行为的处罚。

2.1.2　明确职责管理

为全面贯彻国务院关于海绵城市建设的要求，各省级行政区均明确了由住房城乡建设厅城建处或城管处负责海绵城市建设管理，各地市亦明确海绵城市建设管理的"三定方案"。以上海为例，市级层面主要负责全市海绵城市建设法规、政策、标准制定和其他协调、监督考核工作，其中市住房城乡建设管理委负责统筹协调、监督考核及指导推进全市海绵城市建设工作，市发展改革、财政、规划资源、水务、交通、生态环境、绿化市容、房屋管理、城管执法等部门、单位按照各自职责，负责海绵城市建设相关工作。各区政府和有关管委会是推进海绵城市建设的责任主体，负责具体海绵城市建设项目的实施推进。目前 16 个区政府和临港、虹桥商务区、国际旅游度假区、长兴岛等管委会都已建立了海绵城市建设推进工作机制，明确了区建委（建交委）为牵头部门，积极推进海绵城市建设。

此外，大部分试点城市和示范城市，如厦门市、武汉市、长治市等组建了海绵城市专职建设管理处（科）室，专人负责推进制定海绵城市建设有关规划、计划和政策，完善海绵城市建设相关技术标准，组织开展海绵城市建设考核评价等工作，而金华市、孝感市、龙岩市、晋城市等成立了海绵城市建设服务中心等专职机构（事业单位），定员定编定责，大力推进海绵城市建设项目立项审核、规划管控、设计审查、项目建设、竣工验收及运营维护等全过程管理服务工作。

2.1.3　制定地方标准

随着海绵城市建设经验的持续积累，各地及时发布地方标准或主管部门标准化技术性指导文件，对于系统化全域推进海绵城市建设具有重要意义。如上海市于 2016 年 8 月发布《上海市海绵城市建设技术导则（试行）》，并于 2019 年发布《海绵城市建设技术标准》DG/TJ 08-2298—2019、《海绵城市建设技术标准图集》DBJT 08-128—2019 等地方标准。福建省住房和城乡建设厅先后发布《福建省海绵城市建设技术导则》《福建省海绵城市建设工作指南（试行）》等住房城乡建设管理部门的标准化指导性技术文件，并于 2020 年启动《福建省海绵城市建设工程设计标准》《福建省海绵城市建设工程设施运行与维护标准》《福建省海绵城市建设工程评价标准》等地方标准编制。

同时，海绵城市试点城市和部分示范城市结合建设实践，在不同程度上总结经验，制定并发布了海绵城市建设地方标准或标准化指导性技术文件，内容涵盖了规划、设计、施工、验收、运行维护、监测，能够较为有效地全过程指导海绵城市建设。例如深圳、厦门、福州、南平、芜湖等城市，对海绵城市建设的各个环节分别制定了独立的标准；汕头、六安等城市，制定了涉及规划、设计、施工、验收和运行维护等环节的综合性的标准或文件。

2.2　全流程建设管控

2.2.1　项目前期阶段

大部分试点城市和示范城市通过立法或发布海绵城市全过程管理文件，明确项目前期阶段的海绵城市管控要求，包括项目立项阶段、用地管理阶段、设计管理阶段等。以上海为例，在项目立项阶段，要求在项目建议书、可行性研究或核准、初步设计等阶段，贯彻海绵城市理念，因地制宜落实海绵城市设计方案；在用地管理阶段，上海市明确使用划拨土地和自有土地进行建设的项目，规划资源部门在审批建设项目规划土地意见书阶段，应就海绵城市建设方面的要求征询住房城乡建设管理部门意见，对于以出让方式供地的建设项目，规划资源部门在土地出让前，征询建设管理部门及水务部门有关海绵城市、绿色调蓄设施建设方面的意见，并将建设内容和相关指标要求纳入土地出让合同，由建设管理部门及水务部门对建设单位落实海绵城市、绿色调蓄设施的建设情况实施监管；在设计管理阶段，上海市明确在项目设计招标时，建设单位应在设计招标文件中明确海绵城市建设要求；在施工图审查阶段，上海市明确施工图审查机构应按照国家和本市海绵城市相关技术规范、标准要求，强化施工图设计文件中海绵城市相关内容审查，施工图设计文件涉及海绵城市设计内容部分确需变更设计的，变更内容不得低于原设计目标，对于审图不合格的，不予颁发审图合格证。

2.2.2　项目建设阶段

在工程施工阶段，各试点城市和示范市要求强化海绵城市建设工程质量监管。如泸州市建立了海绵城市建设项目施工常态化巡查督察制度，牵头部门按月度、季度分层级督查海绵工程建设进度和建设质量，形成整改联系单或督办函发送建设单位，并编制督查月报、季度督查专报等报送市政府；汕头市明确了海绵城市项目施工方面的工作要点，强调通过规划设计、施工管理、运行维护等过程，全面、正确落实海绵理念；芜湖市实施"周巡查、月调度、季通报、年考评"工作制度，压实责任、凝聚合力；苏州市等将海绵城市建设项目施工情况纳入设计、施工、监理企业信用综合评分，激励相关责任主体争先创优；无锡市统筹开展施工图设计交底，组织项目不同标段的设计、施工、监理单位统一交底，明确上下游雨水排放路径、相关设计指标的相互关系，确保工程建设符合海绵城市设计要求；南平市海绵办提供全过程跟踪服务和现场指导，确保海绵设施落地落实，明确要求建设单位应组织设计、监理、施工单位严格按照审查通过的施工图纸进行施工，质监站将海绵城市建设内容纳入质量监督范围，建设单位在项目室外工程施工前须告知市海绵办，市海绵办将组织相关部门进行现场施工技术交底，对项目未按照施工图落实海绵城市建设要求的情况予以指出并限期整改。

在竣工验收阶段，各试点城市和示范城市实行海绵城市设施专项竣工验收或联合验收机制。如宁波市、宜昌市、漳州市、芜湖市、汕头市等建立了工程建设项目海绵城市专项验收机制，项目建设单位向海绵城市建设牵头部门提出专项验收申请，由本地工程质量监督机构或海绵城市服务中心等专职机构开展验收，验收合格后出具合格文书；上海市明确在项目验收时，建设单位应在工程竣工验收报告中，明确海绵城市建设相关工程设施的建设落实情况，有关主管部门应按照由设计、施工、监理各方确认的竣工图进行专项验收，经验收不符合海绵城市建设要求的，应要求项目建设单位按照有关规定限期整改；深圳市、泸州市、昆山市等将海绵城市设施专项验收合格作为组织工程联合验收必要条件之一。

2.2.3　运行维护阶段

在运行维护阶段，各试点城市和示范城市要求落实责任主体，建立长效运维机制，如金华市等按照海绵城市设施投资类型确定运维主体，其中，政府投资建设的海绵城市设施，根据设施类型由相关主管部门按照职责分工监管，并委托管养单位运行维护。社会投资建设的海绵城市设施，由设施所有者或其委托的专业机构负责运行维护。通过特许经营、政府与社会资本合作等模式投资建设的海绵城市设施，按照合同约定开展运行维护工作。无明确监管责任主体的海绵城市设施，按照"谁投资，谁管理"的原则明确运行维护主体；南宁市、杭州市、芜湖市等建立了工程竣工移交机制，海绵城市设施竣工后，随主体工程同步移交至运行维护主体，由相应运行维护主体负责海绵城市设施的日常检修、维护和保养；汕头对渗滞设施、贮存设施等设施的日常运维管养要求、运维主体、资金来源及运维做出了具体要求。

2.3　多维度资金引导

2.3.1　省级试点补助

在全国海绵城市试点城市建设期间，部分省市开展了省级试点城市评选工作，先试先行，省级统筹安排专项补助资金。如江苏省、安徽省、河南省等，评选了一批省级试点城市。在全国示范城市建设期间，四川省、山西省、湖南省、湖北省、江西省、内蒙古自治区等开展了省级系统化全域海绵城市示范城市建设，省级财政给予资金支持；贵州省、江西省、陕西省、江苏省将符合条件的海绵城市建设项目列入专项建设基金支持范围，符合条件的企业可发行企业债券、公司债券、资产支持证券和项目收益票据等，募集资金用于海绵城市建设项目。

2.3.2 地市按效付费

在地市层级，部分城市拓展资金渠道，鼓励政府和社会资本合作。如潍坊市、芜湖市等建立了政府与社会资本风险分担、收益共享的合作机制，采取赋予经营性收益权、政府购买服务、财政补贴等多种形式，鼓励社会资本参与海绵城市投资建设和运营管理，严格绩效考核并按效付费。

2.3.3 项目以奖代补

在项目层级，部分城市通过开展评优奖励，鼓励引导企业参与海绵城市建设，提高建设积极性。如株洲市每年开展海绵城市建设评优工作，对优秀规划、设计、施工、监理单位以及相关海绵城市建设研究成果给予奖励，促进项目质量提升；孝感市设立海绵城市建设运维引导资金，每年不超过2000万元，鼓励全社会参与海绵城市建设。

理 论 篇

海绵城市规划技术

海绵城市规划编制体系

海绵城市规划方法与技术

系统方案编制方法与技术

排水防涝和水环境治理技术

城市排水防涝技术

水环境治理技术

第3章 海绵城市规划技术

3.1 海绵城市规划编制体系

海绵城市规划应与国土空间规划编制体系充分衔接，以统筹规划管理和工程项目管理的传导实施为目的，宜分为海绵城市总体规划（市县、分区）、详细规划（控规单元、重点片区）、系统方案（近期实施规划）三个层级。

3.1.1 海绵城市规划编制层级

海绵城市总体规划应与城市国土空间总体规划同步编制或前置编制，并与国土空间总体规划、详细规划等法定规划密切衔接；详细规划应以强管控性为主要核心原则，与城市用地、重大设施建设等做好充分协同；系统方案则注重定量分析，在城市用地详细规划基础上协调海绵城市建设工程，见图3-1。

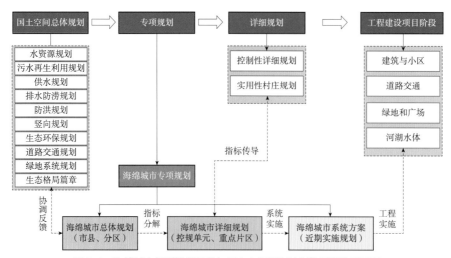

图3-1 海绵城市规划编制层级与国土空间规划编制体系衔接关系图

1. 海绵城市总体规划

在 2019 年启动国土空间规划编制前，我国地级市以上城市，按照《住房城乡建设部关于印发海绵城市专项规划编制暂行规定的通知》（建规〔2016〕50 号）要求，基本完成了海绵城市专项规划编制，因此在国土空间总体规划编制中，研究和吸收了海绵城市专项规划的核心要求。

海绵城市总体规划属于五级三类国土空间管理体系中的专项规划部分，"相关专项规划要遵守国土空间总体规划，不得违背总体规划强制性内容，其主要内容要纳入详细规划"，"相关专项规划在编制和审查过程中应加强与有关国土空间规划的衔接及'一张图'的核对"。根据上述国空管理相关要求，海绵城市总体规划在详规传导、一张图衔接方面，存在修编需求，才能更好地指导国土空间详细规划的编制。

2. 海绵城市详细规划

详细规划是对具体地块用途和开发建设强度等作出的实施性安排，是开展国土空间开发保护活动、实施国土空间用途管制、核发城乡建设项目规划许可、进行各项建设等的法定依据。海绵城市详细规划的编制，缺乏国家的相关技术指导要求，《海绵城市专项规划编制暂行规定》仅提出"中等城市和小城市要分解到控制性详细规划单元，并提出管控要求"，"编制或修改控制性详细规划时，应参考海绵城市专项规划中确定的雨水年径流总量控制率等要求，并根据实际情况，落实雨水年径流总量控制率等指标。"

海绵城市的建设指标只有在详细规划阶段，纳入"两证一书"等行政许可环节，并且落实海绵城市的相关设施用地，才能有效管控和实施海绵城市项目建设。由于缺乏海绵城市详细规划，多数试点城市探索相关技术导则，并采用发布地方规范性文件的方式，依据用地类型、绿地率等指标给出控制要求，用以指导相关行政许可发放。

在国土空间规划编制后期，考虑规划编制的协调性，海绵城市详细规划应结合控规单元的修编，组织同步编制，将核心指标落实到法定图则中。

3. 海绵城市系统方案

海绵城市系统方案，是衔接海绵城市建设专项规划和工程建设管理体系的重要技术支撑，能够指导海绵城市近期建设实施，保障海绵城市建设片区达标，促进系统化推进海绵城市建设，海绵城市系统方案应承接国土空间总体规划、详细规划和专项规划中海绵城市建设的目标与指标，构建多目标统筹的系统性工程体系，指导海绵城市建设项目实施。可以看出，海绵城市系统方案起到了承上启下的作用，是衔接规划和工程设计的桥梁，指导详细规划在近期建设的具体实施方案。

海绵城市系统方案的编制，常用于海绵城市近期建设重点区域或有突出涉水问题的流域、排水分区。当编制范围不能完全覆盖所在流域或排水分区时，应将所在流域或排水分区作为研究范围。

3.1.2 海绵城市规划编制内容与深度

1. 海绵城市总体规划

海绵城市总体规划的主要编制目标是研究提出需要保护的自然生态空间格局；明确雨水年径流总量控制率等目标并进行分解；确定海绵城市近期建设的重点。其编制深度应结合城市国土空间总体规划，突出海绵城市建设的战略导向性，是总体发展的纲领性文件。

海绵城市总体规划应当包括下列具体内容：

（1）综合评价海绵城市建设条件。分析城市区位、自然地理、经济社会现状和降雨、土壤、地下水、下垫面、排水系统、城市开发前的水文状况等基本特征，识别城市水资源、水环境、水生态、水安全等方面存在的问题。

（2）确定海绵城市建设目标和具体指标。确定海绵城市建设目标（主要为雨水年径流总量控制率），明确近、远期要达到海绵城市要求的面积和比例，参照住房城乡建设部发布的《海绵城市建设绩效评价与考核办法（试行）》，提出海绵城市建设的指标体系。

（3）提出海绵城市建设的总体思路。依据海绵城市建设目标，针对现状问题，因地制宜确定海绵城市建设的实施路径。老城区以问题为导向，重点解决城市内涝、雨水收集利用、黑臭水体治理等问题；城市新区、各类园区、成片开发区以目标为导向，优先保护自然生态本底，合理控制开发强度。

（4）提出海绵城市建设分区指引。识别山、水、林、田、湖等生态本底条件，提出海绵城市的自然生态空间格局，明确保护与修复要求；针对现状问题，划定海绵城市建设分区，提出建设指引。

（5）落实海绵城市建设管控要求。根据雨水径流量和径流污染控制的要求，将雨水年径流总量控制率目标进行分解。超大城市、特大城市和大城市要分解到排水分区；中等城市和小城市要分解到控制性详细规划单元，并提出管控要求。

（6）提出规划措施和相关专项规划衔接的建议。针对内涝积水、水体黑臭、河湖水系生态功能受损等问题，按照源头减排、过程控制、系统治理的原则，制定积水点治理、截污纳管、合流制污水溢流污染控制和河湖水系生态修复等措施，并提出与城市道路、排水防涝、绿地、水系等相关规划相衔接的建议。

（7）明确近期建设重点。明确近期海绵城市建设重点区域，提出分期建设要求。

（8）提出规划保障措施和实施建议。

2. 海绵城市详细规划

依据《海绵城市建设专项规划与设计标准（报批稿）》中详细规划内容，详细规划层级突出规划的控制性，进一步落实城市层级提出的目标、指标和要求，开展现状调查和特征分析，明确各类建设用地海绵城市建设指标，提出海绵城市设施布局、调蓄空间布局和规模、竖向控制等建设要求。

海绵城市详细规划应当包括下列具体内容：

（1）片区的划定和特征分析。应根据雨水排水分区边界、新城区、老城区、详细规划单元边界等因素划定。通过现状调查，对区位条件、自然条件、社会经济概况、用地情况、水务系统、建设情况、积水与内涝、水生态环境、水资源供需平衡等进行系统分析，定量反映实际情况。对比地块开发前后的水文特征，提出海绵城市建设要求。

（2）片区的目标和细化指标。片区目标应结合片区所处区域的城市定位、区域内的本底情况和发展需求，通过分析评估合理确定近期和远期目标。片区指标应根据片区目标进行细化，汇总源头减排、过程控制、系统治理的各项指标，并制定分项指标表。

（3）片区建设指引。应结合片区特点和目标，统筹水生态、水环境、水安全、水资源问题，以老片区设施补短板、新片区高标准建设为目标，提出片区内的源头减排、过程控制、系统治理的重点建设内容。建成片区应以问题为导向，解决内涝积水、径流污染、水生态破坏和非常规水源利用不足等问题；新建片区宜以目标为导向，保护和恢复自然生态本底，对片区开发建设提出海绵城市建设要求，确定近、远期海绵城市建设达标范围。

（4）片区涉水空间布局。应符合用地竖向规划，统筹水系、排水（雨水）防涝、污水处理、再生水、绿地、道路等建设类相关专项规划，根据片区用地规划方案明确排涝泵闸、行泄通道、排水泵站、调蓄池等市政排水设施用地、规模和管控要求，并与片区内其他海绵城市设施协调。

（5）片区海绵城市建设项目布局。应在建筑与小区类项目、道路交通类项目、绿地和广场类项目、河湖水体类项目用地中落实海绵城市建设指标，提出海绵城市设施布局、调蓄空间、竖向控制等建设要求。

（6）海绵城市片区建设方案。结合片区的上位城市规划和片区内的控制性详细规划，划定近、远期海绵城市建设范围，落实建设时序，制定分区建设方案。

3. 海绵城市系统方案

海绵城市系统方案的编制内容应包括本底条件分析和现状问题评估、目标和指标、工程方案、保障措施等。其编制深度突出规划的落地性，能较好地指导后续海绵城市项目实施。

海绵城市系统方案应当包括下列具体内容：

（1）本底条件分析和现状问题评估

系统方案的现状分析，相比规划阶段，需对建设区域的改造建设潜力进行深入分析，才能推进目标、指标在地块层面的落实。

（2）目标和指标

海绵城市系统方案应在本底条件分析和现状问题评估基础上，合理确定近、远期建设的目标和指标，并与海绵城市详细规划衔接。海绵城市建设目标应满足水生态、水环境、水安全、水资源等方面的需求，指标应进一步细化传导上位规划指标，并形成分项定量指标表，见表3-1。

海绵城市建设指标内容和指标要求　　　　　　　　　　　表 3-1

分项	指标内容	指标要求
水生态	年径流总量控制率	应满足海绵城市建设专项规划对编制范围所在区位的要求，并综合考虑降雨及径流特征、水资源情况、水环境情况、城市开发建设强度、海绵城市设施建设情况、经济发展水平等因素确定
	水面率	应满足上位规划要求，并综合分析现状水系分布、生态环境需求、城市发展定位等因素确定。当上位规划无水面率要求时，不应低于现状水面率，并且不应侵占天然行洪通道、洪泛区和湿地等生态敏感区
	水体生态性岸线率	应在满足水体防洪排涝等相关功能的基础上，根据水体功能和岸堤稳定性等要求合理确定
水环境	地表水环境质量目标达标率	应按所在区域地表水环境功能区划的要求执行，且不低于现状水质；地表水环境功能区划中未明确的地表水应参考流域内水质要求和城市规划确定的水体用途，合理确定水环境质量目标
	年径流污染控制率	宜结合各地水环境质量要求、受纳水体环境容量、径流污染特征等来确定
	年溢流体积控制率	应结合区域实际情况确定，并应符合现行国家标准《海绵城市建设评价标准》GB/T 51345 的有关规定
水安全	内涝防治设计重现期标准	应与防洪标准、防潮标准相衔接
		内涝防治设计重现期标准应依据国土空间规划、城市排水防涝专项规划要求确定；当上位规划缺乏排水防涝要求时，应符合现行国家标准《城镇内涝防治技术规范》GB 51222 的有关规定
		超过内涝防治设计重现期标准的涝水应提出应急措施
水资源	污水再生利用率	应根据当地水资源现状、水系现状、经济状况等因素并结合当地实际需要合理确定
	雨水资源利用率	

系统方案的目标、指标制定，实施期限往往比海绵城市规划要近，因此部分指标可能低于规划下达的要求，但在方案中应预留进一步优化的可能性，为最终达标创造条件。

（3）系统化方案

海绵城市系统方案应包含水生态保护与修复、水环境改善、水安全保障、非常规水源利用等，形成多目标统筹的系统性工程体系，也可根据编制范围内的涉水问题进行调整，形成项目清单。

水生态保护与修复方面，方案应细化规划阶段的江、河、湖、库、渠和湿地等城市地表水体的保护范围和措施。方案应对以下内容提出生态保护和恢复（修复）要求：调蓄水体、城市低洼地、潜在的径流通道等调蓄空间和行泄通道，河湖水体的生态流量保障、消落带保护、河湖岸线等生态系统构建和景观提升，山林生态修复、沟渠防护治理、水土保持、水源涵养保护和景观提升。根据实际建设条件明确源头减排工程的项目体系。

水环境改善方面，方案应包括控源截污、内源治理、生态修复、活水保质等内容；在现状分析的基础之上，应量化分析水环境污染的核心问题，按标本兼治、系统施策的原则制定水环境改善技术路线。

水安全保障方案应包括源头减排、排水管渠、排涝除险、应急管理等内容，并应与城市防洪、防潮系统相衔接。方案应明确各类工程措施的空间布局、设施规模、服务范围、工程项目、工程实施效果、后期运营维护重点等内容。

非常规水源利用方案应包括水资源利用原则、水资源利用方向、雨水和再生水需水量计算、可利用雨水资源量计算、可利用再生水资源量计算及雨水和再生水资源配置方案。

海绵城市系统方案应进行多目标统筹，采用指标核算、模型模拟等方法，综合评估水生态、水环境、水安全以及水资源等目标的可达性。

统筹优化后的方案应按照源头减排、过程控制和系统治理对项目进行分类，并应明确建筑与小区、绿地、广场、道路以及河湖水系等不同类型项目的目标要求，形成项目清单和项目分布图。项目清单应明确工程方案项目清单和规模。结合建设目标的需求，遵循问题导向、因地制宜的原则，应对单体工程方案设计提出具体的目标和设计要求，并进行经济技术比较，评估各类工程措施的效果及目标达成情况。

（4）实施保障

保障体系应从组织、建设运营模式、制度、资金、监测等方面提出技术、政策的对策与建议。系统方案应明确不同类型项目之间的权责关系，给出项目建设组织形式和实施方式建议，保证绩效考核的科学性和可操作性。

3.2　海绵城市规划方法与技术

海绵城市规划方法在各编制层级内涉及现状评估、指标率定、设施布局及数学模型建立等四个主要方面，规划方法尺度根据深度不同进行差异化界定，通过在规划方法里运用各类定量、定性的技术手段达到规划编制的预期目标。

3.2.1　现状评估分析方法

海绵城市建设是一项综合的系统工程，对建设条件的前期调查评估分析是海绵城市规划的要点之一。通过准确分析和掌握城市地形地貌、水文地质和降雨规律等自然特征，经济社会现状等经济特征，城市人口数量、文化素养和功能定位等社会文化特性等城市特征，识别城市水生态、水环境、水资源和水安全等方面的问题，可以准确识别城市未来海绵城市建设中存在的关键问题和需求，为科学合理地制定海绵城市规划的控制目标、指标和路径奠定基础。

海绵城市规划的现状评估分析主要包括现状基础调查及主要问题识别和评估两方面内容。

1. GIS 空间分析技术

GIS（地理信息系统）对于海绵城市规划是一项重要的技术，可实现数据管理、叠加分析，在海绵城市规划的各个阶段发挥着重要的作用，GIS 应用已融入海绵城市规划之中，尤其在规划管理信息系统和空间分析研究方面，有着不可替代的作用。

（1）地形分析

在海绵城市的规划与设计中，需要借助 GIS 对地形进行分析与评估，可以利用 GIS 的空间分析功能以及规划范围内的数字高程模型数据（DEM）对规划地块进行坡度分析、坡向分析、等高线分析等，通过地形分析结果，指导后续海绵城市规划与设计工作的开展。高程与坡度分析图见图 3-2。

（2）水文分析

水文分析作为海绵城市规划与设计中重要的本底条件分析，可利用 GIS 软件对研究区域进行流域分析、汇水廊道分析、汇流量分析等，分析自然汇水路径，避免过量开发影响自然汇水，以及通过汇流堵点分析指导后续海绵城市开发，提升径流排放能力。汇水分区与汇水廊道分析图见图 3-3。

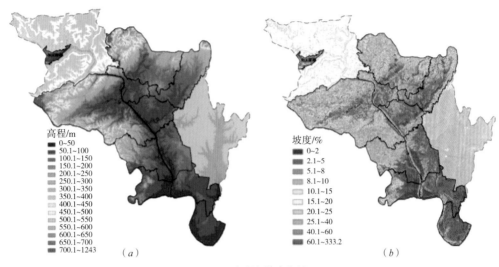

图 3-2　高程与坡度分析图
（a）高程；（b）坡度

图 3-3　汇水分区与汇水廊道分析图

（3）生态敏感性分析

生态敏感性是指生态系统对人类活动干扰和自然环境变化的反应程度，体现了区域发生生态环境问题的难易程度和概率。生态敏感性高低的衡量标准一般是生态因子的适应能力或恢复能力，其评价能够反映区域的自然环境良好程度、土地利用情况、人口负荷情况及未来合理规划方向，它是区域生态环境规划和管理的基础。进行生态敏感性分

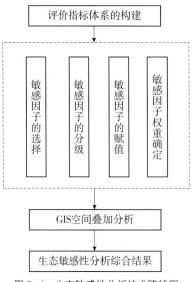

图 3-4　生态敏感性分析技术路线图

析，可以有效地依据本底情况进行海绵保护开发，指导区域海绵城市规划与设计的开展。
生态敏感性分析技术路线见图 3-4。

　　生态敏感性分析首先需要选取合适的敏感因子，针对海绵城市规划中的生态敏感性
分析，因子选取要以水为核心，同时充分考虑水与资源、生物、地形及地质等因素的关
系。围绕水安全、水环境、水生态和水资源等四个方面，从自然生态、城市生态 2 个方
向可以形成双维度敏感因子选择表，以此为工具便于确定敏感因子，常见的敏感因子选
择见表 3-2。

敏感因子选择　　　　　　　　　　　　　　　　　　　　　表 3-2

项目	自然生态	城市生态
水安全	坡度、高程、洪水内涝	用地类型
水环境	土壤、植被分布	水库保护、河流保护
水生态	土壤、植被分布	用地类型、生物多样性
水资源	水源地、河流水系	水功能区划、水土保持分区

　　其次确定敏感因子分级与赋值，并确定因子权重。结合研究区地形特点和城市发展
的需要，对选取的生态敏感因子进行分级并赋值，一般采用 5 级评价标准。最后通过 GIS
工具生成单因子图层，并对每个单因子进行图层加权叠加，得到生态敏感性分析综合结
果，见图 3-5。

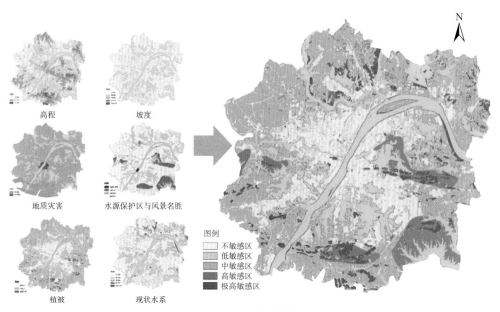

高程　　　　坡度

地质灾害　　　水源保护区与风景名胜

植被　　　　现状水系

图例
不敏感区
低敏感区
中敏感区
高敏感区
极高敏感区

图 3-5　生态敏感性分析

（4）建设适宜性评价

建设适宜性评价基于生态敏感性评价，既考虑自然系统本身的敏感性和服务功能在空间分布上的差异，也关注相关规划给海绵城市建设带来的机遇和挑战，通过单因子和综合分析科学地判别适宜海绵城市建设的发展空间，以尽可能减少城市治理和土地维护成本，为海绵城市空间决策、国土空间规划和专项系统规划提供引导。

建设适宜性评价可以看作是一组变量按照一定规则组合后形成的新的评价等级，根据变量组合规则可以分为：等级组合法、因子加权法、复合标准法、回归法、启发式逻辑规则组合法、逐步叠加评价法等手段。常用的为因子加权法基本模型，先后通过单因子研究和多因子综合研究揭示用地的建设适宜性格局。海绵城市建设适宜性评价流程见图 3-6。

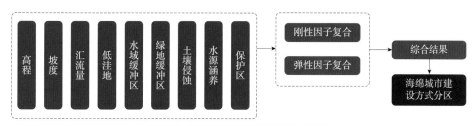

图 3-6　海绵城市建设适宜性评价流程图

在多因子复合评价中，采用"适宜性指数法"（属于相对定量的综合分等法）来分析、评定每一栅格单元的单因子和多因子指标值。为了从整体上对区域宜建地的适宜程度等级给出相对合理的综合评定，建议采取综合性评价指标——综合建设适宜指数（*CSI*），其测算方法见式（3–1）。

$$CSI = \max\left(\sum_{m=1}^{M}\left[i(0,10)_m \cdot w_m\right], I\{10\}_{j1}, I\{10\}_{j2}, \cdots, I\{10\}_{jn}\right) \quad （3–1）$$

式中，*i* 和 *I* 分别表示具有特定取值集合的弹性因子值（拟包含高程、坡度、汇流量、低洼地、水域缓冲区、农林地、土壤侵蚀、水源涵养、保护区九个因子的所有赋值区）和刚性因子值（拟包含低洼地、水域缓冲区、保护区的最有利区域）。由于各评价指标对系统的影响程度不同，因此在对系统进行综合评价时包括了指标权重值 w（$\sum_{m=1}^{M} w_m = 1$），权重的确定方法主要有主成分分析法、层次分析法、德尔菲法（或专家咨询法）等。在以得到的各因子相对权重进行加权分析后，最终得到的 *CSI* 越高，海绵城市建设适宜性越高；再根据相关实施经验来划定海绵城市建设适宜性分区（海绵城市建设保育区、海绵城市建设缓冲区、海绵城市建设开发区）。海绵城市建设适宜性评价结果见图3-7。

2. 下垫面分析技术

下垫面是城市水文循环的重要路径，其变化直接影响城市地表径流特征，进而影响径流总量控制率等指标的达成。城市下垫面由建筑物屋顶及小区场地、道路广场、绿地、

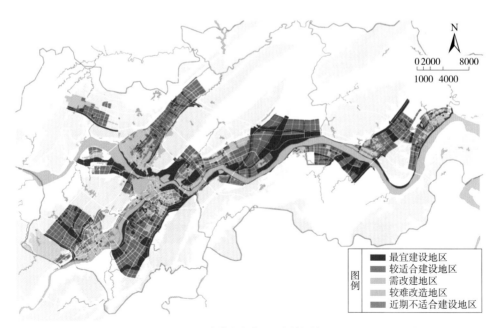

图3-7　海绵城市建设适宜性评价图

水域以及未利用地等组成，下垫面分析通过对上述下垫面类型进行面积统计，进而分析地表径流特征。

（1）三调数据分析

目前，规划层面城市本底下垫面类型面积的统计主要通过第三次国土调查数据（以下简称三调数据）、影像分析获得等方法实现。采用三调数据，通过对国土空间现状用地分类进行统计，见表 3-3。

三调数据示意　　　　　　　　　　　　　　　　　表 3-3

土地利用类别		面积（hm²）
湿地（00）	—	
耕地（01）	水田（0101）	
	旱地（0103）	
种植园用地（02）	果园（0201）	
	其他园地（0204）	
林地（03）	乔木林地（0301）	
	竹林地（0302）	
	其他林地（0307）	
草地（04）	其他草地（0404）	
商业服务用地（05）	商业设施用地（05H1）	
	物流仓储用地（0508）	
工矿用地（06）	工业用地（0601）	
	采矿用地（0602）	
住宅用地（07）	城镇住宅用地（0701）	
	农村宅基地（0702）	
公共管理与公共服务用地（08）	机关团体新闻出版用地（08H1）	
	科教文卫用地（08H2）	
	公用设施用地（0809）	
	公园与绿地（0810）	
特殊用地（09）	—	
交通运输用地（10）	铁路用地（1001）	
	公路用地（1003）	
	城镇村道路用地（1004）	
	交通服务场站用地（1005）	
	农村道路（1006）	
	港口码头用地（1008）	

续表

土地利用类别		面积（hm²）
水域及水利设施用地（11）	河流水面（1101）	
	湖泊水面（1102）	
	坑塘水面（1104）	
	沟渠（1107）	
	水工建筑用地（1109）	
其他用地（12）	设施农用地（1202）	

结合各类用地的建筑密度、绿地率等计算得到各类用地的建筑屋顶、道路广场等不透水面积及绿地等透水面积，从而得出下垫面总体情况，利用三调数据进行下垫面解析如图 3-8 所示。

（2）遥感数据分析

还可以通过影像分析技术来进行下垫面分析，该方法主要基于遥感技术，通过卫星遥感影像获取城市下垫面基础数据，通过对居住、公共管理与公共服务设施、商业服务业设施等用地的影像进行典型采样，可以利用 ArcGIS 结合 ENVI 的监督分类功能进行用地类型数字化处理，使每个像元和训练样本作比较，按不同的规则将其划分到与其最相似的样本类，以此完成对整个图像的分类。具体步骤如图 3-9 所示。

经过分类统计其中建筑屋顶、道路广场、绿地等透水及不透水面积的分布特征，再利用 class statistic 等工具进行分类结果统计，进行下垫面解析，见图 3-10。

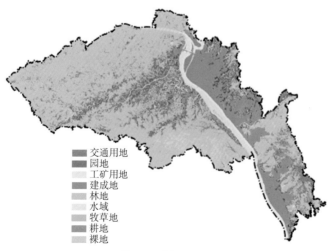

图 3-8　利用三调数据进行下垫面解析

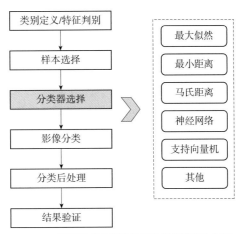

图 3-9   利用遥感影像进行用地类型数字化步骤

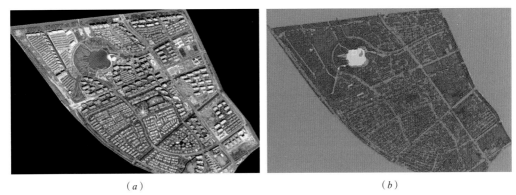

（a）   （b）

图 3-10   利用遥感影像进行下垫面解析

（a）卫星图；（b）卫星图用地提取

3. 现状年径流总量控制率分析技术

在海绵城市规划中，对城市或区域的现状下垫面进行分析是重要内容之一，以高分辨率遥感影像为基础，结合相关规范要求对不同地面径流系数的选用表，对现状国土空间土地利用的地表覆盖进行分类、统计，一般分析得出的结论是下垫面综合径流数值及分布情况。

但目前海绵城市规划主要采用的是年径流总量控制率作为核心指标，该指标与综合径流系数之间存在一定差异，需通过一定技术实现综合径流系数与年径流总量控制率之间的转换。

基于 ArcGIS，利用 SCS 模型建模，计算现有建设状况下年径流总量控制率。SCS 模型综合考虑了流域降雨、土壤类型、土地利用方式及管理水平、前期土壤湿润状况与径流间的关系，是基于集水区的实际入渗量（F）与实际径流量（Q）之比等于集水区该场降雨前的潜在入渗量（S）与潜在径流量（Q_m）之比的假定建立的，其表达式见式（3-2）。

$$\frac{F}{Q} = \frac{S}{Q_m} \tag{3-2}$$

假定潜在径流量为降雨量（P）与由径流产生前植物截留、初渗和填洼蓄水构成集水区初损量 I_a 的差值，见式（3-3）。

$$Q_m = P - I_a \tag{3-3}$$

实际入渗量为降雨量减去初损量和径流量，见式（3-4）。

$$F = P - I_a - Q \tag{3-4}$$

由上述公式可得式（3-5）。

$$\begin{cases} Q = \dfrac{(P-I_a)^2}{P+S-I_a} & P \geqslant I_a \\ Q = 0 & P < I_a \end{cases} \tag{3-5}$$

由此看出：集水区的径流量取决于降雨量与该场降雨前集水区的潜在入渗量，而潜在入渗量又与集水区土壤质地、土地利用方式和降雨前土壤湿度状况有关，SCS 模型通过一个经验性综合反映上述因素的参数 CN 推求 S 值，见式（3-6）。

$$S = \frac{254500}{CN} - 254 \tag{3-6}$$

在实际条件下，CN 值在 30~100 之间变化。根据土壤特性，将土壤划分为四类，根据 CN 值可以查得不同土地利用条件下，不同土壤的 CN 值，将土壤湿润状况根据径流事件发生前 5d 的降雨总量（即前期降雨指数 API）划分为湿润、中等湿润和干旱三种状态，再调节获得 CN 值，见表 3-4。

前期土壤湿润等级表　　　　　　　　　　　　　　表 3-4

前期土壤湿润程度等级（AMC 等级）	前 5d 降雨总量（mm）	
	休眠季节	生长季节
AMC Ⅰ	< 12.70	< 35.56
AMC Ⅱ	12.70~27.94	35.56~53.54
AMC Ⅲ	> 27.94	> 53.54

以上海某区为例，根据该区土壤情况，前期土壤湿润程度为 AMC Ⅱ 等级，较为湿润，据此选定参数建模计算得该区在现有建设状况下年径流总量控制率为 62.4%，属于径流控制较好的城区典型，见图 3-11。

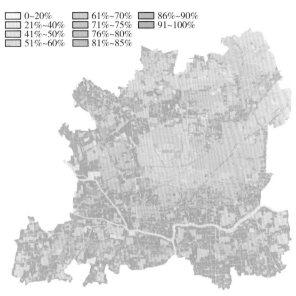

图 3-11　上海某区现状年径流总量控制率分布图

4. 场均浓度的降雨分析技术

现状水环境定量评价是海绵城市建设现状评估的重要内容，通过对当地场均浓度降雨的分析，可以判断在未进行海绵城市建设情况下，当地降雨流经下垫面的基本污染情况，从而以此为依据定量计算海绵城市的径流污染削减量，明确径流污染控制的实际效果和预计目标。

在进行水环境现状分析之前，应根据当地实际情况梳理污染物类别，明确水环境污染物来源。以水环境功能区划要求为控制目标，通过源头控制、中途传输和末端处理的多级削减体系，构建点源与面源污染控制系统，控制和削减污染物质进入水体，保障区域水环境的稳定与提升，实现水环境系统规划目标。

现状点源系统主要研究农业源、工业源排口的控制整改；现状面源污染主要研究区域建设用地降雨径流冲刷、农村生活污水、河道内源污染等污染源，通过建立水质模型，模拟在 80% 保证率降雨年份，各排水分区需削减的污染物总量，结合不同区域特点，通过多种海绵措施控制和削减污染物质，见图 3-12。

在现状水环境污染分析中，降雨径流冲刷引起的污染物总量分析是其中较难进行率定的，采用场均浓度的降雨分析技术可以较好地定量计算由降雨径流冲刷引起的面源污染总量。基于美国 EPA 在 1983 年提出的城市暴雨径流污染成分的加权平均浓度（Event Mean Concentration，EMC）作为表征分析，并对国内外城市雨水径流水质进行对比分析，结合当地城市建设实际，综合考量确定径流污染成分的取值。

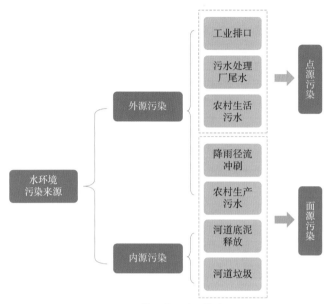

图 3-12 常见水环境污染来源

对于不同下垫面，如城市交通干道、商业区、水泥屋面等，暴雨径流中的总氮和氨氮浓度也有显著差异，其中城市交通干道的总氮和氨氮浓度最高。暴雨径流污染成分的加权平均浓度受到多种因素的影响，包括土地使用类型、降雨特性以及地理位置等。因此，对于特定地区的暴雨径流污染成分的加权平均浓度，需要进行具体的实地监测和分析来确定。通过研究和降雨数据的收集，部分国家和城市的暴雨径流污染成分的加权平均浓度汇总如下供参考，见表 3-5~ 表 3-7。

国内外城市雨水径流水质表　　　　　　　　　　　表 3-5

国家或城市	TSS（mg/L）		COD（mg/L）		TP（mg/L）		TN（mg/L）	
	屋面	路面	屋面	路面	屋面	路面	屋面	路面
美国（中值）	100		65		0.33		1.55	
美国（90% 样品）	300		450		0.7		3.3	
加拿大	1~36200		2~2200		0.01~7.3		0.07~16	
法国巴黎（中值）	29	92.5	31	131	—	—	—	—
法国巴黎（最小 – 最大）	3~304	49~498	5~318	48~964	—	—	—	—
德国（中值）	—	—	47	84.5	0.2	0.35	6	2.1
德国（最小 – 最大）	—	—	34.5~59.5	46.6~118.5	0.1~0.25	0.25~0.75	5.25~6.8	1.3~2.95
北京（初期径流）	800	1934	200~700	1220	4.1	5.6	9.8	13
北京（场降雨平均）	136	734	123~328	582	0.94	1.74	9.8	11.2

国内不同城市屋面降雨径流中污染物（TN/TP）均值　　表 3-6

采样点特征		TN（mg/L）	TP（mg/L）
所在城市	用地类型		
统计分析 7 个城市 28 项研究成果	—	4.09	0.18
	—	10.23	0.24
	—	5.41	0.20
	—	6.80	0.21
北京	文教区	10.62	0.34
	文教区	8.26	0.71
上海	文教区	4.24	0.160
		15.98	0.455
		19.82	0.525
		11.24	0.215
		18.07	0.385
重庆	重庆大学	2.50	0.05
深圳	清湖社区	0.84	0.06

国内不同城市路面降雨径流中污染物（TN/TP）均值　　表 3-7

采样点特征		TN（mg/L）	TP（mg/L）
所在城市	用地类型		
北京	小区道路	11.20	1.74
	市区路面（涉及 5 区 7 街）	8.29	0.28
	文教区机动车道路	6.39	0.49
	新增不透水地表	7.00	0.61
上海	交通	26.82	1.17
	商业	22.73	1.23
	工业	17.95	0.93
	居住	23.29	0.74
广州	居住、交通	11.71	0.49
	交通、住宅用地为主	1.22	0.145
	交通用地为主	2.03	0.258
深圳	清湖社区市政路面	1.30	0.75
重庆	居住	3.95	0.36
	重庆大学教学区与生活区	3.27	0.64
	高速公路	5.71	2.96
南京	机场高速公路	5.59	0.37
南昌	交通路面	—	1.41
	商业路面	—	0.86
	工业区路面	—	0.58
	居民区路面	—	0.93

3.2.2　核心指标率定方法

1. 指标定量计算方法

海绵城市规划控制指标一般包括径流总量控制目标、径流峰值控制目标、径流污染控制目标、雨水资源化利用目标等。各地应结合水环境现状、水文地质条件等特点，合理选择其中一项或多项目标作为规划控制目标。鉴于径流污染控制目标、雨水资源化利用目标大多可通过径流总量控制实现，各地海绵城市构建可选择径流总量控制作为首要的规划控制目标。

根据《海绵城市建设绩效评价与考核办法（试行）》，海绵城市具体规划建设指标一共分为六大类，涉及水生态、水环境、水资源、水安全、制度建设及执行情况、显示度等方面，共计18项指标，其中11项指标与设施布局、工程建设相关，另外7项指标关于海绵城市建设保障、制度建设等方面。通过规划指标基础理论研究，对于海绵城市规划指标及定量计算方法总结如下，见表3-8。

海绵城市指标特性及定量计算方法汇总表　　　　　　　　表 3-8

类别	项	指标	要求	方法	性质
一、水生态	1	年径流总量控制率	当地降雨形成的径流总量，达到《海绵城市建设技术指南——低影响开发雨水系统构建（试行）》规定的年径流总量控制要求。在低于年径流总量控制率所对应的降雨量时，海绵城市建设区域不得出现雨水外排现象	根据实际情况，在地块雨水排放口、关键管网节点安装观测计量装置及雨量监测装置，连续（不少于一年、监测频率不低于15min一次）进行监测；结合气象部门提供的降雨数据、相关设计图纸、现场勘测情况、设施规模及衔接关系等进行分析，必要时通过模型模拟分析计算	定量（约束性）
	2	生态岸线恢复	在不影响防洪安全的前提下，对城市河湖水系岸线、加装盖板的天然河渠等进行生态修复，达到蓝线控制要求，恢复其生态功能	查看相关设计图纸、规划，现场检查等	定量（约束性）
	3	地下水位	年均地下水潜水位保持稳定，或下降趋势得到明显遏制，平均降幅低于历史同期。年均降雨量超过1000mm的地区不评价此项指标	查看地下水潜水位监测数据	定量（约束性，分类指导）
	4	城市热岛效应	热岛强度得到缓解。海绵城市建设区域夏季（按6—9月）日平均气温不高于同期其他区域的日均气温，或与同区域历史同期（扣除自然气温变化影响）相比呈现下降趋势	查阅气象资料，可通过红外遥感监测评价	定量（鼓励性）

续表

类别	项	指标	要求	方法	性质
二、水环境	5	水环境质量	不得出现黑臭现象。海绵城市建设区域内的河湖水系水质不低于《地表水环境质量标准》Ⅳ类标准，且优于海绵城市建设前的水质。当城市内河水系存在上游来水时，下游断面主要指标不得低于来水指标	委托具有计量认证资质的检测机构开展水质检测	定量（约束性）
			地下水监测点位水质不低于《地下水质量标准》Ⅲ类标准，或不劣于海绵城市建设前	委托具有计量认证资质的检测机构开展水质检测	定量（鼓励性）
	6	城市面源污染控制	雨水径流污染、合流制管渠溢流污染得到有效控制。雨水管网不得有污水直接排入水体；非降雨时段，合流制管渠不得有污水直排水体；雨水直排或合流制管渠溢流进入城市内河水系的，应采取生态治理后入河，确保海绵城市建设区域内的河湖水系水质不低于《地表水环境质量标准》Ⅳ类标准	查看管网排放口，辅以必要的流量监测手段，并委托具有计量认证资质的检测机构开展水质检测	定量（约束性）
三、水资源	7	污水再生利用率	人均水资源量低于 500m³ 和城区内水体水环境质量低于Ⅳ类标准的城市，污水再生利用率不低于 20%。再生水包括污水经处理后，通过管道及输配设施、水车等输送用于市政杂用、工业农业、园林绿地灌溉等用水，以及经过人工湿地、生态处理等方式，主要指标达到或优于《地表水环境质量标准》Ⅳ类要求的污水处理厂尾水	统计污水处理厂（再生水厂、中水站等）的污水再生利用量和污水处理量	定量（约束性，分类指导）
	8	雨水资源利用率	雨水收集并用于道路浇洒、园林绿地灌溉、市政杂用、工农业生产、冷却等的雨水总量（按年计算，不包括汇入景观、水体的雨水量和自然渗透的雨水量），与年均降雨量（折算成毫米数）的比值；或雨水利用量替代的自来水比例等。达到各地根据实际确定的目标	查看相应计量装置、计量统计数据和计算报告等	定量（约束性，分类指导）
	9	管网漏损控制	供水管网漏损率不高于 12%	查看相关统计数据	定量（鼓励性）
四、水安全	10	城市暴雨内涝灾害防治	历史积水点彻底消除或明显减少，或者在同等降雨条件下积水程度显著减轻。城市内涝得到有效防范，达到《室外排水设计标准》GB 50014—2021 规定的标准	查看降雨记录、监测记录等，必要时通过模型辅助判断	定量（约束性）
	11	饮用水安全	饮用水水源地水质达到国家标准要求：以地表水为水源的，一级保护区水质达到《地表水环境质量标准》GB 3838—2002 Ⅱ类标准和饮用水源补充、特定项目的要求，二级保护区水质达到《地表水环境质量标准》Ⅲ类标准和饮用水源补充、特定项目的要求。以地下水为水源的，水质达到《地下水质量标准》Ⅲ类标准的要求。自来水厂出厂水、管网水和龙头水达到《生活饮用水卫生标准》GB 5749—2022 要求	查看水源地水质检测报告和自来水厂出厂水、管网水、龙头水水质检测报告。检测报告须由有资质的检测单位出具	定量（鼓励性）

续表

类别	项	指标	要求	方法	性质
五、制度建设及执行情况	12	规划建设管控制度	建立海绵城市建设的规划（土地出让、两证一书）、建设（施工图审查、竣工验收等）方面的管理制度和机制	查看出台的城市控详规、相关法规、政策文件等	定性（约束性）
	13	蓝线、绿线划定与保护	在城市规划中划定蓝线、绿线并制定相应管理规定	查看当地相关城市规划及出台的法规、政策文件	定性（约束性）
	14	技术规范与标准建设	制定较为健全、规范的技术文件，能够保障当地海绵城市建设的顺利实施	查看地方出台的海绵城市工程技术、设计施工相关标准、技术规范、图集、导则、指南等	定性（约束性）
	15	投融资机制建设	制定海绵城市建设投融资、PPP管理方面的制度机制	查看出台的政策文件等	定性（约束性）
	16	绩效考核与奖励机制	对于吸引社会资本参与的海绵城市建设项目，须建立按效果付费的绩效考评机制，以及与海绵城市建设成效相关的奖励机制等；对于政府投资建设、运行、维护的海绵城市建设项目，须建立与海绵城市建设成效相关的责任落实与考核机制等	查看出台的政策文件等	定性（约束性）
	17	产业化	制定促进相关企业发展的优惠政策等	查看出台的政策文件、研发与产业基地建设等情况	定性（鼓励性）
六、显示度	18	连片示范效应	60%以上的海绵城市建设区域达到海绵城市建设要求，形成整体效应	查看规划设计文件、相关工程的竣工验收资料。现场查看	定性（约束性）

2. 年径流总量控制率分解技术

城市年径流总量控制率对应的设计降雨量值的确定，是通过统计学方法获得的。根据中国气象科学数据共享服务网中国地面国际交换站气候资料数据，选取至少近30年（反映长期的降雨规律和近年气候的变化）日降雨（不包括降雪）资料，扣除小于等于2mm的降雨事件的降雨量，将降雨量日值按雨量由小到大进行排序，统计小于某一降雨量的降雨总量（小于该降雨量的按真实雨量计算出降雨总量，大于该降雨量的按该降雨量计算出降雨总量，两者累计总和）在总降雨量中的比率，此比率（即年径流总量控制率）对应的降雨量（日值）即为设计降雨量。

《海绵城市建设技术指南——低影响开发雨水系统构建（试行）》中提出了城市年径流总量控制率目标，并给出具体的规划控制指标作为土地出让的约束条件，而在具体的规划编制过程中，在不具备广泛使用模型工具的情况下，如何合理地将控制指标分解到各类用地中是首先要解决的问题，也是海绵城市规划的重难点。

径流控制模式包括场地内控制和场地外控制，场地内控制一般指在本地块内实现径流总量控制目标；场地外控制一般指对于径流总量大、绿地及其他调蓄空间不足的地块，统筹周边地块或开发空间内的调蓄空间共同承担其径流总量控制目标，如利用城市公共绿地消纳来自周边道路和地块内的径流雨水。径流控制模式示意图见图 3-13。

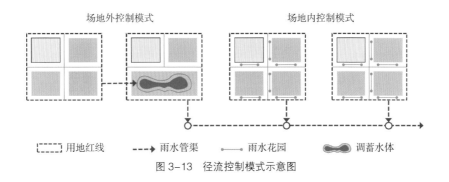

图 3-13　径流控制模式示意图

海绵设施的类型、组合、具体设施的下凹深度和规模等，皆可根据具体条件和建设方的意愿自主确定，只要达到年径流总量控制率目标即可，这也是为何单项控制指标中的下凹式绿地泛指具有径流减排功能绿地，且未对其下凹深度做硬性规定的原因。城市规划中径流总量控制指标及其赋值方法见表 3-9。

城市规划中径流总量控制指标及其赋值方法　　　　　　　　　　　表 3-9

规划层级	控制目标与指标	赋值方法
城市总体规划、专项（专业）规划	控制目标：年径流总量控制率及其对应的设计降雨量	通过当地多年日降雨量数据统计分析得到年径流总量控制率及其对应的设计降雨量
详细规划	综合控制指标：单位面积控制容积	根据总体规划阶段提出的年径流总量控制率目标，结合各地块绿地率等控制指标，参照式 $V=10H\Psi F$ 计算各地块综合控制指标，即单位面积控制容积
	单项控制指标：下凹式绿地率及其下凹深度、透水铺装率、绿色屋顶率、其他	根据各地块的具体条件，通过技术经济分析，合理选择单一或组合控制指标，并对指标进行合理分配。指标分解方法：方法 1 为根据控制目标和综合控制指标进行试算分解；方法 2 为模型模拟

有条件时，可通过模型模拟的方法对年径流总量控制率目标进行逐层分解，暂不具备条件的，可结合当地气候、水文地质等特点，汇水面种类及其构成等条件，通过加权平均的方法进行试算分解，具体步骤如下：

（1）确定城市总体规划阶段提出的径流总量控制目标，即：年径流总量控制率及其对应的设计降雨量。

（2）结合各地块开发强度等条件，初步提出各地块的单项控制指标（单一或组合）及相关设施的占地面积。

（3）计算各地块海绵设施的总调蓄容积。计算总调蓄容积时，应综合考虑以下内容：顶部和结构内部有蓄水空间的渗透设施（如生物滞留设施、渗管/渠等）的渗透量应计入总调蓄容积；调节塘、调节池对径流总量削减没有贡献，其调节容积不应计入总调蓄容积；转输型植草沟、无贮存容积的渗管/渠、初期雨水弃流、植被缓冲带、人工土壤渗滤等对径流总量削减贡献较小的设施，其规模一般用流量法而非容积法计算，这些设施的容积也不计入总调蓄容积；透水铺装和绿色屋顶仅参与综合雨量径流系数的计算，其结构内的空隙容积一般不再计入总调蓄容积；受地形条件、汇水面大小等影响，调蓄容积无法发挥径流总量削减作用的设施（如较大面积的下凹式绿地，如果受坡度和汇水面竖向条件限制，实际调蓄容积远小于其设计调蓄容积），以及无法有效收集汇水面径流雨水的设施具有的调蓄容积不计入总调蓄容积。

（4）参照 $\Psi=\Sigma F_i\Psi_i/\Sigma F_i$（$\Psi_i$ 为各类汇水面的雨量径流系数，广义的下凹式绿地因接纳客水，其雨量径流系数可取 1；F_i 为各类汇水面的面积，hm^2）加权平均计算得到各地块的综合雨量径流系数。

（5）结合步骤（3）和（4）得到的结果，参照调蓄容积 $V=10H\Psi F$（H 为设计降雨量，mm；F 为汇水面积，hm^2）确定各地块的设计降雨量。

（6）对照统计分析法计算出的年径流总量控制率与设计降雨量的关系确定各地块的年径流总量控制率。

（7）根据规划区域的年径流总量控制率 $\alpha=\Sigma\alpha_jF_j/\Sigma F_j$（$\alpha_j$ 为各地块的年径流总量控制率，%；F_j 为各地块的汇水面积，hm^2）得到规划区域的年径流总量控制率。

（8）重复（2）~（6），直到满足城市总体规划阶段提出的年径流总量控制率目标要求，最终得到各地块中海绵设施的总调蓄容积，以及对应的单项控制指标（单一或组合），并参照步骤（5）中的公式将各地块中海绵设施的总调蓄容积换算为"单位面积控制容积"作为综合控制指标。

3.2.3　海绵设施布局方法

海绵城市指标与海绵设施布局之间存在对应关系，依据指标体系与海绵设施关系研究，首先梳理海绵设施对应的规划设计体系，再依据规划设计体系的划分，确定设施的布局，按照指标的要求和率定核算海绵设施规模，并结合城市用地规划方案，布局海绵设施。

1. 水资源海绵设施布局技术要点

在城市建设区充分利用湖、塘、库、池等空间滞蓄利用雨洪水，与城市中水回用系统互相补充，用于城市景观、工业、农业和生态用水等方面，可有效缓解城市水资源缺乏的现实问题。

在建筑与小区建设雨水调蓄池和雨水罐，在集中式绿地建设湿塘，并强化景观水体调蓄功能，将调节和贮存收集到的雨水回用于绿化浇灌、道路清洗或景观水体补水。

水资源体系规划分为水源涵养方案和非传统水资源利用方案。水源工程包含水系涵养、水土保持、供水工程规划布局等；非传统水资源利用包含再生水利用以及雨水资源化利用方案。

（1）水系涵养规划布局

水系涵养规划涉及的指标有水面率等，将与城市建设发生冲突的流域和需要增加人工水面等的流域取交集，得到最后需要增加水域面积的流域。再设定人工水面的调蓄能力，计算出前述流域中需要增加的人工水面面积。此外，水源涵养林、水系闸门设施也能起到水系涵养的作用，应在规划方案中得以体现。

（2）水土保持规划布局

水土保持能很好地维护地区水环境、涵养水源、维护区域生态平衡，同时水土保持也是治理河道的根本，是对水资源利用和保护的源头和基础，是与水资源管理互为促进、紧密结合的有机整体。

水土保持可通过建设防护林带和湿地保护区完成，在海绵城市规划中，需收集绿化园林部门的湿地规划方案并进行方案布局优化，量化水土保持作用效果。

（3）供水工程规划布局

供水工程规划涉及的指标有饮用水安全、地下水位、管网漏损等。饮用水安全指标应严格遵照水源地水质检测报告和自来水厂出厂水、管网水、龙头水水质检测报告；地下水位指标由专业部门进行数据提供，对于年均降雨量低于1000mm的地区应重点关注，制定地下水回补方案；管网漏损指标在供水工程规划中应予以明确，并提出控制管网漏损率的方法和策略。

此外，在海绵城市规划中应该进一步核查供水工程专业规划的中水资源配置和供水设施布局方案，在整体核算海绵城市供水途径（计入雨水资源利用、再生水利用量）的前提下，对于传统的供水工程规划提出修正建议。

（4）再生水利用规划布局

再生水利用规划方案涉及的指标有污水再生利用率等。依据指标的率定，推算再生水量，进行再生水厂或者分散再生设施布局，在进行方案布局时，应进行分散或集中再生利用的详细比选。集中式利用是指再生水由现状污水处理厂提标改造后引入，并敷设相应的再生水管网；分散式利用是指就地分散建设再生水回用设施，在连片工业区或者大型居住区内部建设再生水系统。

（5）雨水资源利用规划布局

雨水资源利用规划方案涉及的指标有雨水资源化利用率等。城市雨水可用作浇洒道路、绿化用水及居民冲厕用水，在水质可以满足标准时，将雨水用于补充城市景观水系，体现城市水生态系统的自然修复、恢复与循环流动，改善缺水城市的水源涵养条件，达到改善自然气候条件以及水生态循环的目的，最终实现雨水资源化利用的目标。

2. 水安全海绵设施布局技术要点

水安全是海绵城市规划中最具有工程特色的规划内容，水安全体系规划分为防洪工程和排水防涝体系。其中防洪工程规划包括防洪格局与方案；排水防涝体系规划包括排水体制、排水分区、管网方案以及内涝防治方案等。

（1）防洪规划布局

防洪格局与方案涉及的指标有防洪标准等。在确定防洪标准时，首先建立评价指标体系，然后利用模糊数学等工具对定性指标进行量化，采用层次分析法确定各层指标间的权重，最后利用优选模型对由多个防洪标准方案组成的方案集进行评价，综合指标值最大的方案对应的防洪标准为最优防洪标准。

防洪方案可以借鉴当地水利部门编制的防洪专项规划，结合海绵城市的理念，对防洪方案进行优化，并将方案反馈于海绵城市规划，从水安全的角度，对于未封闭的防洪圈，在规划方案中应尽量封闭，提高设防等级。

（2）排水防涝规划布局

排水防涝规划涉及的指标有雨水管网设计重现期、内涝防治标准等。通过建立规划区排水模型来分析规划区现状内涝情况，内涝防治方案与排水防涝专业规划相结合，进行布局优化，同时建议以大型景观绿带、河流两旁绿色廊道、城市道路等绿色海绵元素，作为城市雨洪行泄通道。

3. 水环境海绵设施布局技术要点

水环境是海绵城市规划中最重要的规划内容，水环境体系规划分为水污染控制工程和污染负荷削减方案。其中水污染控制工程需进行建模和水环境承载力预测；污染负荷削减方案以城市地表水为对象，通过城市用地产生的污染模型分析，识别黑臭水体，进行相应的河道生态整治措施规划。

（1）污染物削减规划

污染建模与水环境承载力分析涉及的指标有地表水水质标准、径流总量控制、城市面源污染控制指标等。通过系统分析国内外非点源径流污染模拟及模型控制的研究结果，分析城市降雨径流污染特性及污染控制方法，基于规划区地形数据、城市排水数据、土地利用状况以及降雨气象数据，对管网数据进行简化、拓扑校验和下垫面分析后设计规划区降雨径流的发生情景，构建城市径流面源模型，并借助实地调研或查阅文献对模型参数进行优化。

利用模型估算出污染负荷总量，对比污染物控制目标，计算出区域污染物分配总量。通过设置不同用地污染物分配权重，从削减技术工程和污染物总量控制可行性角度选择最优削减方案，确定地块污染物最终环境容量、削减量和削减率。

（2）河道整治规划

河道整治方案涉及的指标有地表水体水质标准等。河道整治方案首先需要识别黑臭水体，分析黑臭水体的成因，提出水体整治措施和方案。常用的黑臭水体整治措施包括河道水系污染底泥清淤、原位修复、优化河道水动力控制、河道岸线整治工程、水体保持、生物修复技术等。

（3）污水工程规划布局

污水工程规划方案涉及的指标有尾水排放标准、污水收集率等。这些指标虽然不是海绵城市规划的主要指标，但却与水环境紧密相关，应予以明确。污水收集率反映城市污水收集处理水平，在规划阶段应该结合污水管网的建设情况确定，且建议取高值。在海绵城市建设的背景下，污水处理厂尾水排放标准应提高至一级 A 甚至更高，最大限度降低河流污染物负荷。

4. 水生态海绵设施布局技术要点

水生态工程体系分为径流控制工程和河流生态治理工程两部分。径流控制工程通过构建海绵化雨水系统，在场地开发过程中采用源头、分散式措施维持场地开发前的水文特征，达到径流总量控制目标；河流生态治理工程通过对规划区内河湖水系驳岸硬质化改造，达到恢复生态岸线控制的目标。

（1）径流控制工程规划布局

径流控制工程涉及的指标有径流总量控制指标、面源污染控制指标等。在规划方案中构建数学模型，进行径流总量控制指标的分解，并将分解结果传导为具体的工程措施，如地块径流控制、道路广场径流控制、绿地径流控制、调蓄等，明确建筑小区、公园绿地、道路广场等海绵建设要求，宜作为城市土地开发利用的约束条件之一。

（2）水系连通规划布局

水系连通方案涉及的指标有水面率等。水系连通需参照城市水面率的变化，在可行的前提下，增加城市水面率，通过水系连通调解河网水系调蓄水量，并且增强水体流通性，提高水质，在行洪排涝方面发挥重要作用，保障城市水文循环和水生态。

（3）生态岸线规划布局

生态岸线方案涉及的指标有生态岸线指标等。生态岸线采用以生态为基础、以安全为导向的工程方法，减少对河流自然生态的破坏。生态岸线建设需进行潜力分析，要与城市规划用地方案、道路红线、水系蓝线规划等相协调，建议多采用广义生态岸线建设形式，起到保护水生态的作用。生态岸线布局方法应尽量选择在城市新建区域，此外径流污染产污较多区域也宜设置。

3.2.4　数学模型建模方法

1. 模型对比

目前，国内外应用最广泛的海绵城市规划模型软件中除英国 InfoWorks ICM、澳大利亚 Xp-SWMM、丹麦 DHI MIKE 系列软件和美国 SUSTAIN、EPA–SWMM 为开源软件外，其余均为商业软件。几种常见的海绵城市模型对比见表 3–10。

常见海绵城市模型对比　　　　　　　　　　表 3–10

对比项目	EPA–SWMM	SUSTAIN	MIKE URBAN	InfoWorks ICM	Xp–SWMM
水力学	动力波模型－求解圣维南方程组，分析管网中水流状态，用于系统的设计与优化	动力波模型－求解圣维南方程组，分析管网中水流状态，用于系统的设计与优化	动力波模型－求解圣维南方程组，分析管网中水流状态，用于系统的设计与优化	动力波模型－求解圣维南方程组，分析管网中水流状态，用于系统的设计与优化	动力波模型－求解圣维南方程组，分析管网中水流状态，用于系统的设计与优化
水文模拟	使用地下水渗透模型模拟地下水层对渗透流的影响，能评价任何基础设施	使用地下水渗透模型模拟地下水层对渗透流的影响，使用非线性水库模型模拟坡面满流	能够最为接近真实物理过程地模拟入流和渗透过程，能评价任何基础设施	包括多种产汇流模型，包括但不限于固定径流模型、Horton、Green-Ampt、SCS 等产流（径流量）模型，以及 Wallingford、Large Catch 等汇流模型	使用地下水渗透模型模拟地下水对地表水的影响，能评价任何基础设施，如泵站、闸门、堰等

续表

对比项目	EPA-SWMM	SUSTAIN	MIKE URBAN	InfoWorks ICM	Xp-SWMM
低影响开发	已开发并升级低影响开发模块，可模拟各种类型低影响开发设施	内嵌 EPA-SWMM 5.0 低影响开发模块	内嵌 EPA-SWMM 5.0 低影响开发模块	包括水文水动力模拟方法，可以在集水区中批量设置，也可以详细模拟单个低影响开发设施，辅助设计	内嵌 EPA-SWMM 5.0 低影响开发模块
计算能力	可进行单场降雨和连续性降雨模拟，模型计算稳定，运行速度较快	考虑了计算复杂性和实用性的平衡，综合运用了 EPA-SWMM、HSPF 的运算法则，并集成了乔治王子郡的 BMP 模型	具有 MOUSE 和 EPA-SWMM 两个计算引擎，无法进行连续性降雨模拟，运行时间较长且不稳定	使用可变步长的稳定计算引擎，有许多附带的图形和报告组件，包括提示和数据管理工具能够并行计算，利用独立显卡，支持多任务、多电脑、远程计算，可以利用硬件提升计算速度	使用 EPA-SWMM 计算引擎，运行时间较长且不像其他软件那样稳定
校核能力	提供模拟和监测数据导入和导出功能。方便模型参数率定和校核	长期的校核和丰富数据有助于提高模型的精度和准确度	长期的校核和丰富数据有助于提高模型的精度和准确度	流量和流速通过预测和观测曲线被调整匹配	可以确定哪些参数影响暴雨时间并且可以调整这些参数，不能模拟和生成降雨曲线
使用容易度	模型界面简单，且提供详细的操作手册以及案例，便于技术人员使用	需要在良好掌握 ArcGIS 基础上才能使用该软件	界面较为复杂，需要在良好掌握 ArcGIS 基础上才能使用该软件，需要接受软件培训	需要在良好掌握 ArcGIS 基础上才能使用该软件，软件模块众多，需要培训	原理与 EPA-SWMM 一致，但需要良好掌握 ArcGIS
推广难易程度	开源软件，方便推广使用	开源软件，方便推广使用	商业软件，需要购买使用	商业软件，需要购买使用	商业软件，需要购买使用

　　建议应根据实际项目需求、研究范围大小、研究内容深度来对比不同模型的各方面适宜性，选择合适的模型软件进行使用。

　　在具体的海绵城市规划中，可以采用 InfoWorks ICM 水力模型进行模拟。其主要应用方面为自然本底及现状情况评估、规划设计方案评估与优化。

2. 模型关键技术

　　以 InfoWorks ICM 水力模型为例，海绵数学模型可以分为七类关键技术，分别为管网概化技术、下垫面概化技术、地表污染评估技术、降雨模拟技术、地形分析技术、河网耦合技术和海绵耦合技术。通过这些技术的利用，可以分别进行自然本底及现状情况评估、规划设计方案评估与优化两大方面的应用。

　　（1）管网概化技术

　　构建合理的排水管网概化模型，通过合理概化方式将现实排水管网系统概化。

排水管网概化是一个处理过程，具体为根据研究区域管网的数据资料及其空间拓扑关系，利用 GIS 技术对一些数据信息进行整理并提取，例如管段长度、管径、检查井井底及地面标高等。同时对管网的空间结构进行合理的简化处理，最后得到管网的输入文件。

由于城市排水管网比较复杂，对其全面概化会给最终的计算结果带来很大的误差，因此需要将管网进行有效的简化处理，即只概化主要管段，去掉次要管段。简化后的管网系统需要满足两方面的要求，一是能反映管网系统真实的运行状态，二是能保证模型数据的计算速度以及数值的误差要求。

排水管网的概化是模型模拟的基础，模拟中用管网模型来描述、模拟排水管网的拓扑特征和水力特征。由于城市中排水管网一般较为复杂，若进行全面概化不但会增加模拟的工作量而且对于计算结果也会产生较大的误差。因此在满足真实反映城市排水管网水力状况的前提下，建模前需对城市排水管网进行一定的简化，排水分区概化示见图 3-14。一般简化原则包括如下几方面：

1）略去次要管线，根据研究区域的范围大小确定保留的主干线以及管线的管径范围。

2）为减小模型的计算误差，将管径较大、管长较短的过路管线设置为节点，如管径超过 0.4m 以及管长小于 30m 的过路管段。

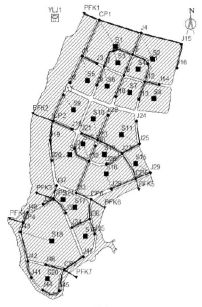

图 3-14　排水分区概化图

3）对于管段较长或转角较大的管线可增设节点，增加管段。如管长超过 1000m 或转角小于 60° 的管线。

4）道路两侧的平行线，根据实际情况而定。

（2）下垫面概化技术

下垫面概化是将现状或规划的水文地表特征，根据不同的下垫面特征进行概化。下垫面概化方式有三种，一是通过用地类型进行概化，二是通过综合径流系数进行概化，三是通过下垫面类型进行概化，这三种方式在不同城市、不同地表，数值均有差异性。

（3）地表污染评估技术

地表污染物评估主要通过实测数据获得衰减系数、累计系数等水质系数，通过模型中的地表污染物编辑器构建水质模型模拟，见图 3-15。

（4）降雨模拟技术

1）降雨选择

海绵城市的降雨模拟适宜选用近 30 年实测降雨进行模拟，也可简化用典型年降雨代替。

2）降雨生成

可以使用模型中降雨生成器生成，见图 3-16。

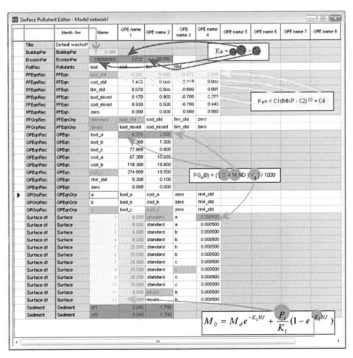

图 3-15　地表污染物编辑器

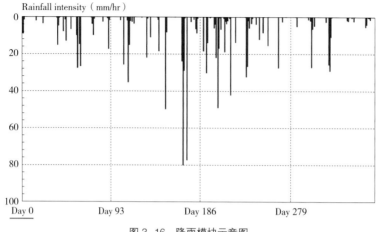

图 3-16　降雨模块示意图

（5）地形分析技术

现状或规划地形作为海绵城市模拟与评估的重要技术手段，可以根据地形资料，利用 ArcGIS 提取高程点高程，并依据这些高程点，导入模型形成 DEM 文件，见图 3-17。

（6）河网耦合技术

河网耦合可以用于洪涝灾害评估，主要通过河道中心线与河道横断面线进行概化，主要操作步骤为：提取横断面线；导入河道中心线；创建河岸线；调整河岸线；创建河段；创建河段边界；完成河网模型。

图 3-17　地形模块示意图

在实际的河道模型与管网耦合的案例中，我们经常采用 ArcGIS 提取河道中心线，同时依据实测河道断面数据构建多个河道断面，依据河道中心线与河道横断面线生成河岸线，形成完整的河道，最后利用连接形式将管网模型与河网模型耦合，见图 3-18。

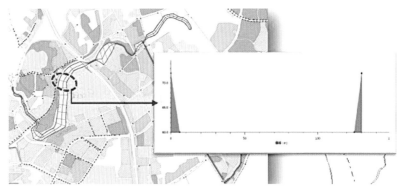

图 3-18　河道模块示意图

（7）海绵耦合技术

在海绵城市专项规划阶段，主要通过概化公共海绵设施进行海绵城市的耦合，将不同公共海绵设施概化成水力模型中具体的水力设施，比如河段、蓄水池、汇水区等。公共海绵设施模块见表 3-11。

公共海绵设施模块　　　　　　　　　　　　　　表 3-11

分类	小类	概化方式	概化参数
河湖水系	河流	河段	中心线、横断面线
	水库	蓄水池	面积、深度、渗透系数
绿地系统	公园	汇水区	下凹式绿地、草地、透水铺装等
	广场	汇水区	透水铺装、下凹式绿地等
道路交通	道路	汇水区	植草沟、透水铺装
	停车场	汇水区	透水铺装

3.3　系统方案编制方法与技术

海绵城市系统方案是介于海绵城市专项规划和单体工程设计之间的规划设计环节，是海绵城市近期建设目标、发展布局、主要工程项目等实施的重要依据，同时指导工程落地，并系统评估各类项目实施后海绵城市近期建设目标可达性。

3.3.1　现状评估要素分析方法

1. 评估要素遴选

系统方案现状评估需重点收集的资料及待分析的评估要素见表 3-12，具体应根据项目区域的实际情况在此基础上进行评估要素清单的优化或补充。

评估要素一览表　　　　　　　　　　　　　　　表 3-12

类型	收集资料	评估内容
地形地质	地形图	高程、坡度、坡向等
	下垫面资料	现状用地性质、现状下垫面分析及径流系数等
	土壤类型分析	土壤类型、性质等
水文特征	水系分布	圩区情况、河道分布、河道类（级）别、河底高程、蓝线宽度等
	水文特点	河网类别、流速特征等
	防洪排涝	圩内/圩外河道最高水位、常水位、预降水位等
	水环境质量	水质监测报告、黑臭水体分布及其治理措施等
	易涝点分布	城市内涝点位、频次、淹水时间及深度、内涝原因、整治措施等
	岸线建设情况	硬质岸线、原始自然岸线、生态岸线分布及建设长度等
	滞蓄空间分布	蓄滞空间的分布及容量情况，主干河道、大型湖泊、坑塘、湿地等水体的几何特征、标高、设计水位等基本特征等
气候条件	降雨特征	年降雨量、年蒸发量、降雨分布、降雨天数等
	短历时、长历时暴雨强度公式	短历时、长历时降雨特征
	降雨数据	近 30 年逐日降雨数据
供排水特征	供水资料	供水水源、水厂、水质、泵站、管网、水压、漏损率等
	排水体制、错接点、溢流口	排水体制分区、混错接点及溢流口位置等
	排水资料	污水处理厂、污水泵站、雨水泵站、雨污水管网等
相关规划	已有国土空间规划、城市总体规划、控制性详细规划	明确区域各地块开发建设情况及规划条件，区分保留/在建/改建/新建等类别
	供水规划	分析归纳现状资料及规划方案
	排水规划	分析归纳现状资料及规划方案
	防洪排涝规划	分析归纳现状资料及规划方案
	竖向规划	分析归纳现状资料及规划方案
	水系、蓝线规划	分析归纳现状资料及规划方案
	道路、绿地等相关规划	分析归纳现状资料及规划方案
	"十五五" 建设计划	分析相关指标、近期重点建设项目及建设计划
其他资料	建设开发时序	分析明确海绵城市建设开发时序
	已明确的地块、道路设计方案	在建/待建项目中涉及的海绵城市建设项目等
	其他特殊资料	分析其他与海绵城市相关的要素

2. 海绵建设分析

通过相关资料收集、现场实地调研等方式，对项目区域内现状建筑与小区、绿地、道路与广场、水务四大系统的海绵化建设情况进行调研摸底，分析评价其建设情况，以便于针对性制定新建及改建地块的海绵城市建设策略，见图 3-19。

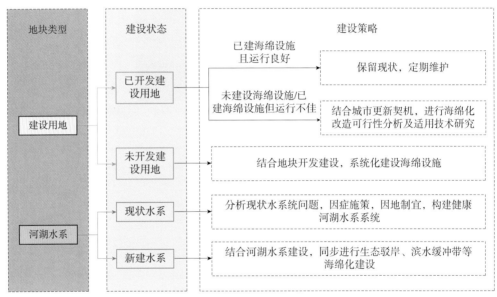

图 3-19　海绵建设分析方法示意图

3.3.2　数学模型定量构建方法

在海绵城市系统方案编制过程中，应用数学模型对布设方案的实施效果进行校核是十分有必要的。相对于规划层级的模型搭建，系统方案层面对于模型的搭建要求也更加精细化，研究过程和结论也更加侧重定量化。

本节在 3.2.4 节介绍的数学模型建模方法基础上，应用管网布设、降雨模拟、地形耦合等关键技术，针对 InfoWorks ICM 模型在系统方案编制中的主要应用场景和应用方法进行细化介绍。

1. 下垫面导入方法

（1）现状下垫面的导入

在获得项目区域用地类型及遥感图像的前提下，可以应用 ArcGIS 中的"ISO 聚类非监督分类"功能，对遥感图像的各地块进行下垫面的提取，见图 3-20。通过聚类分析结果，可得到不同类别的下垫面所占比例，可将这个比例直接输入到 InfoWorks ICM 中。

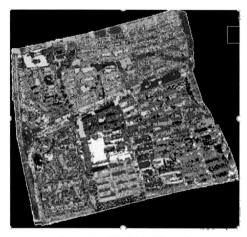

图 3-20   下垫面分类效果图

在缺乏遥感图像或地形图资料的条件下可根据用地功能区类型，按照经验值确定下垫面占比。

（2）规划下垫面的导入

针对已建地块或者已有设计方案的地块，根据相关资料统计地块内部实际各类下垫面的占比并导入模型；针对暂无设计方案的新建地块，则根据不同用地类型，结合当地的城市规划管理技术规定或城市设计导则等文件要求，参考当地经验值设置地块内部各类下垫面占比，对下垫面模型进行概化。

2. 降雨事件导入方法

在系统方案编制中应用到的降雨事件主要分为三大类，根据不同的分析需求应用于不同的场景。

（1）短历时降雨，用于评估管网过流能力

将当地的短历时暴雨强度公式导入模型，设定不同的管网重现期，建立一维管网模型，运行时长通常为 180~240min，评估管网的过流能力是否满足设计重现期下的雨水排放需求。

（2）长历时降雨，用于评估片区内涝防治水平

将当地的长历时暴雨强度公式或典型实测 24h 暴雨事件数据导入模型，将雨水管网与地形和水系、泵闸进行耦合，建立二维模型，运行时长通常为 24h，评估区域在各类设施的作用下能否满足内涝防治要求。

（3）近 30 年逐日降雨（资料不足时可采用典型年逐日降雨）数据，用于评估年径流总量控制率达标情况

　　将实测逐日降雨数据导入模型，按照实际海绵设施布局方案设置各类海绵设施参数及规模，建立全年模型，对布设的海绵设施方案有效性进行评估，校核当前方案可否达成设定的片区年径流总量控制率等指标，并根据模型运行结果对系统方案进行反馈优化。

　　不同类别降雨事件示意图见图3-21。

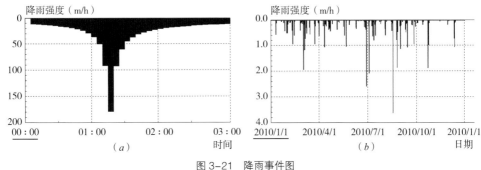

图3-21　降雨事件图

（a）某地区5年一遇降雨分布图；（b）某地区典型年逐日降雨数据

3. 海绵设施耦合方法

　　应用InfoWorks ICM中海绵模块，可以在集水区中加入各类海绵设施，常用的几种设施包括：绿色屋顶、透水铺装、下凹式绿地、生物滞留池、雨水调蓄池。在InfoWorks ICM操作手册中有以上五种海绵设施的经典参数，具体可根据项目区域的实际情况和规划方案进行调整。

　　如有需要对不同海绵设施建设方案进行对比，或对比建设海绵设施前后区域的各类运行情况，可以应用InfoWorks ICM建立不同海绵设施布局的方案或无海绵设施的方案，实现对不同建设方案条件下的管网运行情况、内涝风险情况、径流及污染控制情况的对比分析。

3.3.3　系统海绵设施布局方法

1. 径流补偿布局方法

　　在编制海绵城市系统方案过程中，将片区的年径流总量控制率等指标向下分解是方案编制的重要一环。传统的指标分解方式多根据用地性质一次性赋予地块径流控制指标要求。但部分地块开发强度大、道路建设海绵设施布置空间有限，导致达成指标难度较高，经济适宜性较差。比如，居住小区地块通常建筑高度高，不适宜建设绿色屋顶，且运营维护困难；商业地块开发强度高，绿地率低，建设海绵设施空间有限；红线宽度窄的道路地块，侧分带和中央分隔带的宽度不足，建设下凹式绿地困难，道路整体径流控制能力差；幼儿园及小学类地块不适宜进行下凹式绿地建设，达成径流控制指标存在困难。

基于上述问题，考虑系统方案的编制工作从排水分区尺度开展，可以在片区内部不同系统和地块之间发挥协调统筹的作用。通过编制系统方案，可以打破传统建筑与小区、绿地、道路与广场、水务四大系统内部各自达标的单一思维，从片区实际情况出发，将不同类型项目之间进行衔接，实现径流达标补偿，构建系统与系统之间相互协同的复合系统，见图3-22。

通过对项目区域建筑与小区、绿地、道路与广场、水务四大系统的布局进行分析，对每个地块属性及其周边蓝绿空间的建设条件进行分析，将项目区域划分为多个径流协同单元，并各自提出针对性径流补偿消纳方案。考虑跨越市政道路实现径流组织引导难度较高，因此通常以一个街坊及其周边市政道路为一个单元进行方案制定。

根据不同地块之间的协同类型，将径流补偿布局方法分为市政道路联动、公共绿地补偿、滨水轴带协同三种，见图3-23。每种选取一块区域作为典型示例，介绍径流补偿方案中的海绵设施如何进行布局并发挥作用。

（1）市政道路联动布局

市政道路具有硬质化比例高、径流系数大、建设海绵设施难度高、雨水源头减排难度大的特点。道路产生的径流大部分都未经控制直接流入雨水口，给雨水管网造成较大的压力。

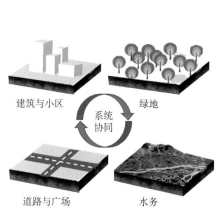

图3-22　系统协同的海绵城市系统方案

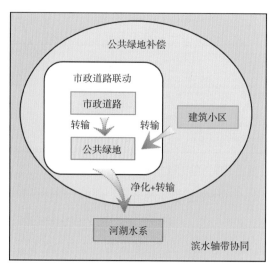

图3-23　径流补偿协同类型图

根据《城市综合交通体系规划标准》GB/T 51328—2018，道路系统中大部分道路红线宽度较窄，建设海绵设施空间有限，其径流控制能力较差。但通常道路两侧会设置一定面积的带状公共绿地，因此可以充分发挥这部分绿地的位置优势和径流控制能力，配合竖向设计，做好地块与道路之间的衔接，利用相邻绿地对周边市政道路的径流进行补偿消纳，形成道路地块与周边绿地的联动。市政道路联动布局示意图见图 3-24。

（2）公共绿地补偿布局

建筑小区所处街坊内往往布设有至少一块公共绿地，通过竖向控制和径流组织管控，可以充分发挥区域内块状或带状公共绿地的径流消纳功能，对周边市政道路及建筑小区地块的径流进行补偿消纳，公共绿地补偿布局示意图见图 3-25。

地面径流的控制主要通过径流转输来实现，产生的径流可以采用线性排水沟衔接植草沟或带状雨水花园的形式承接，并将其尽可能引导转输至地块内集中绿地及周边公共绿地，达成径流的消纳和达标补偿。

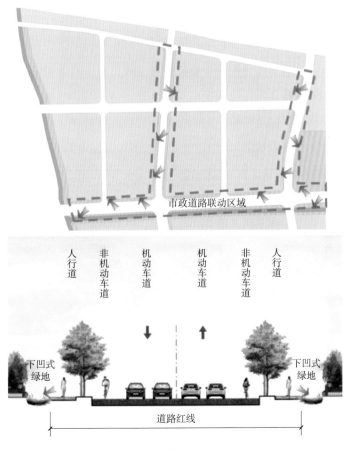

图 3-24　市政道路联动布局示意图

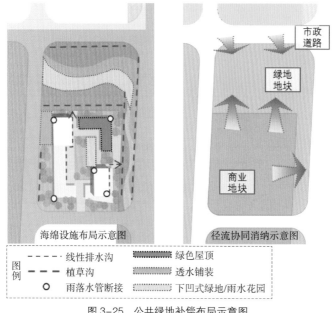

海绵设施布局示意图　　　　径流协同消纳示意图

图例		
---- 线性排水沟	▨ 绿色屋顶
- - - 植草沟	▨ 透水铺装
○ 雨落水管断接	▨ 下凹式绿地/雨水花园

图 3-25　公共绿地补偿布局示意图

　　屋面雨水的控制分为三个层级：第一个层级为绿色屋顶，建设有绿色屋顶的建筑物屋面雨水优先经绿色屋顶净化利用后，溢流的部分通过雨落水管引导至地面；第二个层级主要通过雨落水管断接实现，将屋面雨水汇入地面绿化或雨水罐，进行径流控制或资源化利用；第三个层级为径流转输，屋面雨水形成径流并引导至地面后，并入地面径流一并通过线性排水沟或排水沟引导至周边公共绿地内进行径流消纳。

　　（3）滨水轴带协同布局

　　我国的大部分南方城市河网密布，水系丰富，不少街坊内部包含水域，滨河建设的地块也以商业、住宅等高品质需求建设用地为主。这些滨河建筑小区地块的雨水径流可以先通过前文中所述方式将径流引导至河岸绿地中的海绵设施进行控制。超出海绵设施控制能力的径流，经海绵设施控制或终端面源污染处理器净化后可以就近排入水系，发挥绿地和水系的协同作用。滨水轴带协同布局示意图见图 3-26。

　　该布局方法一方面可以实现径流净化，另一方面可以减轻雨水管网的压力，同时还可以为周边河道提供优质雨水水源，同时实现水环境改善、水安全保障、非常规水资源利用，具有较好的环境和社会效益。

　　综上，该径流补偿布局方法可以充分利用区域内部的公园、绿地、水系等海绵骨干系统的径流控制能力，发挥系统协同优势，对周边难以达标的建筑与小区、道路与广场地块进行达标补偿，提高各地块海绵城市建设目标可达性，降低建设难度，实现整个区

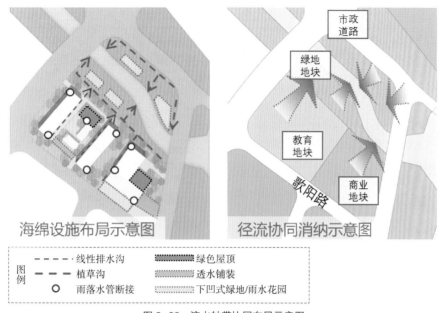

图 3-26   滨水轴带协同布局示意图

域的动态平衡，具有较高的经济和环境效益。在具体方案编制及指标分解中，应充分分析每个地块的建设条件及周边地块特性，具体问题具体分析，通过径流组织引导实现径流的补偿消纳，最终实现整个片区的达标平衡。

2. 低影响开发设施布局方法

在海绵城市系统方案中，需明确各地块布设的低影响开发设施种类及规模。各地块中低影响开发设施应因地制宜配置，结合当地气候条件、降雨分布、土壤类型等特点，选用适宜的低影响开发设施，并根据不同的系统及用地类型进行合理布设，最终满足海绵城市建设指标要求。

透水铺装主要适用于广场、停车场、人行道以及车流量和荷载较小的道路；绿色屋顶适用于符合屋顶荷载、防水等条件的平屋顶建筑和坡度 ≤ 15° 的坡屋顶建筑，一般应用于高度 50m 以下的建筑屋顶；下凹式绿地、生物滞留设施及初期雨水弃流设施可广泛应用于各类地块；湿塘及雨水湿地适用于具有一定空间条件的场地；蓄水池适用于有雨水回用需求的地块；雨水罐适用于单体建筑屋面的雨水收集及利用；植草沟可广泛应用于各类地块，也可以与其他类型的低影响开发设施及雨水管渠进行联合应用；植被缓冲带适用于道路等不透水面周边，也可以作为水系的滨水绿化带。

不同用地类型的海绵城市低影响开发设施布置适宜性可参考表 3-13。

海绵城市低影响开发设施适宜性选择表　　　　　表 3-13

设施名称	用地类型							
	居住用地	公共设施用地	工业用地	仓储物流用地	对外交通用地	道路广场用地	市政设施用地	绿地
透水铺装	√	√	○	○	○	√	○	√
绿色屋顶	√	√	√	√	×	×	○	√
下凹式绿地	√	√	○	○	○	√	○	√
生物滞留设施	√	√	√	√	√	√	√	√
湿塘	√	○	○	○	×	○	×	√
雨水湿地	○	○	○	○	×	√	×	√
蓄水池	√	√	√	√	√	√	√	√
雨水罐	√	√	√	√	√	×	√	×
植草沟	√	√	○	√	√	√	√	√
植被缓冲带	○	○	○	○	○	√	○	√
初期雨水弃流设施	√	√	√	√	√	√	√	√
下沉式广场	○	○	○	○	○	√	○	√

注：√宜选用；○可选用；×不宜选用。

第4章　排水防涝和水环境治理技术

4.1　城市排水防涝技术

　　城市排水防涝工程体系由流域区域洪涝统筹体系、城市排水防涝工程体系和应急管理体系组成。科学评估现状排水防涝能力，城市排水防涝治理的规划步骤和系统设计应注重各系统衔接。根据城市的情况，因地制宜选择排水防涝治理措施并建立科学、全面、有效的应急管理体系，帮助城市提升面对极端天气的抗冲击能力和韧性，保障人民生命财产安全和城市平稳运行。

4.1.1　城市排水防涝工程体系

1.流域区域洪涝统筹体系

　　流域区域洪涝统筹体系是抵御洪涝灾害威胁、保障城市防洪安全的第一道防线，由水库、河道和堤防、蓄滞洪区等组成。外洪主要是由于暴雨、急骤融冰化雪、风暴潮等原因引起流域性河湖水体的水位上涨并超过流域防洪标准的承受能力而导致堤坝漫溢甚至溃决、洪水进入城市而造成。城市排水安全和城市周边的大江大河、区域河流水系的行洪、泄洪以及区域滞洪能力是密切相关的，在进一步完善水利工程的同时，流域区域洪涝统筹体系应当注重流域生态保护与修复以及防洪提升工程衔接，切实增强洪涝灾害防御能力，有力保障人民生命财产安全和经济社会高质量发展。

　　（1）流域生态保护与修复

　　流域生态保护与修复是综合洪涝治理的重要组成部分，需要识别和保护山体、河流、湖泊、湿地等自然生态系统。定量分析区域流域层面的内涝成因，如山水城关系不协调造成山林涵养水源能力下降、河湖等雨水调蓄空间侵占、城市开发建设选址与防洪排涝、行泄通道统筹不够等。提出保留天然雨洪通道和滞蓄空间的管控方案，通过恢复和保护自然生态系统，可以提高流域的蓄水和调洪能力，减少下游洪涝风险。

（2）防洪提升工程

防洪提升工程应统筹区域防洪防潮要求，结合城市防洪标准、设计水位和堤防等级制定防治对策，特别是对于因外江洪水、山洪、外江（潮）顶托等原因导致的城市内涝，需制定相应的防治措施，确保城市雨水系统与防洪工程的衔接，提高整体防洪能力。

2. 城市排水防涝工程体系

城市内涝是指强降雨或连续性降雨超过城市排水能力，导致城市地面产生积水灾害的现象。降雨强度大持续时间长、城市自然蓄排能力不足、城市雨水排水能力不足、局部地势低注等原因都可能导致城市内涝。因此，城市内涝防治是一项系统工程，涵盖从雨水径流的产生到末端排放的全过程控制，包括产流、汇流、调蓄、利用、排放、预警和应急措施等，而不仅仅是传统的雨水管渠设施。在新发展理念引领下，以全面统筹的方式和系统治理的方法解决城市内涝问题，是坚持以人民为中心的高质量发展的必然要求。

美国的城镇排水体系在发展过程中逐步形成了微小大排水系统（3M Drainage System），包括微排水系统（Micro Drainage System）、小排水系统（Minor Drainage System）和大排水系统（Major Drainage System）。微排水系统应对 3~6 个月一遇的高频次、低强度小雨，小排水系统应对 2~5 年一遇的常规降雨，大排水系统应对 10~100 年一遇的低频次、高强度暴雨。

2012 年 8 月，住房城乡建设部委托国内 12 家单位联合开展《城镇排水系统标准体系研究》，通过研究，确定了源头减排、排水管渠和排涝除险的三段式内涝防治体系，以及应急管理措施的要求。2017 年发布实施的《城镇内涝防治技术规范》GB 51222—2017 明确规定，城镇内涝防治系统应包括源头减排、排水管渠和排涝除险等工程性设施，以及应急管理等非工程性措施，并与防洪设施相衔接。其中，源头减排对应微排水系统，排水管渠对应小排水系统，排涝除险对应大排水系统。应急管理是以保障人身和财产安全为目标的管理性措施，既可针对设计重现期之内的暴雨，也可针对设计重现期之外的暴雨。应急管理还需重点保护既有的河道和明渠等敞开式的雨水调蓄、行泄通道，以及保持雨水调蓄、行泄通道和河道漫滩的畅通，不得非法占用。

（1）源头减排

雨水源头减排工程主要应对大概率、低强度的中小降雨，设计中注重自然和绿色设施的利用，实现削减径流峰值流量和径流污染、收集利用雨水资源的目标。通过建设雨水花园、绿色屋顶、渗透性铺装等，可以有效减少雨水径流，削减降雨期间的流量峰值，增加地下水补给，减轻市政雨水管渠的负担，降低城镇内涝发生的频率和强度。源头减排设施的规模是根据年径流总量控制率确定设计降雨量，采用容积法确定，以保证在设计降雨量下不直接向城镇雨水管渠排放未经控制的雨水。源头减排的设计关键是下垫面、设施和溢流口三者标高之间的衔接，确保雨水径流首先排入源头减排设施，超过其设计能力时顺利溢流，进入排水管渠。设施溢流口的标高应保证设施设计功能得到充分发挥，且其过流断面应保证在极端暴雨时区域不内涝、建筑不被淹。

（2）排水管渠

排水管渠包括雨水管渠和泵站，是城市雨水排水系统的重要灰色设施，应对短历时强降雨的大概率事件下城市雨水径流的转输、调蓄和安全排放，且不允许地面积水，为公众生活提供便利。排水管渠的设计根据雨水管渠设计重现期确定设计降雨强度，采用强度法得到设计流量，以保证在设计降雨强度下地面不出现积水。通过新建和改造雨水管渠和泵站，可以提高雨水系统的排水能力和可靠性。特别是在老旧城区，雨水管渠和泵站的改造是提升排水能力、减少内涝风险的关键。

（3）排涝除险

城市范围以内产生积水问题是一种自然现象，超过城市排水管渠排水能力的雨水径流聚集在城市低洼地区。排涝除险设施主要应对小概率、长历时降雨事件，为超出排水管渠承载能力的雨水径流提供行泄通道、调蓄空间和最终排放出路，使城市区域不产生内涝灾害，保障城镇内涝防治设计重现期下城市的安全运行。

排涝除险系统由调蓄设施、行泄通道、内河等部分组成。目前，国内一般以雨水径流进入内河的排口为界限，排口上游的排涝除险系统属市政部门管理，排口下游的排涝除险系统属水利部门管理。2 个部门执行不同的设计标准，排口上游的排涝除险系统采用内涝防治标准，排口下游的排涝除险系统采用治涝标准。不同设计标准的衔接见 4.1.3 节。

排涝除险设施的规模是根据其调蓄或排放两种类型，进行相应的设计水量或流量计算，其中内河一般按照治涝标准设计蓄排水量，应对 24h 或更长的长历时降雨并要求雨后 24h 排除。排涝除险设施应和上游的源头减排系统、排水管渠作为一个整体校核，满足内涝防治设计重现期下地面的积水深度和最大允许退水时间。

排涝除险系统的设计中应结合自然蓄排条件，充分发挥河道行洪能力和水库、洼地、湖泊、绿地等调蓄作用。行泄通道一般包括区域绿地、防护绿地、非交通主干道等开放空间，需结合竖向标高合理设置，并与受纳水体或调蓄空间直接相连。城市内河是城市雨水系统的重要组成部分，具有区域内雨水调蓄、输送和排放的功能，接纳外排境内雨水和转输上游来水。河道的排水能力提升可以通过加强清淤、提升护岸结构、增设泵站等措施实现。

3. 应急管理体系

在超标降雨的条件下，城市生命线工程以及重要市政基础设施的功能不能丧失，要实施区域"联防联控"，洪涝"联排联调"。需要加强监测预警及其响应和信息共享，统筹城区水系、排水管网和城外大江大河、水库的调度，提升应急管理水平。

（1）实行洪涝"联排联调"

建立健全城区水系、排水管网与周边江河湖海、水库等"联排联调"运行管理模式，加强跨省、跨市河流水雨工情信息共享，健全流域联防联控机制，坚持立足全局、洪涝统筹，提升调度管理水平；加强统筹调度，根据气象预警信息科学合理及时做好河湖、水库、排水管网、调蓄设施的预腾空或预降水位工作，确保排水系统在极端天气条件下仍能有效运行。

（2）智慧平台

在科技信息化发展大势下，应急管理应运用信息化技术，依靠科技提高科学化、专业化、智能化、精细化水平。建立完善城市综合管理信息平台，首先应在排水设施关键节点和易涝积水点布设智能化感知终端设备，以实现排水系统的实时监控和动态管理。通过大数据和人工智能等技术，智慧平台可以提供灾情预判、预警预报、防汛调度、应急抢险等功能并给出应急方案，提高应急处置效率。智慧平台的建设将有效提升城市面对汛情的应急水平和调度水平。

（3）应急处置

应急管理体系需要配备移动泵车等快速解决城市内涝的专用防汛设备，并完善城市排水与内涝防范相关应急预案。应急预案应包括不同降雨条件下的应对措施、紧急疏散路线和避难场所等，以确保在极端天气事件发生时，能够迅速响应和有效处置，减少人员伤亡和财产损失。

4.1.2　城市雨水排水现状与评估

1. 城市雨水排水现状

（1）城市化影响

随着城市化进程的加速，城市与自然下垫面的生物物理特征发生了显著的变化，进而影响区域气候和极端天气，见图 4-1。原有的林地、草地、农田、牧场、水塘等生态环境被改变为由水泥、沥青、砖石、玻璃、金属等材料建造而成的人为地貌体，这些材料坚硬、密实、干燥、不透水，与原有植被覆盖的疏松土壤或空旷荒地、水域等自然地表特征区别巨大。以上海为例，1984 年与 2016 年的城市影像展示了城市化的直观变化，见图 4-2。城市的大部分面积被道路、广场和建筑物所占据，不透水地面面积的增加，减少了自然下渗和蓄水能力，引起水文变化，排放峰值流量高、排放体积大等特点凸显。

　　由于城市不透水面积增加，在面对降雨事件时，一方面雨水来水峰值流量高，超过既有排水系统负荷能力，导致暴雨积涝灾害的水安全风险；另一方面雨水排放体积大，携带城市生产生活污染，导致水体污染、水环境风险增加。

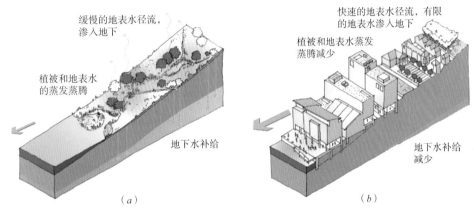

图 4-1　城市化进程下的水文变化
(a) 自然集水区；(b) 城市集水区

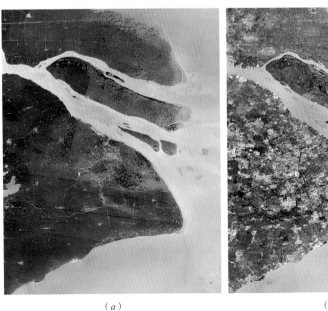

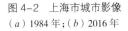

图 4-2　上海市城市影像
(a) 1984 年；(b) 2016 年

径流系数描述降水转化为径流的比例，取值介于 0~1 之间。不同地面种类的径流系数取值差异显著。各种屋面、混凝土或沥青路面由于硬化程度高，渗透性差，其径流系数通常较高。而公园或绿地等植被覆盖良好的域，由于植被的截留和土壤的渗透作用，径流系数相对较低。由于城市化引起的不透水下垫面面积上升和地表污染负荷量增大，暴雨时的径流量大大增加，大量污染物在雨水的冲刷下随径流一起进入受纳水体，导致城市水质恶化、水体污染。城市地表累积的污染物主要包括重金属（Cd、Pb 等）、多环芳烃类有机物、氮磷等营养物质，这些污染物大多来源于人类活动，如汽车尾气、工业废物、植物施肥等。不同材质的城市下垫面，其污染物特征也不同，以 SS、COD、BOD 为例，研究表明道路较屋面的污染物浓度更高。

（2）极端降雨影响

在全球气候变化导致极端天气频发的背景下，极端降雨事件对城市排水系统构成了严峻挑战。短历时高强度的降雨会迅速增加城市排水系统的水位，使其超出承载能力，导致下水道堵塞、道路积水严重，进而引发城市内涝。

2021 年 7 月 20 日，河南郑州发生特大暴雨，强度和范围突破历史记录，远超城乡防洪排涝能力，导致城市内涝、河流洪水、山洪滑坡等多灾并发，是一次造成重大人员伤亡和财产损失的特别重大自然灾害。

极端降雨的特点，一是暴雨过程长、范围广、总量大，短历时降雨极强。郑州"7·20"特大暴雨中，降雨折合水量近 40 亿 m³，为郑州市有气象观测记录以来范围最广、强度最强的特大暴雨。郑州国家气象站出现最大日降雨量 624.1mm，接近郑州 640.8mm 的年平均降雨量，且为历史最大值 189.4mm 的 3.3 倍。此次极端暴雨远超郑州市现有排涝能力和规划排涝标准，郑州城区 24h 面平均雨量是排涝分区规划设防标准的 1.6~2.5 倍。二是主要河流洪水大幅上涨，威胁上下游地区安全。郑州"7·20"特大暴雨中，郑州市的 3 条主要河流均出现超保证水位大洪水，过程洪量均超过历史实测最大值。以贾鲁河为例，洪峰水位 79.40m，超过历史最高洪峰水位 1.71m；洪峰流量 608m³/s，为历史最大洪峰流量的 2.5 倍。大小河流和水库的 500 多处险情对下游市区以及京广铁路干线、南水北调工程等重大基础设施安全造成严重威胁。

近年来，我国特大暴雨发生的频率和强度都有所增加，为应对此类极端降雨事件，城市排水系统需要具备足够的容量和强度，以避免大范围的内涝和洪涝灾害，保障城市、人员、财产安全。

（3）现状排水设施

对城市现有的排水设施进行分析，包括雨水排水分区、排水防涝设施（如排水管网、泵站、防洪坝等）的现状能力和易涝积水点的分布情况，以此评估现有排水设施的有效性和充足性，识别潜在的排水风险，并比较不同的排水优化改进方案。

雨水排水分区将城市划分为若干个独立的排水区域，每个区域内的雨水通过各自的雨水系统进行排放，划分雨水排水分区的方法有助于精确管理和维护排水设施，避免局部问题影响整体系统的运行。

易涝积水点是指在暴雨或长期降雨条件下容易积水的区域，这些区域通常位于地势低洼处或排水系统薄弱环节，通过对这些区域的调查，可以确定需要优先改造和加强的城市排水设施。

排水防涝设施包括雨水管道、泵站、调蓄池等，这些设施的状态和功能直接影响城市排水系统的效能。例如，管道的堵塞和破损会导致排水能力下降，而泵站的故障则可能导致大面积积水。排水设施的衔接关系排水系统的整体运行效率和稳定性。应充分考虑管网与城市内外河湖之间水位标高和过流能力的衔接匹配情况。

2. 城市雨水排水能力评估

全面摸清、系统认知城市现状排水防涝工程体系是开展内涝全面治理和突出重点的关键。有必要提高排查的深度、加大排查的广度、提升排查的精度。城市排水能力应从流域环境情况、区域降雨情况、现有排水设施调查几方面综合评估，以判别城市排水系统的运行效能，为排水系统的规划和优化提供参考。

（1）流域环境情况

由于重力作用，雨水经过洼地、沟壑和河床时，不会遵循人为设定的边界，而是寻求最终的归宿，如河流、湖泊或海洋。因此，城市所处的流域位置、地形地貌、水资源等自然条件皆成为影响排水的重要因素。

了解城市所处的流域位置可以帮助确定其排水系统的路径及其所需的排水设施。例如，位于平原地区的城市可能需要更密集广泛的排水管道系统，而山地城市则可能需要更多的天然沟渠和河流来管理径流。

地形地貌对城市排水系统的设计和运行有着直接影响。低洼地区更易积水，而地势较高的地区则有利于自然排水。

水资源的丰富程度也决定了城市排水系统的复杂性，水资源丰富的地区可能需要更为复杂的排水系统来管理多余的水量。城市现状河湖水系的分布及功能都是城市排水系统规划中需要综合考虑的因素。

（2）区域降雨情况

降雨量和降雨模式直接影响城市排水系统的设计和运行。分析不同时间段内的降雨模式和降雨量，包括短历时和长历时降雨量以及不同重现期（如 5 年一遇、10 年一遇、50 年一遇等）下的降雨量，可以帮助评估现有排水系统的承载能力，并预测潜在的内涝风险。

综合考虑不同时间尺度的降雨情况对于城市排水系统的设计和维护至关重要。设计暴雨强度见式（4-1）：

$$q = \frac{167A_1（1+C\lg P）}{（t+b）^n} \tag{4-1}$$

式中　　　q——设计暴雨强度 [L/（s·hm^2）]；

　　　　　P——设计暴雨重现期（年）；

　　　　　t——设计降雨历时（min）；

A_1、C、b、n——参数，根据统计方法进行计算决定。

水文统计学的取样方法有年最大值法和非年最大值法 2 类，国际上的发展趋势是采用年最大值法。我国许多地区已具有 40 年以上的自记雨量资料，具备采用年最大值法的条件。根据城市自记雨量资料推求暴雨强度公式时，应分析年多个样法重现期和年最大值法重现期的对应关系，经充分论证后可采用年最大值法确定暴雨强度公式。根据 2017 年 3 月 8 日上海市质监局批准发布的上海市地方标准《暴雨强度公式与设计雨型标准》DB31/T 1043—2017，上海地区的降雨强度按式（4-2）计算，该公式适用于 2~100 年重现期范围和 5~180min 降雨历时范围。

$$q = \frac{1600（1+0.846\lg P）}{（t+7.0）^{0.656}} \tag{4-2}$$

对不同重现期的降雨量进行分析有助于评估地区降雨特征、制定排水系统的设计标准、预测区域洪涝风险。重现期降雨极值随历时增加而增大。长时间内的降雨事件更容易受到气候、地形、水系等多种因素的影响。针对 50~100 年一遇的大暴雨事件，城市排水系统需要具备足够的容量和强度，以避免大范围的内涝和洪涝灾害。部分省市地区的雨水管渠和内涝防治标准下设计重现期对应的降雨量情况，见表 4-1。

（3）城市雨水设施调查和排水能力评估

对城市雨水排水设施的总体评估包括城市雨水管渠的覆盖程度、城市各雨水排水分区内的管渠能力、城市雨水泵站的达标情况等。同时，还有必要对设施状况进行调查，包括雨污水管道混错接和管网病害隐患点分布、现状雨水和溢流污染控制调蓄设施规模及其分布、雨水排放口与河湖水位关系、城市下凹桥区与低洼地区等内涝高风险点的排水设施建设基本情况等，以便建立信息系统并实时更新。

部分省市雨水管渠和内涝防治设计重现期对应降雨量　　　　表 4-1

省市	雨水管渠		内涝防治	
	设计重现期（X 年一遇）	降雨量（mm/h）	设计重现期（X 年一遇）	降雨量（mm/24h）
福建省南平市	3~5	44.7~49.6	30	170
上海	5	58	100	275
安徽省芜湖市	3	47.24	30	222.7
安徽省六安市	3~5	50.10~57.38	30	175
广东省汕头市	3	59	30	331

城市雨水排水能力评估可以分为现状雨水管渠能力评估和内涝风险评估两个方面。

1）现状雨水管渠能力评估

雨水管渠能力评估应在不同降雨重现期条件下，分析雨水管渠、泵站等雨水排水设施的输送与排放能力，找出设施关键短板。

根据所在城市或区域规划要求的设计标准评估现状雨水排水系统，应采用现行暴雨强度公式按设计标准要求的重现期计算各历时暴雨强度，然后根据暴雨强度、汇水面积、径流系数，采用推理公式法 $Q=q\Psi F$（式中 Q 为雨水设计流量、q 为设计暴雨强度、Ψ 为综合径流系数、F 为汇水面积）计算雨水排水流量。按重力流与管道不承压的条件对现状管道进行水力计算，如每段雨水管渠的排水能力和系统内的雨水泵站规模满足设计需要的雨水排水流量，则现状雨水管网排水系统符合设计标准。不满足设计标准的雨水管渠应按规划的设计标准改建。

针对较大范围建成区的雨水管渠能力评估，可以使用水力模型，例如 InfoWorks ICM、SWMM，对城市现有雨水排水管网和泵站等设施进行评估，分析其实际排水能力，通过水力模型模拟不同短历时重现期降雨下区域雨水管渠内雨水径流水位和地面积水情况。若在某个短历时重现期降雨下，地面出现积水，证明该段雨水管渠不满足该重现期；反之则认为满足。但值得注意的是，若某段雨水管渠管径较小，雨水管渠内的径流量可能因溢出地面而减少，反而造成下游管渠排水能力变大，在评估过程中应识别此类现象并对模型加以修正。

2）内涝风险评估

建议采用数学模型进行城市内涝风险评估。通过模型模拟获得雨水径流的流态、水位变化、积水范围和淹没时间等信息，采用单一指标或者多个指标叠加，综合评估城市内涝灾害的危险性。结合城市区域重要性和敏感性，对城市进行内涝风险等级划分，对于基础资料或手段不完善的城市，也可采用历史水灾法进行评价。

　　模型可以根据现状管网布置，结合地形地势、内河水系和街道的走向，确定汇水范围，模拟降雨径流过程，直观展现管道承压状态和地面积水状态，以便对研究范围的排水防涝能力进行评估，并根据评估结果针对性地提出提升改造方案。InfoWorks ICM、SWMM 等软件在城市内涝风险评估方面应用较多，见图 4-3。

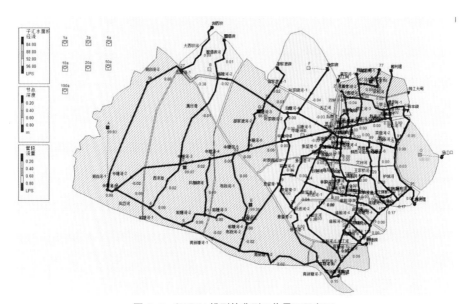

图 4-3　SWMM 模型的典型工作界面示意图

　　城市排水防涝系统数学模型可分为三种类型：框架模型、概化模型和详细模型。分析区域内涝风险宜采用概化模型。数学模型构建包含下列步骤：

　　① 标准选取和评定

　　《室外排水设计标准》GB 50014—2021 中明确了不同城镇类型和城区类型的雨水管渠设计重现期和内涝防治设计重现期，用于确定雨型和降雨历时。内涝防治重现期下的最大允许退水时间和积水深度见表 4-2 和表 4-3，当区域的积水深度和最大允许退水时间都超出规定标准时，区域可评定为内涝。

中心城区的一般地区内涝评价指标　　　　　　　　　　　　　　　　　　表 4-2

内容	指标	内涝评价
积水深度	居民住宅和工商业建筑物的底层未进水且道路中至少有一车道的积水深度不超过 15cm	否
最大允许退水时间	$t \leqslant 2h$	否

中心城区的重要地区内涝评价指标 表 4-3

内容	指标	内涝评价
积水深度	居民住宅和工商业建筑物的底层未进水且道路中至少有一车道的积水深度不超过 15cm	否
最大允许退水时间	$t \leq 1h$（交通枢纽为 0.5h）	否

注：最大允许退水时间为雨停后的地面积水的最大允许排干时间。

②资料收集

模型基础数据资料包括降雨资料、地面高程资料、下垫面资料、排水管渠（设施）资料、城镇河道（蓄涝区）资料、流量和水位监测资料、设施运行资料和其他边界条件。

建模所需数据应经过甄别、转化等标准化处理，并对数据的完整性和准确性进行校核。

③模型构建与测试

模型数据整理与导入过程应包括数据导入模型软件、评估缺失数据和可疑数据、拓扑结构检查、数据推断、数据修改、数据标签设置等。模型中的设计降雨应根据城市气象规律、汇水区域特征以及规划、设计需求等综合确定。

在模型应用前，应对模型中排水防涝系统构成要素的空间分布和连接情况进行核实，可采用异常值检查和拓扑关系抽查方法，并通过现场勘察、人工经验判断方式对发现的问题进行处理。测试和修正后的模型应满足以下要求：

a. 模型计算应能够正常收敛，计算过程应基本稳定；

b. 节点水量连续性相对误差不宜大于 10%；

c. 系统总水量连续性相对误差不宜大于 5%；

d. 当模型中存在泵站、水闸、堰等附属构筑物时，其运行调度方式应符合实际情况或设计工况。

④参数率定与模型验证

参数率定与模型验证数据宜采用现场实测数据、调研数据、遥感数据等。具体步骤包括：

a. 评估实测数据可用性，确保用于参数率定和模型验证的数据满足质量和数量要求；

b. 采用一套或多套独立数据进行参数率定，对比模型结果与实测数据，合理调整模型参数；

c. 采用另外一套或多套独立数据进行模型验证。

基于实测数据进行参数率定与模型验证时，应满足至少 2 场独立降雨事件的模拟结果与实测数据拟合程度符合相应标准。概化模型的率定与验证应满足以下 2 个要求：

a. 模拟与实测的最大积水深度偏差不应大于 20%，积水持续时间偏差不应大于 20%，最大积水持续时间偏差不应大于 1h；

b. 管渠关键节点和断面水文过程模拟与实测的总水量偏差不应大于 20%，峰现时间偏差不应大于 1h，峰值流量偏差不应大于 25%，峰值水位偏差不应大于 0.5m。

⑤模型成果和应用

利用构建的数学模型模拟内涝防治设计重现期降雨下区域的内涝风险／积水情况。若同时满足地面积水设计标准和最大允许退水时间的要求，则区域内涝防治系统的设计能力满足规范要求；否则，认为不满足规范要求，判定为不达标。

概化模型应用的主要目的是识别出低洼易涝点并定量分析积水程度，从而判定区域内涝的风险，确定区域是否需要进行改造或调整。

4.1.3　城市排水防涝治理规划

1. 城市竖向优化

竖向高程规划是实现城镇排水通畅的重要前提。应结合最新国土空间规划和洪涝风险评估结果，编制内涝风险图，探索划定洪涝风险控制线和灾害风险区。应充分考虑洪涝风险评估结果，优化排涝通道和设施设置，构建有利于城市排水的竖向格局，合理确定地块和道路高程，确保排涝顺畅和防洪安全。

新建城区应严格落实竖向管控要求，加强选址论证，道路坡度应平顺且与周边地块、水系等竖向关系协调，避免无序开发，避免出现人为制造的低洼地区及"搓衣板"式道路，形成新的积水点。针对难以进行竖向优化的地区，应提出用地调整，例如保留内涝高风险区域作为生态公共用地。建议老城区应结合城市更新因地制宜优化地块及道路竖向高程，尽可能消除原有地势低洼区域，确保排水畅通。下凹桥区、城中村、棚户区等低洼易涝区域可结合城市更新，合理调整场地或道路竖向。对于低洼片区，通过构建"高水高排、低水低排"的排涝通道，优化调整排水分区，合理规划排涝泵站等设施，综合采取内蓄外排的方式，提升蓄排能力。对已建城区也可以探索采用城市广场、生态绿地等城市公共空间"分级设防、雨旱两宜、人水和谐"的弹性利用方式，发挥对雨水的削峰错峰功能。

2. 城市排水出路与排水分区划分

规划城市排水防涝系统，首先应为城镇"增绿留白"，最大限度保护山水林田湖草的基本生态格局，最大限度适应地形地貌，对沿江沿河岸线留出一定距离、不予开发。再以城市江河湖等自然径流路径为基础，明确现有城市排水分区和排水出路。确定城镇排水防涝标准后，应科学划分排水分区，规划各类排水设施的布局和规模。对排水分区划分不合理或不能满足城市防洪排涝要求的区域，结合地形地貌、河网分布、用地布局、竖向高程以及行政区划管理等要求，采用"高水高排、低水低排"方式，以自排为主、强排为辅，根据需求制定排水出路新增、拓宽等优化方案，因地制宜划分排水分区，合理优化排水出路。

3. 雨水管理技术与标准

（1）排水防涝规划设计所遵循的原则

排水防涝规划设计应遵循一系列原则，包括区域协调、系统兼容性以及综合性管理。雨水管理技术和标准是排水防涝工程系统的核心，通过合理规划和设计，可以有效减少内涝风险、保护环境、提升城市韧性。

发达国家和地区在城镇化发展过程中也都遭受过洪涝问题，基于可持续性雨洪管理理念，建立了适合本国国情的暴雨径流源头控制标准体系。美国的降雨情况和国家面积与我国的降雨特征以及国情较为相似，分析美国的排水防涝经验具有借鉴意义。

美国雨水规划十二条原则提供了一个指导框架，为在流域范围内开展工作提供建议。这些原则强调了系统的综合性和协调性，确保排水系统与其他城市基础设施（如道路、绿地等）相互协调。其中，排水防涝规划设计应遵循一个根本原则，即任何上游系统规划需要建立在不加重下游系统负担的条件下，上游的过量雨水不应被简单地转移到下游。

十二条原则包括：

1）排水问题是一个区域性现象，不受行政界限或产权边界的限制。

2）排水系统是城市整体水资源系统的一个子系统。雨水系统规划和设计应与综合区域规划相兼容，并应与土地利用、开放空间和交通规划协调一致。防止水土流失、防洪、水质控制等都与城市雨水管理密切相关。

3）每个城市的排水系统都分为主要排水系统和次要排水系统（又称初级排水系统）。

4）雨水径流出路主要是一个空间分配问题。在一段时间内，城市区域的水量不可被压缩或减少。渠道和排水管既有输送功能，也有贮存功能。排水规划应该为排水提供充分的空间。

5）排水系统的规划和设计不应将问题从一个地点转移到另一个地点。应避免由于城市化进程导致的上游径流增加加重下游的峰值流量。

6）城市排水规划应考虑实现多个目标和多个功能，例如水质改善、地下水补给、娱乐、野生动物栖息地、湿地创建、防止水土流失及创建开放公共空间。

7）排水系统的设计应充分考虑现有排水系统的特点和功能。现有的自然特征如天然溪流、洼地、湿地、洪积平原、渗透性土壤和植被可以提供渗透功能，有助于控制径流速度，延长集流时间，过滤沉积物和污染物，并循环营养物质。好的排水系统设计应充分保护、增强、利用和模拟自然排水系统。

8）在新开发项目和重建项目的同时，应尽最大可能减少雨水径流并降低污染负荷。

9）雨水管理系统的设计应从项目的排口开始，并且充分考虑上、下游系统和过境流量的影响。

10）雨水管理系统需要定期维护。如果不进行适当的维护，会降低系统的水力容量和污染物去除效率。在为项目选择具体设计标准时，应考虑当地具备的维护能力。

11）泄洪通道和河道湿滩应该受到最大程度的保护。

12）为泄洪通道和河道湿滩预留足够的供侵蚀的横向移动空间，避免对公共设施和私人财产造成损害。

（2）水质和水量

在设计雨水管理系统时，必须同时考虑水质和水量问题。排水系统不仅需要快速收集地面径流并通过雨水管道输送至受纳水体，还需确保排放的水质符合环境标准。污染控制是雨水管理的重要内容，通过源头控制、减少直接连接的不透水面积（Minimizing Directly Connected Impervious Area，MDCIA）、建设区域性调控设施截流并适当处理降雨初期的地面径流等方式，可以有效减少进入水环境的污染负荷。

（3）雨水管理措施

雨水管理技术应从传统的"灰色"基础设施（如管道和泵站）向"绿色"基础设施（如雨水花园、渗透性铺装等）和"智能"基础设施（如自动控制系统）发展。绿色基础设施利用自然过程处理雨水，不仅能够减少径流量，还能提高水质。智能基础设施通过自动控制系统优化雨水管理，提高设施的运行效率和适应性，将城市径流被视为负担的观点转变为将雨水径流视为重要的水资源。

（4）韧性

雨水管理系统的韧性规划要求能够应对气候变化对雨水基础设施的影响，随着气候变化带来的极端天气事件增加，排水系统需要具备更强的适应能力，确保在极端条件下仍能有效运行。因此，设计中应该考虑冗余和多样化的排水途径，增强系统的应急处理能力。

4. 设计标准与衔接

城市排水防涝治理规划应包含市政排水与城市排涝两套排水系统。市政排水系统解决较小汇流面积上短历时暴雨的排水问题，城市排涝系统解决较大汇流面积上较长历时暴雨产生涝水的蓄排问题。两个系统分属市政排水范畴和水利排涝范畴，虽然标准均用暴雨重现期表示，但两个行业采用的设计标准、行业规范各不相同，导致两个系统的暴雨重现期、暴雨历时、暴雨量、暴雨强度均存在较大差别，因此，为整治城市排水排涝工程，解决城市内涝问题，必须衔接市政排水系统与城市排涝系统。

（1）排水出口水位的衔接

雨水从市政排水系统排出至城市排涝系统时，排水出口水位是关键衔接因子。当外洪形成后外河水位上涨，城镇内河无法顺利将城镇雨水径流排出，内河水位上涨，出口段排水管处于满流状态，对市政排水系统产生顶托甚至倒灌，形成因洪致涝。

设计雨水排水管道应遵循以下步骤：

1）计算城市河涌最高控制水位。

2）排水管道按自排区域与淹没出流区域分开设计。

3）自排区域的排水管道按市政排水标准设计。

4）淹没出流区域的水力坡降按地面高程与河涌最高控制水位之间的坡降取值，并且在计算管道排放流量时补充淹没出流系数，用以设计排水管道。

（2）设计暴雨的衔接

1）短历时强降雨（雨量集中型）设计暴雨衔接

对于排涝系统服务面积相对较小，设计汇流历时相对较短的区域，短历时强降雨对河道排涝系统的影响较大，因为调蓄能力小，汇流时间短，短历时强降雨带来的洪峰流量会较大，拟定排涝工程规模时应着重考虑该情况。相同历时河道排涝计算与管道排水计算得到的设计暴雨强度存在差异，河道排涝计算结果比管道排水计算结果要大，为安全考虑，采用两者中大者作为设计暴雨成果。对于雨量集中型降雨过程，最大1h降雨量按照水利标准计算得到的结果一般比按照管道排水公式计算得到的结果要大，为了与雨水管道排水相衔接，应将最大1h降雨量与管道排水公式计算得到的相应标准下的暴雨强度进行修正，即将最大1h降雨量替换为1h暴雨强度。

2）长历时强降雨（雨量均匀型）设计暴雨衔接

对于河道排水系统服务面积较大的区域，设计汇流历时相对较长，河道调蓄能力相对较强，降雨形成的洪峰流量相比于设计汇流历时短的区域要小，即流量模数比服务面积小的区域要小。因此，对于服务面积较大的区域应着重考虑长历时强降雨型降雨过程，根据该雨型进行排涝计算确定水利工程规模。

对于长历时强降雨，降雨量均匀型降雨过程，最大3h或6h降雨量按照水利标准计算得到的结果一般比管道排水能力要小，即设计最大1h降雨量接近管道1年一遇排水能力相应的降雨量 36mm（以上海地区为例），管道规模根据暴雨强度 × 服务面积计算得到（径流系数在汇流计算中考虑），因此管道排水能力为 36mm/h，即流量模数为 $10m^3/（s \cdot km^2）$。因此，对于均匀型强降雨过程，管道的排水能力可以得到充分发挥，108mm（3h）的降雨量管道可以在 3h 内排出，216mm（6h）的降雨量管道可以在 6h 内排出，上海市水利标准 20 年一遇 6h 设计暴雨量为 154.3mm，小于管道排水能力，由此可见，对于降雨量均匀的长历时强降雨 1 年一遇管道排水标准可以抵御 20 年一遇水利标准暴雨。

（3）设计标准之间的衔接

1）排水标准

根据《室外排水设计标准》GB 50014—2021，雨水管渠设计重现期应根据汇水地区性质、城镇类型、地形特点和气候特征等因素，经技术经济比较后按表 4-4 的规定取值，并明确相应的设计降雨强度。

雨水管渠设计重现期（年）　　　　　　　　　　表 4-4

城镇类型	城区类型			
	中心城区	非中心城区	中心城区的重要地区	中心城区地下通道和下沉式广场等
超大城市和特大城市	3~5	2~3	5~10	30~50
大城市	2~5	2~3	5~10	20~30
中等城市和小城市	2~3	2~3	3~5	10~20

注：1. 表中所列设计重现期适用于采用年最大值法确定的暴雨强度公式。

2. 雨水管渠按重力流、满管流计算。

3. 超大城市指城区常住人口在 1000 万人以上的城市；特大城市指城区常住人口在 500 万人以上 1000 万人以下的城市；大城市指城区常住人口在 100 万人以上 500 万人以下的城市；中等城市指城区常住人口在 50 万人以上 100 万人以下的城市；小城市指城区常住人口在 50 万人以下的城市（以上包括本数，以下不包括本数）。

2）内涝防治标准

根据《室外排水设计标准》GB 50014—2021，内涝防治标准包括设计重现期、退水时间和积水深度。

内涝防治设计重现期应根据城镇类型、积水影响程度和内河水位变化等因素，经技术经济比较后按表 4-5 的规定取值，并明确相应的设计降雨量。

内涝防治设计重现期（年）　　　　　　　　　　表 4-5

城镇类型	重现期	地面积水设计标准
超大城市	100	1. 居民住宅和工商业建筑物的底层不进水； 2. 道路中一条车道积水深度不超过 15cm
特大城市	50~100	
大城市	30~50	
中等城市和小城市	20~30	

内涝防治设计重现期下的最大允许退水时间应符合表 4-6 的规定。人口密集、内涝易发、特别重要且经济条件较好的城区，最大允许退水时间应采用规定的下限，交通枢纽的最大允许退水时间应为 0.5h。

内涝防治设计重现期下的最大允许退水时间（h）　　　　表 4-6

城区类型	中心城区	非中心城区	中心城区的重要地区
最大允许退水时间	1.0~3.0	1.5~4.0	0.5~2.0

注：本标准规定的最大允许退水时间为雨停后的地面积水的最大允许排干时间。

根据积水深度设计标准，居民住宅和工商业建筑物的底层不进水、道路中一条车道的积水深度不超过 15cm。本规定能保证城镇道路不论宽窄，在内涝防治设计重现期下，至少有一条车道能够通行。

3）治涝标准

根据《治涝标准》SL 723—2016，城市涝区的设计暴雨重现期应根据其政治经济地位的重要性、常住人口或当量经济规模指标，按表 4-7 的规定确定。

城市设计暴雨重现期　　　　　　　　　　表 4-7

重要性	常住人口（万人）	当量经济规模（万人）	设计暴雨重现期（年）
特别重要	≥ 150	≥ 300	≥ 20
重要	< 150，≥ 20	< 300，≥ 40	20~10
一般	< 20	< 40	10

注：当量经济规模为城市涝区人均 GDP 指数与常住人口的乘积，人均 GDP 指数为城市涝区人均 GDP 与同期全国人均 GDP 的比值。

4）标准衔接

在上述不同类型标准中，同一城镇级别的设计重现期差异较大。对于一座超大城市，中心城区的雨水管渠设计重现期为 3~5 年，内涝防治设计重现期为 100 年，治涝设计暴雨重现期为 20 年。

不同标准所针对的对象和对应的降雨历时不同。排水标准针对排水分区，应对 1h 的短历时强降雨，在排水标准的降雨下不允许地面出现积水；内涝防治标准针对城镇范围，应对 3~24h 的长历时强降雨，允许地面出现一定深度积水，并根据城镇能承受的程度明确最大允许退水时间，一般为 0.5~4h；治涝标准针对城镇内河流域范围，应对 24h 或更长的长历时降雨，要求雨后 24h 排除。

排水标准和治涝标准的衔接是通过城镇内河、湖泊等"蓄"的作用减缓城镇排水峰值流量对排涝流量的影响。内涝防治标准和治涝标准的衔接主要依靠不同措施。内涝防治是城镇范围内的陆域水域协同，通过在陆域设置有调蓄功能的绿地、广场等开放空间和调蓄池等工程设施，控制排入城镇水域的径流总量和径流峰值，实现与城镇内河治涝标准的衔接，并确保区域满足地面积水标准和退水时间要求。

以上海市中心城区为例，排水标准为 5 年一遇，1h 降雨量为 58mm。内涝防治标准为 100 年一遇，最大 1h 降雨量为 70mm 左右。治涝标准为 30 年一遇，不同水利片最大 24h 面降雨量有所差异，最大 1h 降雨量为 55mm 左右。利用水利片内河湖的蓄水空间，上海市中心城区基本能实现治涝标准与排水标准的衔接。通过蓝绿灰结合、增设源头减排设施等方式，控制超过内河排涝能力的径流量，实现内涝防治标准和治涝标准的衔接。

5. 与城市防洪设施的衔接

内涝防治系统和流域防洪系统均采用"蓄排结合"的工程技术手段。城市排水防涝系统统筹地面地下，结合陆域水体，整体协调包括源头减排、排水管渠和排涝除险等工程性设施以及应急管理等非工程性的措施，并与防洪设施相衔接。流域防洪亦强调工程措施与非工程措施相结合，统筹治理洪、涝、潮灾害，针对较为常见的江河洪水防治，工程措施以堤防为主，配合水库、闸坝、分（滞）洪、河道整治等，构建蓄排结合的完整防洪体系，实现洪涝联防联控。应注重同一流域不同区域的统筹治理，充分考虑流域沿线城镇排涝除险能力，以确定合理的设计洪峰流量、时段洪量和洪水过程线，为洪水流经城镇提供排水防涝规划的边界条件，如根据洪水过程线分析自排不畅的城市排涝河道，就应及时增扩排涝泵站。还要加强防洪工程建设，确保流域洪水位低于防洪标准时，外洪不入城。

在城市排水防涝与流域防洪规划中应加强空间分配和竖向设计的统筹，保护与修复湖泊、水塘、湿地等天然水域，充分发挥自然排水系统在内涝防治系统中源头减排和排涝除险的蓄排作用，以及其在流域防洪系统中的防洪、滞涝作用。同时加强城市雨水管网与城市内外河湖之间水位标高和过流能力的衔接。

另一方面，可以通过"流域 – 城市"防洪排涝工程体系的联合调度，让工程设施从"局部最优"转向"全局最优"，发挥洪涝防御工程体系最大效能。

4.1.4　城市排水防涝治理措施

1. 源头减排

雨水源头减排工程应按照海绵城市建设要求，优先考虑把有限的雨水留下来，采用"渗、滞、蓄、净、用、排"等措施削减雨水源头径流，实现相应雨水径流控制目标，工程项目应包括公共建筑、居住社区、道路广场、公园绿地、水系治理等类型。

源头径流控制，包括透水铺装、雨水花园、绿色屋顶等绿色基础设施，可有效削减降雨期间的流量峰值，减轻市政雨水管渠的压力，降低城镇内涝发生的频率和强度。同时，可以结合城市水资源禀赋条件，提出雨水资源化利用的用途、方式和措施，见图 4-4。

为了将雨水径流有效引入源头减排措施，雨水断接是一种有效的技术方法。雨水断接通过改变雨水径流的流向，将其引入绿地、雨水花园等透水区域或雨水收集设施中，最小化相邻不透水区域之间的连通并将不透水表面的径流分散到透水区域，以此实现雨水的滞留、下渗、净化和再利用，见图 4-5。

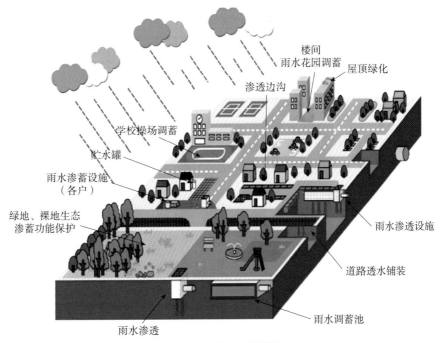

图 4-4　雨水源头减排措施

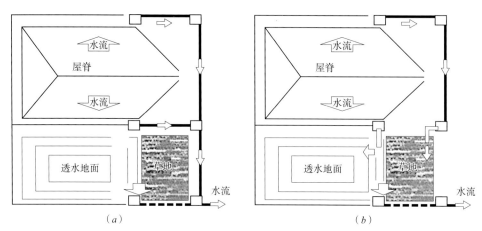

图 4-5　低影响开发的雨水断接式系统示意图
（a）传统分布式系统；（b）雨水断接式系统

在东南沿海某项目的雨水系统设计中采用了地表浅流的形式，仅通过植草沟、明沟、透水铺装等设施转输雨水径流。排水系统仅建设一套污水管网，在节省建设成本的同时也便于后期的雨污混接的防治。本项目建设透水铺装 $1800m^2$，雨水花园 $650m^2$，雨水明沟（管）450m，植草沟 100m，雨水排放标准实现了 3 年一遇。项目平面布置图见图 4-6，海绵设施见图 4-7。

2. 排水管渠及其附属设施建设改造

对于排水管网空白区应加大建设力度，新建排水管网应尽可能达到国家建设标准的上限要求。

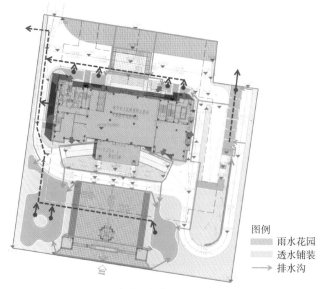

图 4-6　东南沿海某项目平面布置图

图 4-7　东南沿海某项目海绵设施实拍图

已建城区雨水管渠提标改造困难诸多，结合《"十四五"城市排水防涝体系建设行动计划》和《国务院办公厅关于加强城市内涝治理的实施意见》，一是要求保证设施原有的排水能力，加强管网的清疏养护，避免设施功能性缺陷；禁止封堵雨水排口，避免设施功能丧失，并且应确保雨水口收水和排水能力相匹配；严格限制人为壅高内河水位，避免下游顶托排水不畅。二是要求因地制宜提高设施排水能力，按照国家标准改造或增设泵站，提高自排不畅的雨水系统以及立交桥区、下穿等易涝点的排水能力，并在重要泵站应设置双回路电源或备用电源。雨污分流改造同样建议因地制宜推进，对于改造条件不具备的区域，可以通过截流、调蓄等方式，减少雨季溢流污染，提高雨水排放能力。对于雨水排口、截流井、阀门等附属设施，应按照确保标高衔接、过流断面满足要求进行改造。

3. 雨水削峰调蓄和行泄通道建设

在提升城市排水管网的基础上，进一步采用蓄排结合的措施，将雨水径流暂时贮存在滞留设施并在降雨事件后错峰排放，达到削峰效果，从而减少下游系统所需的直接排水能力，缓解城市排水系统压力。

因地制宜、集散结合，按照"先地表、次浅层、再深层"的优先顺序，以及"绿灰结合"的原则布置雨水削峰调蓄设施及其进出通道。根据城市地形、水系分布和降雨特点，合理布置调蓄设施，确保各区域都能得到有效覆盖；同时考虑雨水削峰调蓄设施的进出通道与其他上下游排水管网、泵站等设施的衔接，确保雨水能够顺畅进入和排出。

城市中的绿色设施，如公园绿地、防护绿地，可以兼顾削峰调蓄的功能。对于内涝风险高的雨水排水分区，其范围内的公园绿地、防护绿地建设应首先考虑雨水就地消纳不外排，设计标准可以是当地雨水管渠设计降雨条件下的 1h 降雨量。以上海为例，排水标准为 5 年一遇，1h 降雨量为 58mm，雨水削峰调蓄设施的调蓄量需至少满足该标准。

其次，对设施的周边服务范围进行分析，根据竖向条件，调蓄周边服务范围超过雨水管渠设计标准的雨水，保障该雨水排水分区的内涝防治达标。

某山地丘陵城市采用了公园绿地开展削峰调蓄。公园内部按照1年一遇（34.3mm/h）降雨不外排的标准建设。利用沿山脚的裸露地块，依山就势，结合山水冲沟建设植草沟，并整合局部节点新增滞蓄空间4000m³，对6.28hm²山体客水有效管控，保证24h的170mm降雨不外排，以低成本的方式应对了该区域山水的管控，见图4-8。

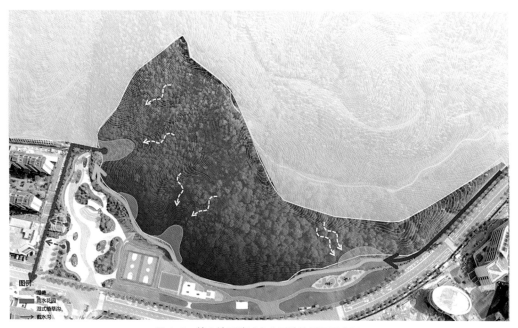

图4-8　某山地丘陵城市公园改造平面示意图

合理规划与完善排洪沟、道路边沟等行泄通道，确保与城市管网系统排水能力相匹配，提高行洪排涝能力；注重维持和恢复自然排水系统，如被填埋的天然排水沟、河道等，拓展城市及周边自然调蓄空间，也可以利用次要道路、绿地、植草沟等构建雨洪行泄通道。

完善城市外部河湖与内河、排洪沟、桥涵、闸门、排水管网等在水位标高、排水能力等方面的衔接，确保过流顺畅、水位满足防洪排涝安全要求。

4. 城市内河水系综合治理

城市内河水系兼顾多种功能，是城市的生态廊道、休闲养生带、洪水的调蓄空间、重要的供水水源、景观形象界面、文化遗产廊道和水上交通通道，进行城市内河水系综合治理是一项复杂、系统、长期的工作。

　　对城市内河、湖泊、水库等水域应定期进行清淤、疏浚、污染物净化等工作，恢复河道的原有水深和排水能力，保持水体通畅，减少底泥污染，改善水体质量。通过建设河滨缓冲带和雨洪蓄滞空间等方案，在汛期时应使城市内河水系预先降至低水位，为城市排水防涝预留必要的调蓄容量。注重雨水的蓄存与排放相结合，利用自然洼地、湿地等生态空间进行雨水调蓄，减少雨水径流对河道的直接冲击。鼓励林水复合、水绿融合，通过在绿地、林地内适度增加水体面积，水系内适度开展绿化造林、营造自然缓坡、增设种植平台等措施整体设计，加强蓝绿功能和空间协同，林水复合一般断面的做法见图4-9，林水复合带的效果见图4-10。城市内河治理还应注重恢复和保持城市河湖水系的自然连通，实现雨水的自然蓄渗和缓慢排放。

　　以武汉市为例，2016年以来，武汉市加强排水防涝基础设施短板建设和维护，"十三五"期间排涝能力达到3782m³/s，较"十二五"实现倍增；积极构建城市水网，推进退塘还湖，让雨水留得住、排得畅，在"十三五"期间锁定湖泊面积867km²，湖泊岸线长度2947km。实施洪涝"联排联调"，2020年汛前，城区主要调蓄湖泊水位较常年水位降低0.5~1m左右，腾出调蓄容积约1亿m³；汛中，在确保长江外洪不入城的前提下，根据降雨量、河湖水位、泵站运行负荷等信息，实施湖泊水位精细化控制，做到雨水"随降随排"、湖水"随排随降"。通过"联排联调"，2020年南湖、汤逊湖基本控制在安全水位以

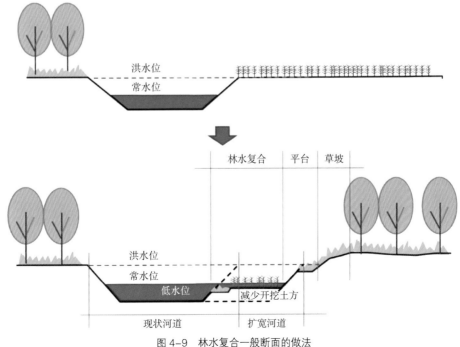

图4-9　林水复合一般断面的做法

图 4-10　林水复合带效果示意图

下，周边没有出现积水，而 2016 年两湖一度湖水满溢致使周边小区积水超过 2 周。

同时，对城市内河水系的岸线应合理建设生态护岸，可以有效防止水土流失，保护河岸植被，同时提升河岸景观。

4.1.5　应急管理与韧性提升

城市排水防涝系统的目标应从"不能淹"到"不怕淹"，从被动淹到选择主动淹。城市在面对极端天气时，应具备更强的抗冲击能力和适应性。传统的排水系统往往注重"不能淹"，但面对复杂多变的天气条件，这一标准可能过于理想化。现代城市排水系统的建设需从生态和全局的角度出发，实现"不怕淹"的目标。

面对超标应急的情况，城市应提前开展暴雨风险评价与预警、事前灾害预防能力提升，包括"四预"（预报、预警、预案、预演）能力和抢险力量前置能力。完善城市生命线工程和重大基础设施、地下空间、易积水小区防汛应急避险转移预案，完善抢险救援队伍、防汛物资、应急道路指引图等城市运行应急联动管理体系建设。针对重要设施设备，加强配备移动泵车、"龙吸水"排水抢险车等专业抢险设备，在地下空间出入口、下穿隧道及地铁入口等生命线工程和重点防涝区域设置应急挡水防淹设施设备。全国各地在应急排水能力方面都做了较好的探索。昆山市在《城市排水（雨水）防涝综合规划（2014—2030）》中要求中心城区核心区应急排涝能力每平方千米不低于 100m³/h；各区镇至少要配备 1 台抽水能力不低于 $500\mathrm{m}^3/\mathrm{h}$ 的移动泵车。2020 年武汉市为应对汛期，配备移动泵车、"龙吸水"等设备，总排水能力达到 $82.5\mathrm{m}^3/\mathrm{s}$，大大提升了应急排水能力。

城市排水防涝系统在优化竖向控制的同时还应采用平面控制。在尽量增加透水面积的情况下，合理布局调蓄空间，下沉式广场、公园、绿地、体育运动场所及特定地下空间等公共设施可以作为内涝临时应急调蓄空间。同时做好与周边服务范围竖向的有效衔接，在平时用作运动场、公园或停车场，在暴雨时则作为涝水贮存的空间，使周边道路、居住区不受淹，实现平急两用的功能，见图 4-11。

加强与气象、应急、交通、水利等部门的预警联动以及对降雨统计、气象预报、降雨产汇流、河湖水位等重要水文特征和数据的信息共享，共建数据感知体系和预警预报系统。及时掌握降雨信息，根据降雨预测情况，提前降低排水管网、泵站、河湖的水位，提升排水系统的调蓄能力和应急响应速度，减少内涝风险。同时，坚持"纵向到底、横向到边"原则，督促各级政府甚至企（事）业单位根据专项应急预案的要求以及整体应急预案的要求对相应预案进行编制与修改，从而对城市洪涝应急管理所有行业以及部门所关注的对象进行涵盖，让城市拥有一个科学、有效的应急预案系统，为预案层级分明、措施明细、合理规范提供保障。

因此有必要对城市排水防涝系统的运行进行实时控制，在线监测重要的过程变量，如雨量、液位、流量、水质等，并依据监测数据、在线模型动态调整控制策略，通过控制设备，如阀门、水泵，对排水设施进行实时干预，实现系统各组成部分最优能力匹配，进而提高整个排水系统运行效率。建设智慧平台便是将排水设施的实时监测、数据分析和智能调度通过物联网、大数据、云计算等先进技术整合，使信息数据与模型软件对接，实现降雨与产汇流数据、排水设施运行数据的动态接入、甄别与集成应用，并进行实时

（ａ）　　　　　　　　　　　　　　　　　（ｂ）

图 4-11　平急两用下沉式广场
（ａ）下雨前；（ｂ）下雨中

在线模拟，预测各种雨情下不同调度方案的排水防涝状况、方案优化和智能决策，提升城市排水防涝系统应对内涝的响应能力和韧性。

城市韧性提升是指在绿色源头削峰、灰色过程蓄排、蓝色末端消纳、管理提质增效的理念基础上，进一步通过运行、调度、管理手段挖掘原有设施潜力，提高新建设施的规划、设计水平，"优化存量、寻找增量"，通过工程与非工程措施相结合，进一步提高城市防范极端暴雨的能力，挖掘韧性建设潜力。

为保障城市安全运行，建议按照确定风险区域、识别重要设施、提升自身韧性、挖掘应急空间、分析启用条件、指导应急作战的六步韧性提升策略，全面提升城市排水防涝工程体系应对极端暴雨的能力。

（1）第一步：确定风险区域

基于高分辨率数字高程模型（Digital Elevation Model，简称 DEM）及排水设施数据，以积水深度、退水时间为主要评价指标，通过综合排水模型科学划定不同区域的风险等级（高风险区、中风险区、低风险区），并根据历史积水情况进行校核。

（2）第二步：识别重要设施

将研究区域内的设施按照重要性及在极端暴雨中的角色划分为四个重要等级。

Ⅰ级：不能淹，淹没后会造成重大生命、财产损失或严重影响城市运行的设施。例如，淹没后会造成永久结构性破坏的历史建筑、盾构隧道等；生命线工程（电力（变电站）、通信（机房）、燃气（增／降压站）、交通枢纽（地铁站）、给水排水）；其他重要设施（医院、政府机关、防汛指挥中心、大使馆等）。

Ⅱ级：需要通过改造，减少极端工况受淹没造成的损失的设施。例如，居民住宅地下室等。

Ⅲ级：应急可淹，极端情况下可主动选择性淹没，为周围待保护对象提供应急调蓄空间的设施。例如，符合耐淹标准的新建或改造后的地下空间、地下隧道、公共空间等。

Ⅳ级：可淹。例如，绿地、运动场、单条车道、待开发空地等。

（3）第三步：提升自身韧性

针对高、中风险区的Ⅰ级、Ⅱ级对象，根据其特点，提出这些被保护对象自身韧性提升的策略，例如增加防洪挡板、密封建筑物外围、提升关键电气、通信设备标高、配置备用发电机、架空线入地、安装分段开关控制馈线等。

（4）第四步：挖掘应急空间

针对高、中风险区的Ⅲ级、Ⅳ级对象，以"平急结合"为原则、以"立体调蓄"（空中、地上（移动围挡调蓄）、地下（浅、深）为手段，在"安全、适用、经济、节约"的前提下，深度挖掘应急空间，根据技术经济比较结果，确定区域新建或改造应急空间的顺序，并对应急空间的使用对区域极端暴雨风险的改善程度进行效果评估。

应急空间不仅可以作为标准外极端暴雨工况防灾减灾使用，在经济合理的前提下还可兼作"现状→规划"过渡期的临时提标手段。

（5）第五步：分析启用条件

针对高、中风险区的Ⅲ级、Ⅳ级对象，分析研究其启用条件（被保护对象受淹的可能性）、启用顺序（考虑调蓄容积、恢复费用）以及启用步骤（上报决策程序）。

（6）第六步：指导应急作战

形成各区域（系统）韧性提升"一张图"，标明风险区域、重点对象、应急空间位置、应急调蓄规模、使用恢复费用等信息。将"一张图"融入智慧防汛系统，助力极端暴雨防汛应急响应。

4.2　水环境治理技术

采用 TMDL 开展水环境容量评价，明确污染削减量要求。从管网排查、混接改造和末端排口治理等方面开展控源截污，减少进入河湖的污染；从河湖生态基地修复、岸坡及缓冲带生态修复、生态多样性修复、河湖水质净化等方面开展生态修复，从优化水系、合理调度等方面开展活水保质，提升河湖修复和自净能力。

4.2.1　水环境容量评价

TMDL（Total Maximum Daily Load）为最大日负荷总量，即在满足水质标准的条件下，水体能够接受某种污染物的最大日负荷量。TMDL 是国际上最具代表性的流域技术体系，基于"总量控制"的污染物负荷削减及径流控制的思路，从水环境保护目标出发，以受纳水体对某种污染物的最大允许排放量为依据，确定污染物的最大排放负荷，从而对污染源进行有效管控。TMDL 方法包括污染物总量分析—进入湖污染物分析—水环境容量—总污染物模拟—污染物削减措施及分析。TMDL 计划的总目标是识别具体的污染区域和污染来源，并且对这些具体区域的点源、非点源污染物浓度和数量提出控制措施，从而引导整个水环境执行最好的管理计划。

TMDL 的执行过程包括识别水质受限制的水体，按优先顺序确定水质指标，最大日负荷总量的确定及分配，执行控制措施，评价水质控制措施。主要包括以下 6 个步骤：

（1）识别问题：确定水体的关键因素，弄清水体的背景信息，掌握受污情况。

（2）确定水质指标及目标：选择指标并确定指标的目标值，同时比较当前水质状况和目标值之间的差别。

（3）污染源评价：弄清导致水体破坏的污染源情况以及排放的污染物种类、强度及位置。

（4）建立水质目标与污染源的关联：确定各个指标及其目标值与污染源之间的关联，即确定污染源排放污染物与水质目标之间的响应关系。响应关系可以是季节性变化的，比如降雨等非点源的影响比较大时，当响应关系建立后，可以估算出总的允许负荷量。

（5）污染负荷分配：这是 TMDL 的关键步骤，即在保证水质达标的情况下，将污染负荷在污染源之间分配，包括各点源、非点源和自然本底值，以及确定为描述污染负荷与水质间不确定性的安全因数。

（6）后续监测与评价：通过实际监测来检验前一阶段的成果是否可行，水体是否能够达到既定的水质目标。

TMDL 实施流程见图 4-12。

基于水环境保障目标，采用 TMDL 理念，可以建立以控源截污为主要措施的水环境治理技术路线。首先，对水环境污染物进行调查评估及计算，包括点源污染和面源污染；其次，进行水环境容量计算与水质模拟，通过水环境数值模拟系统，动态规划管理目标水环境容量；最后，根据污染物调查评估结论与水环境容量计算结果，从控源截污、生态修复、活水保质等方面制定污染控制综合方案，进而改善水环境质量，见图 4-13。

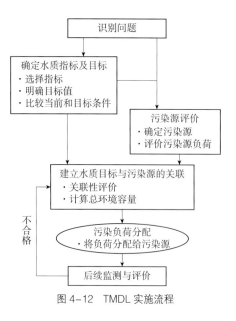

图 4-12　TMDL 实施流程

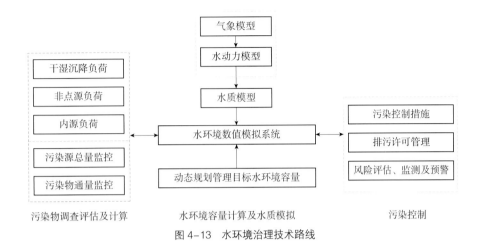

图4-13　水环境治理技术路线

4.2.2　控源截污

1. 管网排查

目前我国城镇分流制排水系统的雨污混接现象较为普遍，混接进入雨水系统的污水成为雨天水体污染的重要污染源，混接进入污水系统的雨水造成污水处理厂进水水量和水质波动，甚至超负荷溢流，对城市水环境质量的改善与提升造成较大影响，也不利于污水处理厂正常运行管理。此外，地下水、河水等外水进入排水管网，挤占管网输送能力。通过管网排查，找到城镇分流制排水系统雨污混接、外水入网问题，为治理工作奠定基础。

管网排查主要分为仪器探查、水量排查、水质排查和综合排查等方法。仪器探查包括电视检测（CCTV）法、潜望镜检测（QV）法等。水量排查方法包括夜间最小流量法、水量平衡法、用水量折算法等。水质排查方法包括水质特征因子检测法、流程图法、化学质量平衡法。综合排查方法将水量、水质排查方法和仪器探查相互结合。

（1）仪器探查

通过 CCTV、QV 等仪器探查，可查明混接位置和混接情况。

1）CCTV

CCTV 主要是通过控制在管道内行走的机器人摄像头，远程采集图像，并通过有线传输方式，把图像进行显示和记录。

在管道内水位较低的情况下，CCTV 能够对排水管道混接、结构和功能进行全面检查，但对运行配合要求较高。当水位高度为管道直径的 20% 时，CCTV 方法能够检测出 90%以上的排水管道故障及缺陷。

2）QV

QV 可对排水管道、检查井进行快速检测，利用可调节长度的手柄将高放大倍数的摄像头放入检查井内或其他隐蔽空间，可清晰地检测管径 $DN150{\sim}DN1500$ 的排水管道，检测纵深可达 80m，同时对运行配合要求较低。

（2）水量排查

通过夜间最小流量法、水量平衡法和用水量折算法等水量排查方法，可确定区域的混接情况、雨污混接预判、排水户出门井排查。

1）夜间最小流量法

夜间最小流量法根据污水排放量变化与人们生活规律密切相关的原理，进行流量分析。通常认为 7：00—9：00、11：00—13：00、19：00—21：00 为用水量高峰，2：00—4：00 用水量最小。在人口较少的区域，2：00—4：00 的流量可作为地下水渗入量，人口稠密的地区需考虑一定的夜间污水排放量。

然而，随着城市规模的不断扩大，夜间用水量比例也呈现出升高的趋势，在一些特大城市这种方法的误差较大。同时，夜间最小流量法的准确性受到泵站前池水位变化幅度、服务范围大小等因素影响，因此适用于排水系统水力边界清晰、服务面积较小的区域。

2）水量平衡法

水量平衡法通过在管道的主要节点连续测定流量，通过水量平衡推算上、下游检测点之间进入管道的入渗水量。该方法主要适用于接入用户管少、不能封堵的排水干管入渗量评价。

3）用水量折算法

根据排水系统服务范围内的供水量数据，估计系统内的旱天原生污水量，利用两种数据之间的差额，估算进入管道系统内的外来水量，折算系数一般取 0.85~0.90。

该方法适用于排水系统边界明确、服务面积大、以居住和商业用地为主的区域，简单易用，调查费用少。然而，由于在实际应用过程中，排水系统和供水系统之间具有边界不一致的问题，导致相应范围内的供水数据和排水数据之间的相关性较差，同时，折算系数较为粗略，导致准确性也较低。

（3）水质排查

1）水质特征因子检测法

水质特征因子检测法主要通过对管道来水进行水质指标检测，判断管道内的水体性质，可用于混接点判定、排水系统外水诊断、排水户出门井排查、雨污混接预判等。

常用的水质特征因子为：①生活污水特征因子：氨氮、总氮、表面活性剂、荧光剂；②工业废水特征因子：醋酸、碱度、氯化物、柠檬酸、铜、有机酸、酚、糖等；③地下水特征因子：钙、镁。具体可以根据水质调查结果，判断污染源性质，在利用物探调查无法判断混接点情况时，确定管道来水性质。也可以根据排水系统旱天输送污水水质浓度是否存在持续偏低的情况，判断外来水进入情况。

2）流程图法

流程图法根据各种可能来源水体的水质特征，确定能够区分不同来水的示踪水质指标，对管道来水做出分析判断。通过氨氮钾的比值、氟化物、硬度、阴离子表面活性剂可以区分龙头水（自来水、灌溉用水、冲洗水）、自然水体（泉水、浅层地下水）、粪便污水（生活小区的粪便污水、化粪池污水）、洗涤废水（生活小区的洗涤废水、商业洗涤废水、洗车废水、散热器废水、电镀槽废水）。具体见图4-14。

3）化学质量平衡法

化学质量平衡法是一种定量分析方法，选择水质特征指标表征不同来源水体，同时由于对于一个相对封闭的排水系统来说，旱天污染物的输入、输出具有平衡关系，根据排水系统输入-输出物料守恒原理，对各种来水建立方程组进行求解，从而通过水质数据定量解析排水管网水量组成（生活污水、工业废水、地下水等）及其比例等。

针对不同的水质特征因子，通过建立入流和出流的化学质量平衡方程，可以进一步对管网中不同来源的水量比例进行定量解析，解析方法见表4-8。

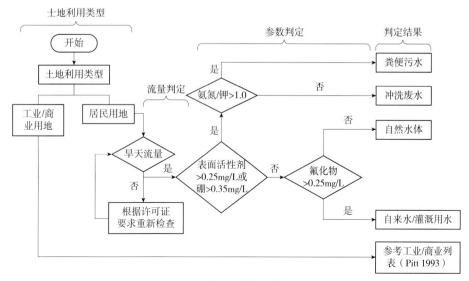

图4-14　流程图法技术路线示意图

不同来源水量比例定量解析方程式　　　　　　　　　表 4-8

水质特征因子	可能的来源			管道检测点位水质浓度
	1	$i=2，3，\cdots，j-1$	j	
$P_1：$	$X_1 \times C_{11}$	$+X_i \times C_{i1}$	$+X_j \times C_{j1}$	$=m_1$
$P_i=P_2，P_3，\cdots，P_{j-1}：$	$X_1 \times C_{1i}$	$+X_i \times C_{ii}$	$+X_j \times C_{ji}$	$=m_i$
$P_j：$	$X_1 \times C_{1j}$	$+X_i \times C_{ij}$	$+X_j \times C_{jj}$	$=m_j$

式中，X 为对应 $1 \sim j$ 个排放来源的水量比例，P 为选定的水质特征因子，C 为第 $1 \sim j$ 个水量来源类型的水质特征因子浓度值，m 为对应 $1 \sim j$ 个管道检测点位水质特征因子浓度实测值。

引入不确定性分析方法（蒙特卡洛模拟方法），设定 C_{ij} 和 m_i 是符合概率分布的集合，解出 X_i 最合理的概率分布。

水质特征因子方法的优势在于能够解析排水系统来水成分，该方法解析结果的准确性关键在于建立研究区域相对完善的水质特征因子数据库。

（4）综合排查

综合排查方法将水量、水质排查方法和仪器探查相互结合，通过水量、水质排查，确定仪器探查的区域，提升排查效率。

1）《城市黑臭水体整治——排水口、管道及检查井治理技术指南（试行）》

2016 年 8 月，住房和城乡建设部发布了《城市黑臭水体整治——排水口、管道及检查井治理技术指南（试行）》，提出了排水口、管道及检查井排查的技术路线，见图 4-15。对于排水口，应对排水口出水水质进行检测，检测指标以 COD_{Cr} 为主，根据实际需要可增加悬浮性固体、氨氮、总磷、表面活性剂、氯离子等指标，确定排水口是否存在污水混接。对于排水管道及检查井，提出了基于管道节点井水质检测的技术思路，可以根据主要节点之间、排水口出水或污水处理厂进水口的污染物浓度对比，快速确定需要仪器探查的排水管道、检查井。如果下游井等浓度低，则可能存在外来水渗入，需要进行外水渗入量和管网缺陷检测与评估，反之需要进行污水混接检测与评估。如果浓度较为接近，则进行下一节点浓度检测。

该指南通过水量、水质指标对排水口、管道及检查井进行定性调查，确定外水入网的位置，并结合仪器探查查明外水入网点位。

2）《城镇排水管道混接调查及治理技术规程》T/CECS 758—2020

2021 年 3 月，中国工程建设标准化协会发布实施了《城镇排水管道混接调查及治理技术规程》T/CECS 758—2020，提出了城镇分流制排水系统雨污混接、外水入渗、水体倒

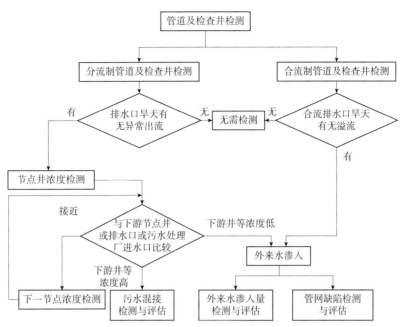

图 4-15　排水管道及检查井调查技术路线图

灌的排查技术。该技术规程突出了水质特征因子在排查过程中的作用，通过水质特征因子和流量结合进行节点监测，对比上下游监测点的水质特征因子浓度或污染负荷量，判断外水入网的区域，进而对区域进行仪器探查。

3）基于水质特征因子的化学质量平衡方法

该方法结合了水量、水质和仪器探查，在排水系统主管设置关键节点，通过关键节点的化学质量平衡法的分析，结合水量，定量解析管道来水流量，确定外水入网的重点区域，进而对重点区域开展仪器探查。该方法的优势在于通过水量、水质定量分析，得到精准、可靠的溯源结果，确定外水入网的重点区域，进而减少仪器探查的工作量，提升排查效率和实施难度，适用于排水水质较差的雨水系统、雨天增量明显的污水系统的排查。

2. 混接改造

（1）排水户雨污混接改造

企事业单位和住宅小区在开发建设特征、雨污水排放特征及雨污混接改造措施等方面存在差异，改造工作需按照企事业单位和住宅小区分别展开。

1）企事业单位内部雨污混接改造

对分流制地区企事业单位雨污混接"发现一起、查处一起、整改一起"，综合采取宣传引导和专业培训、行政告知、执法倒逼手段，推进企事业单位内部雨污混接改造。

企事业单位内部雨污混接改造，包括下列内容：

①商业或办公楼部分及独立的商业办公楼，排查整改混接问题，规范排水系统，实现雨污分流。

②宾馆、发廊、洗浴场所的污水经室外毛发收集池后再接入市政污水管道。

③酒楼、餐饮店的污水经隔油池后再接入市政污水管道。

④修配厂（场）、洗车场、汽车加油站、加气站的污水经隔油沉砂池后再接入市政污水管道。

⑤建筑工地排水需经三级沉淀池后达标排放。

⑥农贸市场内部摊位下设置排水沟，场内管道末端设沉淀、格栅等装置，再接入市政污水管道。

⑦公共建筑、工业厂房内其他功能部分的餐饮、洗染、农药、化工污（废）水要经过预先处理，达到标准后方可排放。

⑧公共园区、高校等大型排水用户和沿街餐饮等混接改造难点需制定专项方案开展改造。

⑨沿街商铺敷设污水专用管道接入城镇公共污水系统，规范设置排水专用检测井（含格栅）、污水预处理设施等；无条件单独接入或规范设置相关设施的，可敷设专用收集管，集中预处理后达标纳管；不具备规范排水条件的，予以取缔。

⑩合流制区域内的企事业单位，雨污水规划提出要实施"合改分"的企事业单位，按照《室外排水设计标准》GB 50014—2021 和《建筑给水排水设计标准》GB 50015—2019 的有关规定，同步开展分流改造。未有规划实施"合改分"的企事业单位，开展内部排水设施检测修复或改造，防止外水入侵，鼓励该类排水户在污水出口增设化粪池等预处理设施。当"合改分"需新建雨水管道时，可遵循"雨水走地面、污水走地下"的原则，道路坡度满足自流排入周边水体或市政道路要求时，结合海绵城市建设，采取植草沟或雨水渠道等方式排出雨水；经管道结构和坡度复核后，可将地下原有合流管道保留作为污水管道。

企事业单位内部雨污混接改造技术路线见图 4-16。

2）住宅小区内部雨污混接改造

针对存在内部私拉乱接问题、未改造完成、采用末端截流改造、内部管道损坏严重、排查存在雨污混接问题的住宅小区，可结合综合性改造项目或制定专项改造方案，推进住宅小区内部雨污混接改造，包括下列内容：

①雨污混接改造宜结合海绵城市建设、城市更新等综合性改造项目实施。确实不具

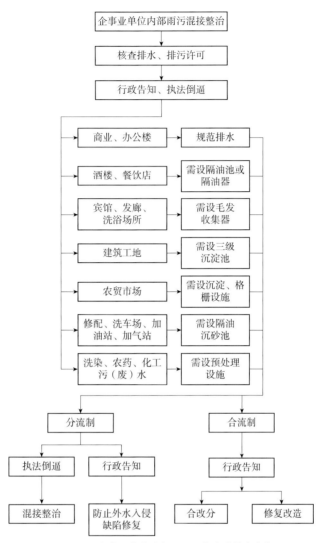

图 4-16　企事业单位内部雨污混接改造技术路线

备纳入综合性改造项目一并实施的，制定单独改造方案，并明确改造时间节点。

②雨污水规划实施"合改分"的排水分区，现状合流或存在混接的住宅小区内部应做雨污分流改造，原有合流管道可根据实际情况保留利用，对于保留利用的合流管道根据需要进行清通和修复，原有合流管宜作为雨水管使用。雨污分流改造场地条件困难时可采用负压排水等技术措施。

③对于阳台立管混接改造，根据外立面建设条件进行新建雨落管或改接混接管，并根据《建筑给水排水设计标准》GB 50015—2019 的有关要求设置伸顶通气管、存水弯和水封井等设施。

④在小区污水管道接入市政污水管道前设置格栅检查井。

⑤小区垃圾收运设施应设置污水收集设施，收集垃圾废水、场地清洗废水等，洗手池处排水应接入污水管道。

⑥住宅小区雨污混接改造项目排水设施改造完成，具备通水条件后，项目实施主体应组织区水务部门、房管部门等相关部门通过 CCTV 检测或闭水试验等方式进行通水验收。

⑦部分末端截流小区内部混接改造完成后，截流井应废除或进行改造，小区雨污水末端管道相应改接至市政雨污水管网。

⑧当确定采用新建管道改造方案时，应结合海绵城市、城市更新等建设新理念，因地制宜选取方案，可遵循"雨水走地面、污水走地下"的原则，若小区道路坡度满足自流排入周边河道或市政道路要求时，结合海绵城市建设，采取植草沟或雨水渠道等地面雨水排水方式，将地下原有合流或污水管线保留作为污水管道。

住宅小区内部雨污混接改造技术路线见图 4-17。

（2）城镇公共排水管道改造

因雨污水支管错接、不同排水体制管道连通、管道损坏等造成城镇公共排水管道、纳入城镇污水系统的农污管道混接或外水入侵的，应做到"即知即改"；因下游设施不完善造成排水不畅引起雨污混接的，依据区级和详细层级规划及相关专项工作要求，加快推进排水设施修复或改造。规划实施"合改分"的排水片区，结合城市更新、海绵城市建设、系统提标、道路改建等项目，合理规划实施时序，统筹推进排水系统分流改造。

根据排水体制不同，城镇公共排水管道改造包括下列内容：

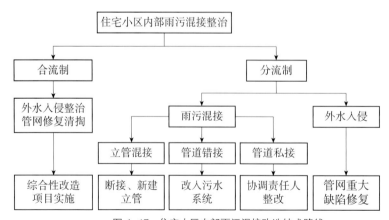

图 4-17　住宅小区内部雨污混接改造技术路线

1）分流制雨污混接需"即知即改"。改造前，需核算下游拟改接入的雨（污）水管道排水能力及水力高程，确认无误后方可将错接管改接入正确的排水系统，并封堵原错接的管道。如下游管道不能满足上游管道或支管接入需求，则应对下游管道进行改造。废弃管道应做填实处理。

2）存在外水入侵的污水（合流）管道，及时开展原位修改或结合道路改扩建工程进行管道重排。

3）因排水系统下游设施不完善造成排水能力不足的，应实施新建、改建、扩建排水管道。

新建污水管的最小管径和相应最小设计坡度、设计充满度下的最小设计流速、管道材质、管顶最小覆土深度等设计参数，应符合现行国家标准《室外排水设计标准》GB 50014 的有关规定。新建污水管应保证沿途现状所有的接入点、小区及排水单元排出的污水能顺利接入，且能够满足汇入干管的高程要求；在此基础上，应充分利用地形条件，减小管道埋深，降低工程造价。当新建污水管穿越现状河道或沟渠时，应从底部穿过。

城镇公共排水管道改造技术路线见图 4-18。

3. 末端排口治理

（1）生态型径流污染控制技术

湿塘指具有雨水调蓄和净化功能的景观水体，雨水同时作为其主要的补水水源。湿塘有时可结合绿地、开放空间等场地条件设计为多功能调蓄水体，即平时发挥正常的景观及休闲、娱乐功能，暴雨发生时发挥调蓄功能，实现土地资源的多功能利用。湿塘一般由进水口、前置塘、主塘、溢流出水口、护坡及驳岸、维护通道等构成，见图 4-19。

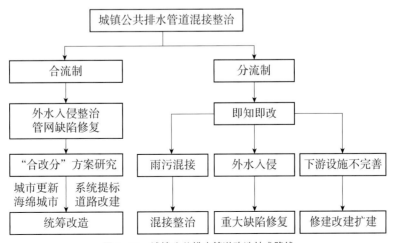

图 4-18　城镇公共排水管道改造技术路线

　　雨水湿地利用物理、水生植物及微生物等作用净化雨水，是一种高效的径流污染控制设施。雨水湿地分为雨水表流湿地和雨水潜流湿地，一般设计成防渗型以便维持雨水湿地植物所需要的水量，其常与湿塘合建并设计一定的调蓄容积。雨水湿地填料的粒径通常比较大，为30~50mm，厚度一般为600~1200mm，停留时间通常较短，以快速去除悬浮型颗粒提高透明度为主要目的，雨后可以向水体补水。雨水湿地一般由进水口、前置塘、沼泽区、处理区、出水池、溢流出水口、护坡及驳岸、维护通道等构成，见图4-20。

　　渗透塘是一种用于雨水下渗补充地下水的洼地，具有一定的净化雨水和削减峰值流量的作用，见图4-21。

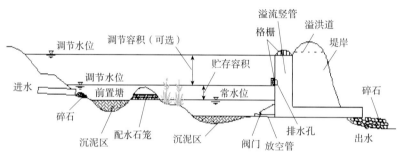

图4-19　湿塘典型结构示意图

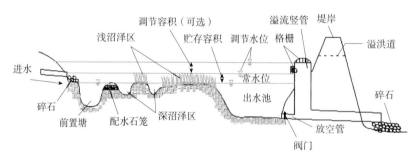

图4-20　雨水湿地典型结构示意图

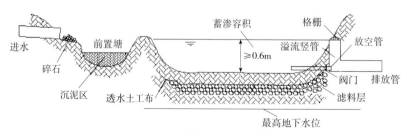

图4-21　渗透塘典型结构示意图

（2）调蓄池就地处理技术

调蓄池的调蓄量，根据调蓄对象不同计算方法也不同。当用于合流制排水系统溢流污染控制时，按照公式（4-3）计算；当用于源头径流总量和污染控制以及分流制排水系统径流污染控制时，按照公式（4-4）计算。

$$V=3600t\left(n_1-n_0\right)Q_{dr}\beta \tag{4-3}$$

式中　　t——调蓄设施进水时间（h），宜采用 0.5~1.0h，当合流制排水系统雨天溢流污水水质在单次降雨事件中无明显初期效应时，宜取上限；反之，可取下限；

　　　　n_1——调蓄设施建成运行后的截流倍数，由要求的污染负荷目标削减率、下游排水系统运行负荷、系统原截流倍数和截流量占降雨量比例之间的关系等确定；

　　　　n_0——系统原截流倍数；

　　　　Q_{dr}——截流井以前的旱流污水量（m^3/s）；

　　　　β——安全系数，一般取 1.1~1.5。

$$V=10DF\varPsi\beta \tag{4-4}$$

式中　　D——单位面积调蓄深度（mm），源头雨水调蓄工程可按年径流总量控制率对应的单位面积调蓄深度进行计算；分流制排水系统径流污染控制的雨水调蓄工程可取 4~8mm；

　　　　F——汇水面积（hm^2）；

　　　　$\varPsi$——径流系数。

作为用于径流污染控制的调蓄池，可采用高效组合澄清、加压溶气气浮等物化技术和生物接触氧化池、生物滤池、平板膜生物反应器等生物技术对调蓄的水量进行处理。

1）物化处理技术

高效组合澄清工艺是一种集合了磁混凝、高密度沉淀等多种沉淀优点的高效沉淀技术，具有沉淀效率高、出水水质稳定、用地效率高、抗冲击能力强、操作灵活可靠、节约运行消耗等优点，适合处理含高悬浮固体的水体。该工艺表面负荷可高达 40$m^3/$（$m^2\cdot h$），对 SS、TP、COD、NH_3-N 的去除率分别可达到约 80%、80%、40%、20%，出水可达到 SS 小于 10mg/L，总磷小于 0.1mg/L，水质清澈。高效组合澄清工艺一般包括混凝反应区、絮凝反应区、沉淀分离区、介质分离单元、药剂制备和投加单元、污泥回流和脱水单元，见图 4-22。

加压溶气气浮工艺是目前应用最为广泛的一种气浮工艺。加压溶气气浮能提供足够多的微气泡，经减压后产生的气泡粒径小（30~50μm）且均匀，设备和流程简单、占地相对较小、管理较方便，应用较广。基于气浮技术对主要目标污染物，如比重较轻的 SS、

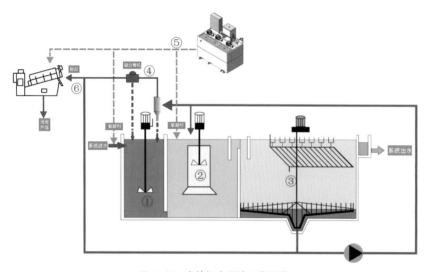

图 4-22　高效组合澄清工艺系统
①—混凝反应区；②—絮凝反应区；③—沉淀分离区；④—介质分离单元；
⑤—药剂制备和投加单元；⑥—污泥回流和脱水单元

TP、浊度、色度等指标均有 80% 以上的处理能力，针对其余指标，如 COD、氨氮等也有一定协同处理效果。加压溶气气浮工艺由溶气气浮主反应区、加压溶气系统、刮渣排泥系统、加药絮凝系统和集水系统等主要系统区域构成，见图 4-23。

　2）生物处理技术

　生物接触氧化池根据进水水质和处理程度确定采用一段式或二段式。生物接触氧化池平面形状为矩形，至少两个，每池可分为两室，有效水深一般为 3~6m。生物接触氧化池中的填料可采用全池布置（底部进水、进气）、两侧布置（中心进气、底部进水）或单侧布置（侧部进气、上部进水），分层安装，具有对微生物无毒害、易挂膜、质轻、高强度、抗老化、比表面积大和空隙率高的特点。曝气装置根据生物接触氧化池填料的布置形式布置，底部全池曝气时，气水比宜为 6：1~9：1。生物接触氧化池进水防止短流，出

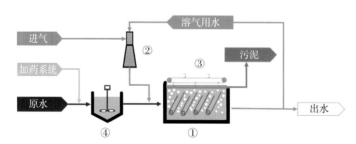

图 4-23　加压溶气气浮处理系统示意图
①—溶气气浮主反应区；②—加压溶气系统；③—刮渣排泥系统；④—加药絮凝系统

水一般采用堰式出水，底部设排泥和放空设施。生物接触氧化池的五日生化需氧量容积负荷，一般根据试验资料确定，无试验资料时，碳氧化可采用 2.0~5.0kgBOD$_5$/（m^3·d），碳氧化 / 硝化可采用 0.2~2.0kgBOD$_5$/（m^3·d）。

生物滤池处理工艺根据是否考虑去除总氮分为两条路线，见图 4-24 和图 4-25。滤料分为三种：重质滤料（如陶粒）、轻质滤料（如泡沫塑料珠）、悬挂填料（如 3D 网络填料）。由于重质滤料滤头在滤料层底部，实践证明如堵塞或损坏，需掏空生物反应器维修，在市区不宜做此操作，因此建议采用悬挂填料或轻质滤料，两者都是有机高分子合成材料。在进入生物滤池前，根据进水水质设置预过滤设施，过滤精度不应低于 2mm。生物滤池占地面积较小，运行一段时间后需要进行冲洗，冲洗强度 40~60L/（m^2·s）。

平板膜生物反应器工艺根据是否考虑去除总氮同样分为两条路线，见图 4-26 和图 4-27。在进入平板膜生物反应器前，根据进水水质设置预过滤设施，过滤精度不应低于 1mm。平板膜采用孔径为 0.1~0.4μm 的微滤膜或孔径为 0.02~0.1μm 的超滤膜，膜使用寿命应大于 5~8 年。膜临界通量值应大于 40L/（m^2·h），设计运行平均膜通量取值不宜大于临界通量的 60%，无资料时，可取 20~25L/（m^2·h）。高峰时段或清洗时段的膜通量取值不宜大于临界通量的 75%，无资料时，可取 25~30L/（m^2·h）。

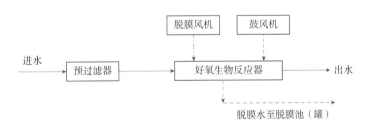

图 4-24　不考虑总氮去除的生物滤池工艺流程

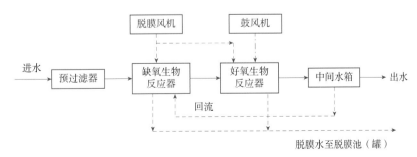

图 4-25　考虑总氮去除的生物滤池工艺流程

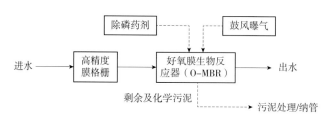

图 4-26　不考虑总氮去除的膜生物反应器工艺流程

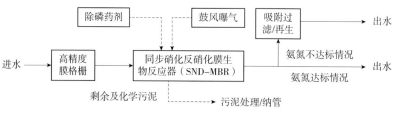

图 4-27　考虑总氮去除的膜生物反应器工艺流程

（3）污水处理厂雨天运行控制

雨天时，在充分利用旱天污水处理设施高峰能力，并达到旱天出水标准的前提下，将超量污水（约 2 倍旱天流量）预处理后直接送入二级处理曝气池的最末端，如图 4-28 所示，采取分流量活性污泥法处理超量污水，既不会大幅度增加二沉池固体负荷，也不会对出水水质有明显影响。极端暴雨时，超过 3 倍旱天流量的部分采用一级强化处理，如高效沉淀等，然后超越二级处理，并经过消毒后排放。

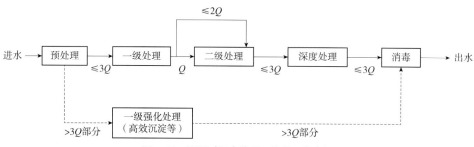

图 4-28　雨天时污水处理厂处理工艺流程

4.2.3　生态修复

生态修复是水环境治理的关键环节之一，主要通过生态基底修复、岸坡及缓冲带生态修复、生态多样性修复、水质净化技术等，实现地表径流的过滤净化、增强河湖水体自净能力、环境的自然生态等。

1. 生态基底修复

河湖基底是承纳水体的基本容器，也是水生动植物健康生长的基础。河湖生态基底修复有利于减少内源污染，保障水生动植物健康生长，提高水体自净能力。

生态基底修复主要针对河湖基底的污染情况进行改造、修复，主要包括河湖生态疏浚、底质改良等。河湖生态疏浚一般有带水疏浚和干水疏浚两种方法，在实际应用中，根据现场交通、场地、环境等条件，合理选择。河湖底质改良常用的方法有底泥翻耕、药剂处理等，在具体设计过程中，宜根据底泥检测结果，选择适宜的方法。

2. 岸坡及缓冲带生态修复

河湖岸坡及缓冲带是水陆交错带的重要区域，具有安全防护、生态、景观等综合功能，岸坡区域应在满足安全防护功能的前提下，从生态环境改善角度构建良好的生物生息环境。河湖岸坡及缓冲带生态修复有利于减少径流污染，加强对水域水体的涵养保护，减少水土流失，形成水岸一体的自然生态面，具有岸坡防护、水质净化、生态景观等综合效益。

（1）生态护岸

生态护岸是以生态环境保护为前提，以水土保持为目的的一种新型护岸工程，其主要有利于植物生长环境改善；植物根系发达，可有效提高土颗粒间的附着力；生物多样性增加，利于鸟类、昆虫等动物生存；生态防护与景观美化功能相结合，利于生态环境建设。

1）在设计生态护岸前，必须详细调研河道、水流及岸坡稳定性，并考虑生态系统特征以维护自然功能。选择适当的护岸形式和材料时，要评估岸坡坡度、土壤类型及稳定性，以防侵蚀和滑坡。选择时需综合考虑生态效益、环境影响和成本效益，学习成功案例以吸取经验。对于复杂项目，建议与环境工程师或生态学家合作，获取专业建议。

2）为了改善生态护岸后期管理松懈和植物生长不良的问题，可以采取以下措施：制定详细的维护计划，选择适应性强的植物，采用密植和多样性的植物配置方式，定期监测和修复护岸状况，提供充足的养分和水源，以及加强社区参与。通过这些措施，可以提高生态护岸的效果，保持植物健康生长，增强护岸的稳定性，并确保后期管理的有效性和可持续性。

3）为克服生态护岸建设的技术、资金和多样性挑战，需采用多策略方案：挑选多功能生态护岸解决方案以满足不同需求；强化技术培训提高施工质量；寻找资金和合作提供经济支持；增强植被多样性减少风险；实施持续监测与维护保障稳定性。这些措施将提升建设成效，确保河岸和生态系统的保护与持续健康。

斜坡式生态护岸见图 4-29。

图 4-29　斜坡式生态护岸示意图

（2）生态缓冲带

生态缓冲带，通常指河湖水体与陆地间由水生植物、乔灌草等相结合的生态交错带，是维护河湖水系生态系统结构和功能的重要载体，具有缓洪固岸、面源污染阻控、水质净化、生物多样性保护和维护生态系统完整性等多重生态功能。近年来，随着人类活动介入强度的不断增大，侵占大量的河流生态岸线、滨岸湿地，加速缓冲带的生态退化。缓冲带生态修复，已成为控制河湖污染、提升生物多样性和改善水质的重要手段之一。实践证明，修复良好的生态缓冲带可显著提高河湖水体的自净能力、促进生物多样性恢复。

1）缓冲带坡度和宽度的确定

为了在有限的土地资源条件下，达到控制面源污染的最佳效果，需要从缓冲带去除效果的环境效益方面和土地资源占用的社会经济效益方面综合确定缓冲区的最佳宽度。此外，还须考虑降雨量、植被类型、河岸坡度、土壤性质、水功能区划要求等变量对滨岸缓冲带功能发挥的影响。

通常认为 30~60m 的滨岸缓冲带可以截获流向河流 50% 以上的沉积物，同时能够控制氮、磷等面源污染物质的流失。在进行具体的宽度设计前，需要设置针对特定因子（如氮、磷、SS 等）的去除率作为缓冲带的去除目标。以美国为例，通常设置径流总磷作为去除目标，当水样浓度在 0.1~0.5mg/L 之间时，能去除 50% 的总磷。因此，主要去除因子的选择要根据所需河段的具体情况以及缓冲带所服务区域的径流污染特征共同确定。

2）缓冲带植物配置与选择

植被体系是滨岸缓冲带最重要的组成部分，按照构成类型，滨岸缓冲带植物体系可分为陆生、湿生和水生植物三种。其中，陆生和湿生植物又可分为草、灌、乔三类，水生植物也可分为挺水、浮叶、漂浮和沉水植物，植物体系的合理选择对滨岸缓冲带功能的发挥起着关键作用。

近河流区域：利用现有公益林、杂竹林、灌木丛等原生植被，适度引入地被类草本植物，构建以草灌乔配置为主的植被体系，主要利用其发达根系的固土作用，保持岸坡的稳定性，滞水消能，保护水生生境，不宜扰动；部分核心保护、敏感区域，构建灌木隔离带，降低人类活动干扰。

中间区域：结合防洪需求，利用现有小型灌木，以功能性草本植物为主，同时考虑植草沟、生物滞留设施的组合，主要为满足水生食物链中重要的昆虫类对生境的需求。

近岸、近农田区域：以草、灌配置为主，主要用于阻滞地表径流中的沉积物并吸收氮、磷和降解农药等有害成分，可适时适量收割。

3. 生态多样性修复

水生生物群落与水环境相互作用、相互制约，通过物质循环和能量流动，共同构成具有一定结构和功能的动态平衡系统。生态多样性修复包括水生植物种植及水生动物投放，使其形成稳定的食物链系统，见图 4-30。

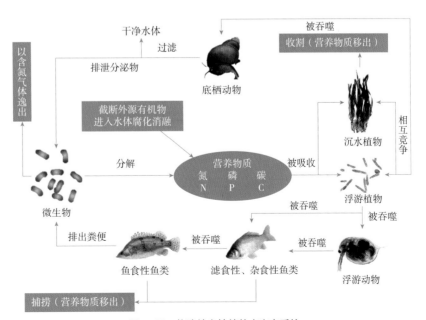

图 4-30　构建健康持续的水生态系统

4. 水质净化技术

河湖水质净化技术可分为原位水质净化技术和异位水质净化技术。

（1）原位水质净化技术

1）生物膜技术

生物膜技术结合河道污染特点及土著微生物类型和生长特点，培养适宜的条件使微生物固定生长或附着生长在固体填料载体的表面，形成胶质相连的生物膜。通过水的流动和空气的搅动，生物膜表面不断和水接触，污水中的有机污染物和溶解氧为生物膜所吸收从而使生物膜上的微生物生长壮大。

2）曝气增氧技术

人工曝气增氧技术是指向处于缺氧或厌氧状态的河道进行人工充氧，增强河道的自净能力，净化水质、改善或恢复河道的生态环境。

3）生态浮床技术

生态浮床技术是指将植物种植于浮于水面的床体上，利用植物根系直接吸收和植物根系附着微生物的降解作用有效进行水体修复的技术，见图4-31。

4）其他技术

其他原位水质净化技术包括人工打捞、引水稀释、底泥处理、化学絮凝、生物–生态修复等技术。

图4-31　生态浮床效果

（2）异位水质净化技术

异位水质净化技术主要包括旁路多级人工湿地技术、分段进水生物接触氧化技术、前置库技术等。

1）旁路多级人工湿地技术

在河道周边修建湿地，利用地势高低或机械动力将河水部分引入湿地净化系统中，污水经净化后，再次回到原水体。

2）分段进水生物接触氧化技术

在多级分段进水的情况下，将传统的生物接触氧化法与 A/O 工艺相结合，形成短时缺氧与好氧交替的流程，有效去除 COD 及脱氮除磷等。

3）前置库技术

前置库技术是指在受保护的湖泊水体上游支流，利用天然或人工库塘拦截暴雨径流，通过物理、化学以及生物过程使径流中的污染物得到去除的技术。

4.2.4　活水保质

活水调度是一种区域性的工程活动，对于环境的影响是渐变性的。活水保质必须以区域自然地理为依托，水利工程等为主要控制因素，通过水文要素的改变，实现活水保质的目标。

1. 优化水系

优化水系有利于调水活水、防洪排涝，有利于控制或减轻内源污染及外源污染，有利于增加水体的自净能力，改善水环境。优化水系包括优化调整水系平面布局及优化调整河道自身要素等，见图 4-32。

（1）优化水系必须要和流域、区域以及城市的总体规划、涉水规划以及其他专项规划相协调，当与其他规划产生矛盾时应进行调整，以确保水系优化的可行性。如若其他

图 4-32　优化水系内容架构

规划中存在不合理时，应进行充分的论证，并得到主管部门的同意后，方可进行下一步工作。

（2）优化水系必须要经过充分的论证，优化后的水面率不得小于优化前的水面率。未经充分论证前，不同水利分区的水面积不能随意相互置换补偿。对于历史上存在填埋、阻断水体造成水面率偏小的区域，应通过新开水系等措施连通河道、适当增加水面积。

（3）优化水系时，要以现状水系框架为基础，同时考虑骨干河道密度的均匀性，尽可能消除断头浜，保持河网水系的通畅性，必要时可在原有河道基础上进行疏浚、拓宽以及调整，亦可根据需要添加一些连通性河道。

（4）河湖水系规模应满足防洪、排涝、引水、供水、航运、水资源、水生态、水环境、水景观和水旅游等涉水规划的综合要求。在实际操作过程中，可通过水文水利计算，并结合相关规范要求，合理确定河湖水系规模。

上海顾村镇受区域建设发展的影响，现状水系支离破碎，河网水动力较差，在满足上位规划的基础上，充分利用现状水体，对顾村镇水系进行优化：①在不减少水面率的前提下，对破碎的小水体进行整合重组，填堵部分水动力的盲区，疏拓部分水系的阻点；②以满足防洪排涝要求为主，合理分配河网密度，并进行水系规模论证。顾村镇水系平面优化示意图见图4-33。

2. 合理调度

活水保质的效益是通过合理科学的调度来实现的，完善的调度体系将为区域的经济社会可持续发展创造条件。

（1）活水调度应以恢复生态流量为主要目标，严控以恢复水动力为理由的各类调水冲污行为。合理调配水资源，加强流域生态流量的统筹管理，逐步恢复水体生态基流。

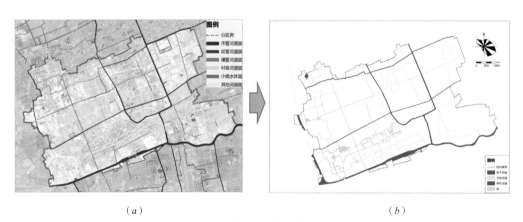

（a）　　　　　　　　　　　　　（b）

图4-33　顾村镇水系平面优化示意图

（a）现状；（b）优化后

生态基流指维持河流基本形态和基本生态功能，保证水生态系统基本功能正常运转的最小流量。见图 4-34。

生态流量计算方法较多，一般可分为四大类，即水文学法、水力学法、生境模拟法和整体法，其中水文学法比较常用。

（2）制定科学的调度方案。调度本身是一项非常复杂的系统过程，合理的调度方案要统筹引水与防洪排涝的关系、引水与排水的关系、引水与用水的关系等。

鉴于部分地区水利工程体系尚不完善，部分泵闸设施、设备老化及不配套的现状，应加快更新换代，其工程规模应与调度需求相匹配，从而进一步实现引排兼筹、科学调度。

在工程措施完备的基础上，通过非工程措施，合理优化调度，如调整泵闸启闭时间、启闭高度等，必要情况下（如发生突发性水污染事件），可适当调整引排水路径、方向等。

（3）推进再生水、雨水用于生态补水。鼓励将城市污水处理厂再生水、分散污水处理设施尾水以及经收集和处理后的雨水用于河道生态补水。推进初期雨水收集处理设施建设。

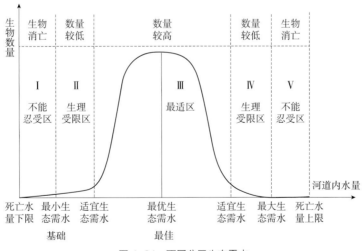

图 4-34　不同分区生态需水

实 践 篇

第 5 章 规划案例

5.1 城市层级规划案例

5.1.1 上海市海绵城市专项规划

1. 项目概况

上海是我国人口和经济总量最大的城市，高强度的城市开发所带来的种种问题已成为城市发展的障碍，生态转型发展成为上海建设全球城市的必由之路。

2016 年初，上海市启动海绵城市建设国家试点申报工作，市政府高度重视顶层设计，针对规划引领、技术标准、政策机制等方面进行全面部署。由上海市住房城乡建设管理委、上海市规划资源局联合开展《上海市海绵城市专项规划（2016—2035 年）》的组织工作，作为战略层面部署全市海绵城市规划建设的纲领性文件，明确全市海绵城市建设目标，制定综合治水方略和规划建设路径，明确城市空间格局的管控要求及近期试点区域，为后续各区、各单元编制下层次海绵城市规划以及系统方案提供指导依据，为今后上海海绵城市建设提供了发展指引。

规划范围为上海市行政辖区，规划面积 6833km²。与《上海市城市总体规划（2017—2035 年）》规划范围相一致。

规划期限为 2017—2035 年，近期规划水平年为 2020 年。

2. 规划思路

上海位于东海和长江交汇处，地势低平，山水林田湖等各类生态要素丰富。全市河网密布，河湖水面率 9.77%。城市水利和排水系统自开埠后不断建设，目前在主城区形成了以"围起来，打出去"的强排为主的排水方式，在郊区依托河网水系形成了以"蓄排结合、缓冲自排"为主的排水方式，已形成 14 个水利片区和一个市中心区的防洪除涝治理片区。

由于城市建设用地总量大、占比高且集中连片，滨江临海的上海主城区存在地下水位高、土地利用率高、不透水面积高、土壤入渗率低的"三高一低"的独特排水特征，主城区部分地区综合径流系数达到 0.5~0.85，雨水入渗能力弱。

面对自然本底条件的劣势，如何应用上海智慧解决超大城市的水系统问题是本次规划面临的挑战。

鉴于以上分析，规划构思考虑到本市不同地区的用地条件、河网条件、排水模式、地块开发等条件存在较大差异性，在海绵控制指标分解的基础上，重点提出将海绵城市建设中的径流控制、水面率和除涝设施建设作为排水设施建设的前置条件，并根据城市建设密度、地下空间利用、排水设施建设和分布情况以及受纳水体容量，因地制宜，通过达标建设、就地改造和增设调蓄设施等三类实施策略，提高本市排水防涝能力、控制初期雨水污染。

规划基于海绵城市理念，构建生态型绿色基础设施和传统灰色基础设施相结合的设施体系，提出"源头—过程—末端"治理的整体化治水策略，见图 5-1。

3. 规划方案

规划重点强化了以下五方面内容：

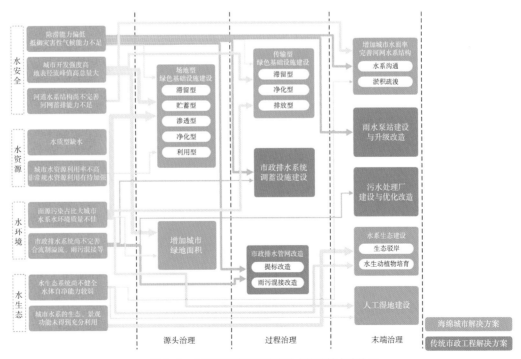

图 5-1　上海市海绵城市综合治水策略技术路线图

（1）规划指标体系

规划按照水生态、水环境、水资源、水安全四大方面，制定了以年径流总量控制率为核心的规划控制指标体系，形成多目标、多指标的海绵城市建设控制要求，见表5-1。其中各主要指标均与上海新一轮总体规划等相衔接。

上海市海绵城市控制指标体系　　　　　　表 5-1

类型	指标名称	指标值	
		2020 年	2035 年
水生态	年径流总量控制率	≥ 70%	≥ 75%
	河湖水系生态防护比例	≥ 68%	≥ 75%
	河湖水面率	≥ 10.1%	≥ 10.5%
水环境	重要水功能区水质达标率	≥ 78%	≥ 99%
	年径流污染控制率	≥ 50%（以 SS 计）	≥ 55%（以 SS 计）
水资源	雨水资源化利用率	—	≥ 2%（集中新、改建区域）
	公共供水管网漏损控制率	≤ 10%	≤ 10%
水安全	雨水系统设计重现期	全市城镇建成区不低于 1 年一遇排水能力，主城区建成区 20% 以上不低于 3~5 年一遇排水能力	主城区以及新城不低于 5 年一遇排水能力，其他地区不低于 3 年一遇排水能力
	区域除涝	全市达到 15~20 年一遇的除涝能力（按现行标准）	20 年一遇
	内涝防治	—	100 年一遇
	城市防洪	黄浦江防汛墙全面达到千年一遇设防标准（按现行标准），大陆及长兴岛海塘防御全面达到 200 年一遇标准；其他地区不低于 100 年一遇标准	黄浦江防汛墙全面达到千年一遇设防标准。沿江、沿海主海塘防御能力达到 200 年一遇高潮位

（2）多因素协同的"大海绵"生态格局规划

规划结合新一轮城市总体规划空间布局方案，综合分析生态景观格局、河湖水系空间保护、生态空间控制要求等多因素，按照生态保护区、生态修复区、低影响开发区三类进行海绵城市空间格局划分。综合低影响开发、排水系统、防涝除险系统，构建"双环多廊、点面结合"的海绵城市总体格局，见图5-2。

（3）海绵城市系统策略方案

规划提出市政雨水排水系统、内涝防治系统、市政污水系统、河道生态系统四个方面系统策略方案，明确海绵城市建设内容和措施。市政雨水排水系统方面，区分主城区和其他区域、新建系统和改造系统，分别采用达标建设、就地改造、分散调蓄和集中

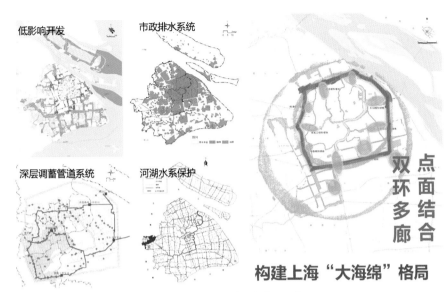

图 5-2   上海市海绵城市格局示意图

调蓄等不同策略，明确强排系统 390 个。内涝防治系统方面，构建"上承流域、下联江海、遵循自然、适应发展"的"1 张河网、14 个水利综合治理分片、226 条骨干河道、多座泵闸、多条生态廊道"的水系总体布局和相应管控要求。市政污水系统方面，主城区以"工程净化"为主，"自然净化"为辅，局部采用深层调蓄隧道调蓄初期雨水，在旱季污水处理厂低峰流量时纳入污水处理厂处理后排放；郊区以"自然净化"为主，"工程净化"为辅。河道生态系统方面，通过截污与排口治理、河道生态护岸改造、河道底质改良、生态修复、水生态系统构建五大类途径解决水体污染问题。

（4）分区管控方案

遵循目前上海水利片的布局，将规划区具体划分为 15 个海绵城市建设管控分区，结合行政分区界限，各分区又具体细分为 1~5 个子分区。

（5）近期建设规划

划定 200km² 近期建设市级试点区域，落实具体建设项目，以推动后续建设的开展。

4. 特色与创新

（1）顶层引领，构建上海海绵城市建设规划体系。

立足上海规土和建管系统特点，创新提出了横向系统协同、纵向分层落实的海绵城市规划体系，探索并建立了涵盖全市总体层面、各区、单元层面、详细规划层面、实施层面的多层级海绵规划结构（图 5-3），实现了与上海本地城乡规划体系的融合，有力保障了规划的建设实施。

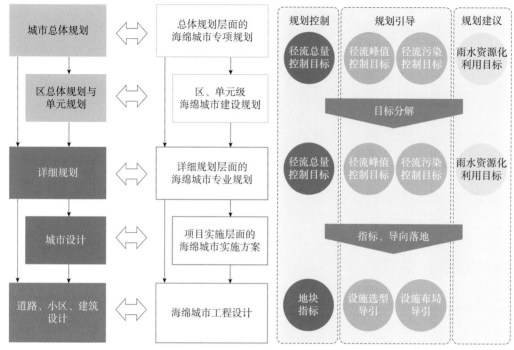

图5-3　上海市海绵城市规划体系示意图

（2）课题先导，创新产研一体的规划编制模式。

以海绵试点城市申报和规划编制为契机，开展了海绵城市指标体系、规划方法和技术标准、海绵系统规划与建设关键技术等市科委课题研究，形成了一套由海绵城市指标体系、技术规程、标准图集等组成的规范性成果，将课题、工程实践经验与规划编制相结合，极大增强了规划的科学性和针对性。

（3）因地制宜，体现独特海绵城市内涵的"上海智慧"。

针对上海市"三高一低"的高密度城市特征，对全国海绵城市建设指南中的多个概念、理念、方法均提出了本地化的解构和优化。

1）理论体系本地化，将原年径流总量控制率概念中的零外排概念优化为零快排，聚焦上海"净"与"排"的核心水问题，强调对滞留类、处理类设施的建设导向，体现了上海海绵径流控制方式的独特性；结合上海实际的强排体系，提出了将内涝防治系统的调蓄空间作为年径流总量控制托底的系统理论，见图5-4。

2）"绿灰结合三段论"，构建绿色低影响开发设施与传统灰色基础设施相结合的设施体系，制定了"源头—过程—末端"治理的整体化治水策略，为高密度城市背景下传统LID难以支撑年径流总量控制目标提供解决方案。

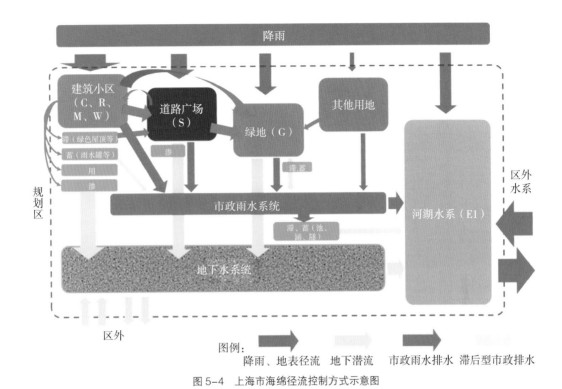

图 5-4　上海市海绵径流控制方式示意图

3）主要目标区域化，将原年径流总量控制目标的单个地块控制优化为了区域控制与地块控制相结合的方式，利于区域统筹和校核，见图 5-5。

4）指标体系刚弹性，将指南中建议的刚性指标分配方法优化为刚弹结合的指标分配方法，体现对集中新改建区、部分新改建区、保留区等分类指导要求。

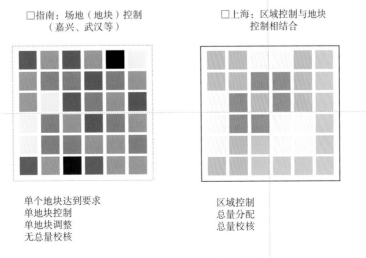

图 5-5　主要目标区域统筹示意图

（4）技术集成，应用宏观空间建模与统计的综合技术手段。

在排水条件等现状评价过程中，融合内涝风险评估模型及GIS空间解译技术，实现了在全市范围对内涝风险、农业面源污染、径流系数等指标的量化评价。

（5）上下协同，明确精准定位的近期建设区域选址。

在近期建设区域的划定过程中，基于规划数据、遥感影像等多种数据综合评价，采用市级统筹和上下协同的思路，深入结合各区县项目建设计划和管理情况，多轮征询拟划区域建设主管部门意见，科学划定200km²近期建设区域，使规划的落地实施体现科学性和公平性。

5. 实施效果

（1）推动海绵城市建设制度体系建设。该专项规划是从战略层面部署全市海绵城市规划建设的纲领性文件，依托本规划及配套课题研究，上海市政府出台了一系列政策文件，初步建立了贯穿规划、审批、设计、建设、运营各阶段的海绵城市建管体系。

（2）推动海绵城市规划体系构建。依据本规划所提出的规划体系，全市建立了宏观、中观、微观层面三级海绵城市规划体系。在中观层面，16个区和有关管委会编制了区级海绵城市建设规划。在微观层面，围绕城市更新区域开发、集中成片绿化建设改造、中心城区雨水提标改造、建成区黑臭河道治理、低影响海绵地块建设、"五违四必"更新等区域，编制区块海绵城市建设规划（系统方案），实现了本市三级海绵城市规划全覆盖。

（3）指导海绵城市近期建设区域实施。依据本规划提出的近期建设区域，通过一区一试点，以点带面，推进全市海绵城市试点工程落地。自规划发布以来，一批海绵城市工程已落地实施，如临港城市示范区、杨浦南段滨江、桃浦智慧科技城等，见图5-6。

（a）　　　　　　　　　　　　　　　　（b）

图5-6　上海市近期工程建成情况

（a）桃浦智慧科技城；（b）临港地区海绵城市口袋公园

（c）　　　　　　　　　　　　　　　　　　　（d）

图5-6　上海市近期工程建成情况（续）

（c）杨浦滨江景观带雨水花园；（d）临港沪城环路海绵示范工程

2019年11月2日，习近平总书记在杨浦滨江实地察看了雨水花园项目等海绵城市建设工作，极大鼓舞和激励了上海下一步推进高质量海绵城市建设工作的决心。全市海绵城市的实施建设翻开新篇章。

5.1.2　汕头市海绵城市专项规划

1. 项目概况

汕头市积极响应国家和广东省的政策，2016年发布《关于加快推进海绵城市建设的工作方案》（汕府办〔2016〕80号），明确编制海绵城市建设专项规划任务，推进汕头市海绵城市建设。

为推进汕头市海绵城市建设工作，增强海绵城市建设系统性，启动编制《汕头市海绵城市建设专项规划》，以顶层规划践行生态保护理念、统筹全市海绵建设、指导试点项目实施，同时也是响应国家政策、落实市委市政府文件精神的重要举措。

《汕头市海绵城市建设专项规划》规划范围为汕头市域，包括金平区、龙湖区、澄海区、濠江区、潮阳区、潮南区和南澳县等六区一县，总面积为2245km²，其中建设用地面积720km²，规划人口650万人。

规划期限2017—2030年，其中近期：2017—2020年，远期：2021—2030年。

2. 规划思路

汕头市是我国首批经济特区，粤东特大中心城市、潮汕文化发源地，青山绿水、碧海银沙等优越的自然资源构成了汕头丰富的城市山水生态格局，奠定了汕头"滨海山水"都市的整体空间基底。汕头市生态本底优渥，市域森林覆盖率37.42%，城区绿地覆盖率

43.2%，道路绿化率 86.02%，水岸绿化率 89.56%，40 项指标均达到《国家森林城市评价指标》要求。

汕头市区多年平均降水量 1515mm，多为中后峰雨，具有分布不均的特点，易遭遇台风、暴雨、高潮、洪水"四碰头"且地下水位高、土壤下渗较难。通过下垫面模型解译，汕头市现状用地条件下综合径流系数为 0.58，具有较高的海绵城市建设潜力。

面对生态环境质量不佳、水资源短缺敏感、洪涝灾害威胁等多重压力，为摆脱资源环境承载不足的困境，推进汕头市生态治理和保护，构建"安全无虞、生态修复、弹性适应、城水共融"的汕头市海绵系统，让城市嵌入自然，让蓝绿空间激活城市，为汕头市发展提供良好的生态图底。

以"编制可落地的建设规划"为目标，以"问题识别—目标指标—格局规划—系统方案—建设管控"为规划构思主线（见图 5-7），拟定"多层次、多技术、系统推进、全过程控制"的总体策略，针对系统建设方案等重点内容方面，将规划思路进行解构深化。

从汕头市市域角度，对全市生态敏感性进行评价分析，识别大的生态斑块、绿色廊道、水系廊道，从蓝绿网络着手，划定生态空间控制线，确定生态保护要求，构建城市整体的海绵骨架。

在生态保护和海绵骨架的基础上，着眼于城市建设用地，以系统思维聚焦城市海绵体系。在水资源方面，优化城市水源和供水系统，新增非传统水资源利用系统；在水安全方面，锚固城市防洪排涝系统、内涝防治系统、雨水管渠系统；在水环境方面，强化源头污染物削减系统、控制城市点源面源污染系统；在水生态方面，优化河涌岸线系统，夯实海绵型建筑小区、道路广场、公园绿地等系统。

结合系统方案，对传统普适性的设计导则进行改进，结合汕头城市特点，因地制宜地细化海绵建筑小区、海绵道路广场、海绵公园绿地等设计指引和图纸方案，充分发挥绿地、道路等对雨水的蓄渗和滞纳作用，进一步优化整体海绵系统。

3. 规划方案

（1）指标体系规划

汕头市海绵城市指标严格按照《广东省海绵城市建设管理与评价细则》中目标和指标要求章节进行编制和率定，广东省共七类二十三项指标，其中十五项为约束性指标，五项创新指标，见表 5-2。

（2）生态空间格局规划

规划采用地表大气、水、土壤、生物四大类进行评价，对全市生态敏感性进行分析，将汕头市海绵城市生态空间格局划分为两个层次，从市域尺度，进行生态敏感性分析，

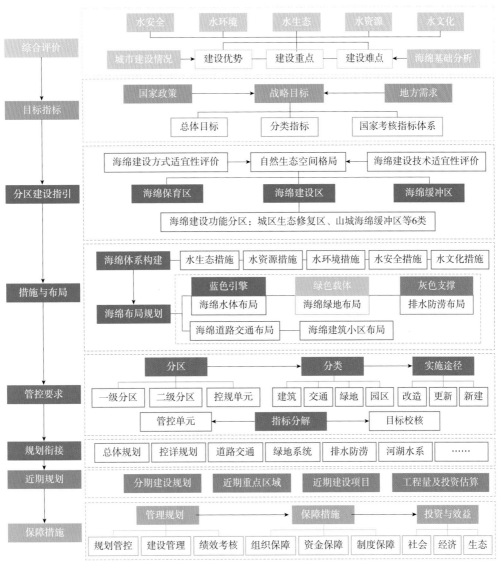

图 5-7　汕头市海绵城市总体规划思路

汕头市海绵城市建设总体指标一览表　　　　　　　　表 5-2

类别	指标名称	现状	2020 年	2030 年	指标类型
水生态	年径流总量控制率	36.6%	70%	70%	约束性
	生态岸线比例	40%	50%	70%	约束性
	不透水地表面积比例	—	根据实际情况确定	—	指导性
	城市热岛效应	—	缓解	明显缓解	指导性
水环境	水环境质量	劣 V 类 ~ II 类	黑臭水体消除率 90%，地表水水质优良（达到或优于 III 类）比例大于 75%，所有河湖下游断面水质不低于上游来水水质，地下水水质维持稳定	黑臭水体消除率 95%，地表水水质优良（达到或优于 III 类）比例大于 75%，地下水水质量维持稳定	约束性

续表

类别	指标名称	现状	2020 年	2030 年	指标类型
水环境	雨污分流比例	—	旱季合流制管道不得有污染物进入水体	旱季合流制管道不得有污染物进入水体	指导性
	年径流污染控制率	—	42%	60%	约束性
	合流制溢流频率	—	旱季合流制管道不得有污染物进入水体	雨水排放口或截流管溢流口应设置生态化处理设施	指导性
水资源	再生水利用率	部分企业已推行	不低于 15%	不低于 20%	约束性
	雨水资源利用率	—	不低于 3%	不低于 5%	约束性
	公共供水管网漏损率	—	低于 10%	低于 8%	指导性
水安全	城市排水防涝标准	管网重现期低于 2 年一遇	有效应对不低于 20 年一遇暴雨；雨水管网设计重现期 2~5 年一遇	有效应对不低于 30 年一遇暴雨；雨水管网设计重现期 2~5 年一遇	约束性
	城市防洪标准	≤ 100 年一遇	50~100 年一遇（支流 10~20 年一遇）	50~100 年一遇（支流 10~20 年一遇）	约束性
自然生态空间管控	天然水面保持率	100%	100%	100%	指导性
	蓝线（水面率）	9.6%	10%	11.8%	约束性
	绿线（绿化率）	43.98%	已划定，其中中心城区 24.85km²（绿化覆盖率不低于 45%）	已划定	约束性
	生态控制线	—	1136.06km²	—	指导性
制度建设及执行情况	规划建设管控制度	—	建立海绵城市建设的规划、建设方面的管理制度和机制	—	约束性
	技术规范与标准建设	—	制定较为健全、规范的技术文件	—	约束性
	投融资机制建设	—	制定海绵城市建设投融资、PPP 管理方面的制度机制	—	约束性
	绩效考核与奖励机制	—	建立按效果付费考评机制，建立责任落实与考核机制等	—	约束性
	产业化	—	制定促进相关企业发展的优惠政策等	—	约束性
显示度	连片示范效应	—	城市建成区 20% 以上的面积达到海绵城市建设要求	城市建成区 80% 以上的面积达到海绵城市建设要求	指导性

识别大的生态斑块、绿色廊道、水系廊道，从蓝绿网络着手，厘清城市生态约束底线，构建城市整体海绵生态骨架；从城市建设用地尺度，以城市建设用地、河涌水系、道路广场、绿地公园等为载体，挖掘海绵城市建设潜力，串联功能，构建城市建设用地海绵格局。生态空间格局见图 5-8。

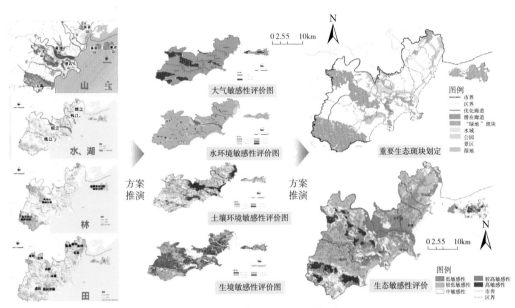

图 5-8　汕头市海绵城市生态空间格局规划图

（3）系统建设方案规划

针对"外不能排、内不能蓄、底不能渗"城市症结，规划方案因地制宜，在水资源方面，优化汕头市城市水资源和供水保障格局，明确水源涵养和水土保持方案，加强非传统水资源利用，针对城市"底不能渗"的特点，优化海绵下渗设施设计参数，理性布局再生水厂和雨水资源化利用设施；在水安全方面，规划提升城市防洪排涝、内涝防治、雨水管渠等规划设计标准，封闭城市防洪圈抵御洪水和海潮侵袭，耦合"防洪—内涝"复合系统，串联城市行泄通道，提出内涝点整治措施，锚固汕头市水安全系统；在水环境、水生态方面，以模型定量计算汕头市主要河道水环境容量，通过增加海绵设施，形成"源头控制—过程削减—末端治理"的年径流污染物削减体系，精准定位黑臭河道并提出整治措施，以建筑小区为控制单元，以城市道路为转输脉络，以绿地公园为生态斑块，恢复非行洪排涝河道的生态岸线功能，连通断头河涌，织补汕头市"蓝绿网"，并为汕头市城市道路、公园绿地、建筑小区等绘制海绵城市方案设计优化图纸。

（4）建设管控规划

汕头市海绵城市建设由多家单位协同落实。规划因地制宜，借鉴我国上海、贵安新区、遂宁市海绵城市指标管控案例，为汕头市拟定指标体系建立技术路线，构建"全市总体—管控单元—地块"的三级指标体系（图 5-9），并予以赋值，对汕头全市进行海绵城市一级和二级分区，定量化各分区管控要求和指标，结合"海绵新建区—改建区—提升区"，明确海绵城市建设技术指引。

一级管控：总体指标（全市）

二级管控：管控单元分区（排水）

三级管控：地块建设指标（推荐）

图 5-9　汕头市海绵城市三级管控指标体系

针对汕头市中心城区暴雨内涝、河涌污染、老城区更新难度大等主要问题选取具有实际意义、有明确算法或测定方法的指标，同时避免重复冗余指标。为了与汕头市现状城市建设、规划、市政设施相衔接，可在现有规划中选取与海绵城市建设直接相关的指标，如明确的海绵设施指标和市政设施指标。

（5）近期建设方案

通过海绵城市建设，综合采取"渗、滞、蓄、净、用、排"等措施，最大限度地减少城市开发建设对生态环境的影响，将 70% 的降雨就地消纳和利用。

到 2020 年，城市建成区 20% 以上的面积达到目标要求；到 2030 年，城市建成区80% 以上的面积达到目标要求。规划 2020 年汕头市建设用地规模 501km^2，近期建设面积至少 102km^2。

4. 特色与创新

（1）创新"目标—指标—方案"一体化定量规划方法

本规划以市级科研为支撑，秉承规划方案"因地制宜、落地实操"原则，创新提出"目标—指标—方案"一体化定量规划方法，环环相扣、层层递进。方法见图 5-10。

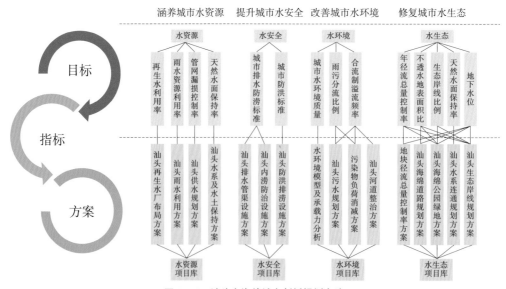

图 5-10　汕头市海绵城市创新规划方法

（2）构建"刚柔并济、权责明晰"的指标管控体系

本规划借鉴国内海绵城市建设实践城市指标体系案例，针对汕头市暴雨内涝、河涌污染、老城区更新难度大等主要问题，创新构建汕头市的海绵城市控制"2-3-4"指标体系，即 2 种控制强度（约束性、指导性）、3 种控制层次（全市、管控单元、地块）、4 种控制类别（水生态、水资源、水环境、水安全），根据建筑密度、绿地率、建设状况（是否建成）以及用地性质，制定指标弹性调整原则，为下阶段海绵城市详细规划或实施方案留有余地，结合相关职责和权限，清晰落实指标至部门，明确其管理责任。

（3）集成"多专业、跨专业"大尺度方案耦合模型

本规划打破专业壁垒，在指标率定、方案规划等方面均实现城市大尺度专业模型耦合突破，将城市规划、水利防洪、排水防涝、水质水量、地理信息等多专业模型耦合。规划耦合地理信息与 SCS 模型，综合考虑流域降雨、土壤类型、土地利用方式及管理水平、前期土壤湿润状况与径流间的关系，计算汕头市在各种情况下的年径流总量控制率；规划耦合 MIKE URBAN、MIKE11 以及 MIKE21 模型模拟城市排涝，提出城市竖向、水利排涝、市政排水为一体的研究思路，从而构建合理的城市防洪排涝体系；规划耦合 MIKE11 与 SWMM 模型模拟河道水质和源头面源污染，比较各汇水分区源头面源污染以及采取 LID 措施后产生的面源污染，从而量化评价城市开发中应用低影响开发技术的影响和作用；规划耦合 SWAT 与流域产水量模型，并结合面源污染的水质分析，确定规划区的水资源利用方案，提出各个地块的雨水资源化利用比例，为下一步的设计提供依据。

5. 实施效果

（1）规划成果应用

规划指导汕头市海绵城市的近期建设方向，规划成果中指标体系、管控方法、系统方案、工程图纸等已作为依据全面指导汕头市海绵城市详细规划和设计。

（2）已建或在建海绵项目

1）河道综合整治

市区的龙湖沟、新河沟、港区排洪沟、星湖公园（三脚关沟）、沟南围沟排渠、明珠河沟渠、护堤路大窖池头和南排渠 8 条重要沟渠消除黑臭初见成效。新河沟生态驳岸建设见图 5-11。

2）海绵公园绿地

汕头市积极开展城市公园海绵建设工程，推进十个公园海绵改造建设。新建公园绿地、城市广场因地制宜采取透水铺装、小微湿地、雨水花园、下凹式绿地、植草沟、水

（a）　　　　　　　　　　　　　　　　（b）

图 5-11　新河沟生态驳岸建设

（a）新河沟水环境图；（b）新河沟驳岸建设图

（a）　　　　　　　　　　　　　　　　（b）

图 5-12　海湾湿地公园海绵改造

（a）公园绿地海绵改造图；（b）水系海绵改造图

塘等分散式消纳和集中式调蓄相结合的低影响开发设施，消纳自身雨水，构建海绵型绿地系统。海绵公园改造项目见图 5-12。

　　3）海绵道路广场

　　人民广场、11 街区时代广场、迎宾广场、火车站站前广场、高新区入口广场、澄海政府前广场以及潮阳绿化广场等城市广场的建设已经融入海绵城市理念。中心城区的珠峰路、磊广路及达南路等多条道路运用海绵技术，步道采用透水性铺砖等海绵措施。

　　4）海绵建筑小区

　　汕头市作为国家环境保护城市、国家园林城市，注重城市生态环境和小区建设的生态宜居环境。香域水岸等生态园林小区通过生态水池、绿地广场等小型设施对雨水进行蓄滞，起到雨水消纳作用。小区海绵改造项目示例见图 5-13。

(a)　　　　　　　　　　　　　　　　　　　(b)

图 5-13　香域水岸小区海绵改造

(a) 小区场地海绵建设图；(b) 小区绿地海绵建设图

5.1.3　芜湖市海绵城市专项规划

1. 项目概况

2022 年 5 月 25 日，芜湖市成功入选第二批系统化全域推进海绵城市建设示范城市，获得中央财政补助资金 10 亿元。为贯彻落实习近平总书记关于海绵城市建设的重要指示批示精神，落实国家、安徽省和芜湖市委市政府关于海绵城市建设的最新相关要求，结合芜湖市海绵城市建设示范城市的契机与本地情况，修编芜湖市海绵城市专项规划，切实指导海绵城市建设。

经现状分析，目前芜湖海绵城市建设还存在以下问题：一是系统理念落实少，建设仍呈碎片化；二是上位要求不断提高，现规划无法有效满足现行海绵建设要求；三是行政区划调整，建设条件改变，原规划指导性降低，原规划已无法有效指导现有城市建设。

本规划研究范围为市域范围，包括芜湖市市区、无为市及南陵县范围，面积约 6009km²。规划范围为城市总体规划确定的市区范围，面积约 2730km²。规划期限与城市总体规划保持一致，确定规划期限为 2021—2035 年，规划基准年为 2020 年，其中近期规划水平年为 2025 年；中期规划水平年为 2030 年；远期规划水平年为 2035 年。规划目标：到 2025 年，城市建成区 50% 以上的面积达到目标要求；到 2030 年，城市建成区 80% 以上的面积达到目标要求；到 2035 年，城市建成区 95% 以上的面积达到目标要求。

2. 规划思路

芜湖属于平原河网城市，生态条件优越，整体呈现"三高一低一平"的特征，三高是天然水域面积高、绿地率高、中小雨占比高，一低是土壤的渗透性低，一平是整体地势较为平坦。规划以"河畅岸绿、人水和谐"的海绵芜湖为目标愿景，构建了"本底分析、目标指标、全域方案、规划衔接、近期建设、保障机制"的项目思路，见图5-14。

3. 规划方案

（1）规划目标指标

规划在摸清生态本底、现状基础设施等基础条件上，针对芜湖市建设省域副中心城市目标和平原河网城市的特点，合理确定水安全、水环境、水生态、水资源、制度建设与执行情况、显示度六个方面共18项指标体系，避免局限于可渗透地面面积比例、年径流总量控制率等指标。

（2）生态空间格局方案

分析芜湖市"山水林田湖草"的本底情况，采用层次分析法，对生态敏感性进行分

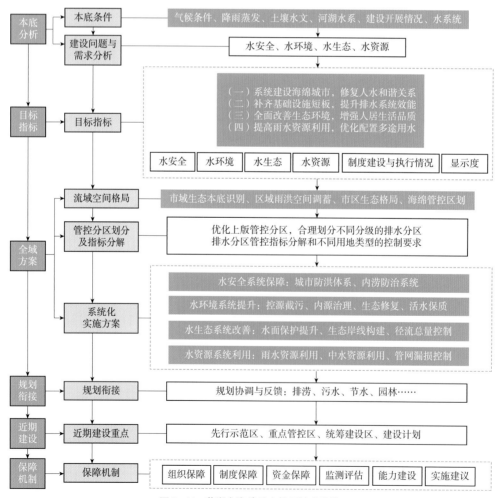

图5-14　芜湖市海绵城市规划技术路线

析评价。锚固"一江两屏、六廊多点"生态空间格局，以保障皖江湿地洪水调蓄为主，保护水源涵养、强化生态空间保护。坚守生态安全底线，构建引江济淮（西河）、青弋江、漳河、青安江、裕溪河、黄浒河等重要生态廊道。结合芜湖市"三线一单"技术成果、城市体检成果、国土空间规划过程稿，将芜湖市区划定为生态保护区、生态修复区、低影响开发区三个区域进行控制与建设指引。生态保护区内需要保护的生态空间包括长江、青弋江、裕溪河，面积为 1996.10km^2。海绵城市建设生态修复区面积为 248km^2，主要为建设完成的旧城区、居住区、工业区等。海绵城市低影响开发区范围主要为规划城镇开发范围内的待开发区域，面积为 280km^2。

（3）系统建设方案

水安全：根据芜湖市"织网联圩、御洪于外"的防洪特点和"水系为骨干、泵站为枢纽、管网全覆盖"的排水防涝格局，从城市防洪体系构建、内涝防治系统构建和天然水域面积保持三部分提出水安全保障的总体方案。其中，城市防洪体系构建主要包括防御长江、青弋江洪水，城南圩的联圩并圩；内涝防治系统构建主要包括源头减排、管网排放、蓄排并举、超标应急、管理维护等 5 项内容；通过蓝线空间管理、占补平衡、暗渠复明等保持高水面率。

水环境：以污水处理厂进水 BOD$_5$ 和生活污水集中收集率双提升为目标，根据城区 12 个污水处理厂服务片区进行系统治理，制定一厂一策系统实施方案。实施控源截污、内源治理、生态修复等措施，并结合平原河网地区的特点实施活水保质措施，最终实现城市水环境的显著提升。

水生态：主城区重点加强对河湖硬质护岸的生态恢复，构建以自然生态为基础，绿色、灰色基础设施并重的生态海绵城市。主城区外的区域重点工作主要体现在对山地、河湖、湿地、林地、草地、田地等水源涵养区的保护和修复上。以已建区域为主的管控分区年径流总量控制率 70%~75%，以新、改建区域为主的管控分区年径流总量控制率 75%~80%。

水资源：芜湖非常规水资源利用主要包括污水再生水资源、雨水资源两大类。污水再生利用具有水源稳定，并能提升水环境容量的作用，是本地水资源利用的重点。以建成的朱家桥尾水湿地为样板，实施尾水湿地公园建设，衔接水环境的补水工程。加大雨水资源化利用，以新建小区、公建和工业企业建设为重点。

（4）规划分区管控

根据城市自然地形地貌、河湖水系、高程竖向、排水设施布局等，进一步优化排水分区。规划划分 8 个一级管控分区（城北片区、城南片区、三山片区、高安片区、沈巷片区、大龙湾片区、湾沚片区及繁昌片区），69 个二级管控分区（一级排水分区），165 个三级管控分区（二级排水分区）。综合分析各管控分区的开发强度，结合内涝风险情况、水质分析、自然本底条件及土壤渗透性等，确定各排水分区指标；采用影响因素法和用地分类核算法相互校核，充分考虑目标可达性及承载能力，确定各不同用地类型指标；海绵城市的相关指标需要由规划管理单元来传导落实，根据相关规划管理单元，确定指标要求。具体见图 5-15 和图 5-16。

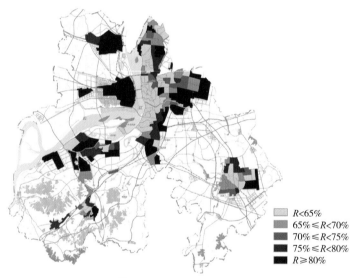

图 5-15　芜湖市规划年径流总量控制率分布图

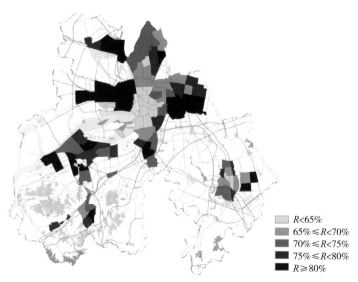

图 5-16　芜湖市规划管理单元年径流总量控制率分布图

（5）近期建设规划

按照"干一片，成一片"的思路，对各类型的建设项目进行现场踏勘，划定四大海绵城市先行典范区，先试先行，探索芜湖推进模式。依据规划目标要求，近期为便于针对性实施，除已达标分区和先行典范区外，结合现状年径流总量控制率评估情况，选择原生条件较好、近期在开发区域作为重点实施区。

4. 特色与创新

（1）全域推进，形成芜湖经验

本规划以"海绵 20 条"为指导，统筹城市发展与城市水安全、水环境、水生态、水资源，采用整合、精简、增补等方式优化规划内容，搭建本底分析、目标指标、全域方案、规划衔接、近期建设和保障机制的内容框架，合理确定目标指标、全域谋划实施。同时，近期建设以"长江中下游大城市织网联圩洪涝统筹样板"为总体目标，重点保障水安全、改善水环境。

（2）指标优化，加强传导落实

在上版规划基础上，结合"海绵 20 条"要求，进一步优化指标体系，确定六个方面共 18 项指标体系。以城市排水分区作为海绵城市建设管控分区，提出了各管控分区的年径流总量控制率和年径流污染控制率等指标要求，对年径流总量控制率等关键性指标在规划管理单元进行传导落实。

（3）统筹有序，彰显分区特色

结合区域本底、存在问题、建设需求和先行示范的意义，对片区进行现场踏勘，计划实施四大海绵城市先行典范区，分别为老城涝污共治典范区（保兴埠老城片区）、新城海绵管控典范区（扁担河以东片区）、智慧海绵建设典范区（政务中心片区）、城市更新 + 海绵典范区（镜湖城市更新连片区）。结合城市更新行动，急缓有序、突出积水内涝整治为重点，深入对接调研城市各类项目建设计划，进行全域系统的统筹实施，形成芜湖市海绵城市近期建设项目库。

5. 实施效果

芜湖市将海绵城市专项规划反馈至国土空间规划、其他涉水专项规划、控制性详细规划等，已形成"1+1+10"全域海绵规划体系；健全立法制度：《芜湖市海绵城市建设管理条例》已颁布，出台 20 项制度、8 项技术标准，项目全过程管控得到有效落实；突出示范引领：坚持全域覆盖、全程管控、系统施策、片区示范的建设思路，规划城市更新 + 海绵、老城涝污共治、智慧海绵建设、新城海绵管控 4 个先行典范区，已全部建成。打造了蓝天小区、园丁支路、峨山体育公园、四横岗等功效相结合的多种类型项目。实施

图 5-17　芜湖市海绵城市实施项目现场图

（a）园丁支路现场实景图；（b）峨山体育公园现场实景图；（c）蓝天小区现场实景图；（d）城东七号宜邻中心现场
实景图；（e）蟹矶山路现场实景图；（f）伟星樾樾现场实景图；（g）安师大现场实景图；（h）米市广场现场实景图

项目现场见图5-17。

　　截至2023年底，芜湖市累计建成海绵城市达标面积104.01km²，占建成区面积的39%；内涝积水区段消除比例100%；城市防洪标准达到100年一遇。2024年汛期多场降雨时，通过监测和现场检查，强降雨下海绵设施运行情况良好，四个先行典范区未发现内涝积水现象，径流污染得到有效削减，海绵城市建设成效明显，见图5-18。

（a）　　　　　　　　　　　　　　　（b）

（c）　　　　　　　　　　　　　　　（d）

图5-18　强降雨下海绵城市建设成效良好
（a）中江公园雨天现场实景图；（b）政通路雨天现场实景图；
（c）36班中学雨天现场实景图；（d）蓝天小区雨天现场实景图

5.2　区县级规划案例

5.2.1　上海松江区海绵城市建设规划

1.项目概况

　　2018年1月上海市住建委68号文明确"上海各区需完成本区域海绵城市建设规划编制工作"。为积极响应国家海绵城市建设的政策要求，落实市委市政府的相关文件精神，松江区随即启动《海绵城市建设专项规划（2018—2035 年）》编制，作为全区海绵城市建设纲领性技术文件，明确建设总体思路，统筹系统全局推进全区海绵城市建设，逐步实现生态宜居城区的目标。

本次规划范围为松江区行政辖区范围，规划面积 604.6km²，与《上海市松江区总体规划暨土地利用总体规划（2017—2035）》保持一致。

规划期限 2018—2035 年，分为近、中、远三期，近期至 2020 年。

2. 规划思路

松江区地处上海西南，地势低平，素有"上海之根"的美誉。辖区内"山水林田湖草"资源优渥，全要素生态资源构成其丰富的山水生态格局，全区森林覆盖率 16.35%，河湖水面率 7.99%，中心城区绿地覆盖率 31.12%，奠定了"青山－秀水－绿城"的整体空间基底。

松江区多年平均降水量 1117mm，易遭遇风暴潮洪"四碰头"，地下水位高且土壤下渗难，是具有上海"三高一低"特征区域。全区现状年径流总量控制率为 62.4%，海绵城市建设尚存提升空间。

规划以"隽秀山水地，园林海绵城"为目标愿景，以"问题识别—目标指标—建设格局—建设方案—建设管控"传导式思路为构思主线，秉承"系统化"原则，从宏观、中观、微观三个层面构建松江区海绵城市体系（图5-19），实现"安全无虞、生态修复、弹性适应、城水共融"的海绵城市建设目标。

（1）宏观层面——构建海绵骨架

从全区角度，在"廊楔茸城，绿网缀珠"的生态空间格局和生态控制线的约束下，进一步识别大的生态斑块、绿色廊道、水系廊道，从蓝绿网络着手，确定海绵城市总体格局，制定生态空间海绵城市建设策略，构建区域整体海绵骨架。

（2）中观层面——聚焦海绵系统

在生态保护和海绵骨架的基础上，着眼于城市建设用地范围，以"系统化思维"聚焦海绵体系。水资源方面，优化城市水源和供水系统，新增非传统水资源利用系统；水安全方面，锚固耦合城市防洪、除涝、内涝、管渠"四位一体"系统，提质增效；水环境方面，强化源头污染物削减系统、定量控制城市点源面源污染；水生态方面，创新"修复四段论"，夯实源头蓄滞系统建设，优化强化过程、末端海绵系统。

（3）微观层面——细化海绵单元

根据系统方案，划定海绵城市建设基本单元，提出单元管控要求，结合《上海市海绵城市建设技术导则与标准图集》，以单元中海绵城市建设载体为抓手，微调建筑小区、道路

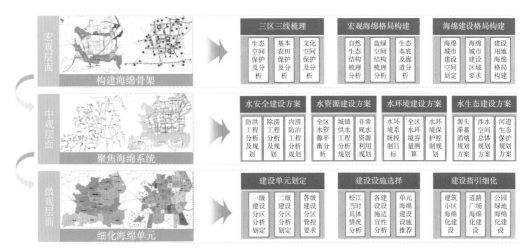

图 5-19　松江区海绵城市规划思路

广场、公园绿地等海绵化规划设计细节，充分发挥绿地、道路等对雨水蓄渗和滞纳作用。

3. 规划方案

（1）指标体系

规划共确定松江区海绵城市建设 6 大类、20 项指标，在上海市全市海绵城市指标体系指引下，规划增补 7 项松江区的特色指标，完善松江区海绵城市建设全区控制指标体系，见表 5-3。

松江区海绵城市建设指标体系　　　　　　　　　　　　　表 5-3

类别	指标名称	现状	2020 年	2025 年	2035 年
水生态	年径流总量控制率	62.4%	≥ 62.4%	≥ 70%	≥ 75%
	河湖水面率	7.99%	≥ 7.99%	≥ 8.63%	≥ 9.06%
	河湖（镇村）生态防护比例	50%	≥ 50%	≥ 70%	≥ 80%
	城市热岛效应	—	—	较为缓解	基本缓解
水环境	重要水功能区水质达标率	62.6%，已基本消除黑臭，但仍有部分河段常年呈劣 V 类	≥ 62.6%，基本消除丧失使用功能（劣于 V 类）的水体	≥ 85%（国考、市考断面 100%），全面消除丧失使用功能（劣于 V 类）的水体	≥ 95%
	地下水监测点位水质	—	—	优于海绵城市建设前	Ⅲ类且优于海绵城市建设前
	年径流污染控制率	—	—	≥ 50%（以 SS 计）	≥ 55%（以 SS 计）
	城镇污水处理率	93.4%	≥ 93.4%	≥ 95%	100%
	农村生活污水处理率	90%	≥ 90%	100%	100%
	雨污混接改造率	大部分已完成	100%	100%	100%

续表

类别	指标名称	现状	2020 年	2025 年	2035 年
水资源	再生水利用率	—	—	≥ 10%（城市杂用）	≥ 20%（城市杂用）
	雨水资源利用率	—	—	局部试点	≥ 2%（集中新、改建区域）
	公共供水管网漏损控制率	—	—	≤ 9%	≤ 6%
水安全	城市防洪标准	部分不足 50 年一遇	—	流域防洪达到 100 年一遇标准；区域防洪达到 50 年一遇标准	流域防洪达到 100 年一遇标准；区域防洪达到 50 年一遇标准
	雨水系统设计重现期	1 年一遇	逐步改造提升	城镇建成区不低于 1 年一遇排水标准，新建区和改建区按规定不低于 3~5 年一遇排水标准	全面达到 3~5 年一遇，其中松江新城为 5 年一遇，其他地区为 3 年一遇
	区域除涝标准	5~15 年一遇	逐步完善提升	95% 圩区达到 15~20 年一遇除涝标准（按现行标准）	圩区全面达到 20 年一遇除涝标准（按现行标准）
	内涝防治标准	低于 30 年一遇	逐步完善提升	50 年一遇	100 年一遇
生态空间管控	生态空间面积	—	—	—	≥ 325.6km²
	森林覆盖率	16.35%	≥ 16.35%	≥ 18.5%	≥ 25%
显示度	连片示范效应	—	完成一批海绵城市建设单体项目	基本完成上海市下达的试点区域目标建设要求	建成区 80% 以上的面积达到建设要求

（2）建设格局规划

结合松江区"山、水、林、田、湖"结构本底，规划建设用地海绵城市格局为"四心、十廊、多点"的"点—线—面"总体格局，其中：

1）四心：月湖核心区域、华亭湖 – 五龙湖区域、中央湖区域、华阳湖区域。

2）十廊：蓝色水系连通廊道、绿色城市生态廊道。

3）多点：以建筑小区、道路广场、公园绿地等为海绵节点载体。

（3）四水方案规划

规划首先通过定性关联方法构建松江区海绵城市建设系统，即"水安全、水资源、水环境、水生态"四个维度和从属建设系统子项，明确海绵城市系统建设内容。水安全方面，提升规划设计标准，构建"防洪、除涝、内涝、管渠"四位一体系统方案，以提高排水压差的创新方式整治内涝，锚固水安全；水资源方面，重点探讨非传统水资源在松江区的利用问题，通过对尾水水质定量分析明确再生水用途，进而确定再生水厂布局，采用两种方法计算分析城区雨水资源化利用潜力，合理确定雨水用途及方案；水环境方面，以水功能区划为目标，构建"量质并举水环境保障双系统"（图5-20），计算90个分区水环境容量，定量构建径流污染海绵削减方案；水生态方面，创新提出"全过程修复四段论"，即源头蓄滞消纳、过程削峰缓排、末端两网统筹、设施弹性适应。通过建设方案规划，松江区年径流总量控制率达到75%要求。

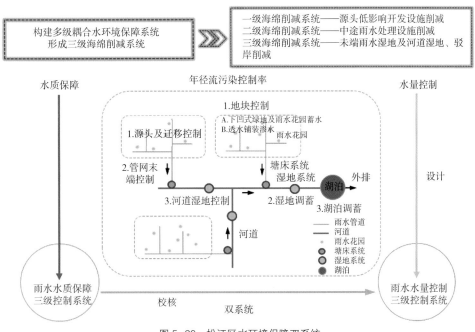

图5-20　松江区水环境保障双系统

（4）管控分区方案

规划对松江全区进行海绵管控单元区域划分。一级管控分区主要结合总体规划、行政区划、绿地系统规划、生态控制线规划、水系特征等进行划分，共17个一级管控分区，见图5-21。在一级管控分区的基础上，为方便海绵城市的建设和管理，以松江区圩区划分为依据，结合松江城市用地规划、绿地系统规划、水利片区发展规划、排水防涝规划等进行二级分区划分，共90个二级管控分区。

（5）近期建设规划

依据《上海市海绵城市总体规划（2016—2035年）》及相关文件确定松江区海绵城市近期重点建设区域为39.43km²。

4. 特色与创新

（1）规划内容创新：首创"海绵城市建设规划"编制内容体系

规划创新提出"海绵城市建设规划"编制内容并付诸实践。与《海绵城市专项规划

图 5-21　松江区一级管控分区划分示意图

编制暂行规定》存在差异，在内容框架上，"建设规划"通过整合、精简、增补等方式将内容重构拓展至十大部分，以"基础研究—现状解析—规划构思—目标指标—建设格局—建设方案—建设管控—近期建设—协调保障"为内容框架，突出建设格局、建设方案、建设管控等，秉承理性规划思维，将多项理论研究成果应用于内容编制，凸显"建设规划"理据充分、实操性强等特点。

（2）规划方法创新：独创"传导式"海绵城市建设规划编制方法

在国土空间语境下，规划创新提出"传导式"海绵城市建设规划编制方法，构建编制"逻辑拓扑网"，形成脉络清晰、环环相扣的编制路径。

1）纵向上，由问题识别传导目标确定，再由目标传导至指标，最终指标定量传导至建设方案及建设管控等。

2）横向上，通过现状分析、综合评估、数据处理、数学建模等分析方法传导增强拓展规划横向关联逻辑。

3）内容上，形成现状解析传导规划需求、问题识别传导规划策略、综合评估传导规划构思、总体目标传导规划指标、定量指标传导系统方案、指标分解传导建设管控、数据分析传导综合评估、数学建模传导方案耦合等传导路径。

（3）规划技术创新：创新四项"跨专业综合"规划定量分析技术

通过结合科研的方式，探究"跨专业综合"的分析技术四项，辅助方案决策。

1）现状解析方面，突破传统规划仅分析现状下垫面综合径流系数的局限，利用 GIS 与 SCS 模型耦合，考虑降雨、土壤类型、土地利用等，创新提出现状年径流总量控制率计算方法，定量需求。

2）水安全方面，构建"防洪、除涝、内涝、管渠"四位一体的水安全体系，创新提出 SWMM、MIKE11 以及 MIKE21 耦合模型构建。

3）水环境方面，构建"水质、水量"双系统，首创径流污染物削减及水环境容量计算方法，独创径流污染成分平均浓度分析法，定量构建年径流污染海绵削减方案。

4）水生态方面，创新提出"全过程修复四段论"，通过定量分析配套方案夯实水生态修复。

（4）规划原则创新：贯彻"刚柔相济"基本原则于编制全过程

规划坚持因地制宜、因城施策原则，贯彻"刚柔相济"基本原则于全过程。

1）建设策略方面，松江区并非刚性传导市级要求，海绵城市建设重点聚焦三方面和三字方针，弹性兼顾其他方面；

2）建设指标方面，对照全市指标体系，对指标进行刚弹属性甄别，形成松江区特色指标体系；

3）建设方案方面，充分考虑与建设用地的关系，构建四水建设方案时兼具刚性管控和弹性留白托底，数模计算采用弹性的阈值预留；

4）建设管控方面，赋予管控"趋刚性、刚弹结合"两种属性，提出管控方式弹性调整建议；

5）建设设施方面，建议弹性选择海绵建设设施，明确设施在松江区的建设适宜条件，确保可实施。

5. 实施效果

（1）规划成果应用

规划批复至今，松江区建管委依据本规划成果，以年径流总量控制率和年径流污染控制率两项指标为抓手，出具数百份《上海市国有建设用地使用权招拍挂出让建设部门征询单》，协助松江区自然资源和规划局审批地块若干宗，将规划落到实处。

（2）规划实施情况

松江区目前正全力推进国际生态商务区、南部新城等重点片区海绵城市建设，国际生态商务区成效显著，已按本规划为其编制的实施方案建成一批样板工程，实施情况见图 5-22。

1）在水务、绿地方面，五龙湖采用生态护岸、透水路、雨水花园、生态草沟、生态

（a）　　　　　　　　　　　　　　　　（b）

图 5-22　松江区海绵城市规划实施情况

（a）松江五龙湖海绵绿地建设图；（b）松江五龙湖海绵水系建设图

树穴盖板等多项措施建成松江区海绵城市面状区域。

2）在道路方面，已建成通车的茸吉路是上海市第一条全透水市政机动车道，成为全市海绵城市线状建设示范工程。

3）在建筑小区方面，中山街道 C08-04 号地块商品住宅以年径流总量控制率 77% 和年径流污染控制率 50% 作为设计依据，成为松江区海绵城市点状建设典型。

5.2.2　河北沧州市海绵城市建设规划

1.项目概况

沧州市境内地表河渠纵横，坑塘众多，素有"九河下梢"之称，已经形成排灌引蓄兼顾的河网体系。南运河从沧州城区中心穿过，沧州因而成为京杭大运河流域中唯一一座运河位于中心城区的城市，是运河文化发展的重要节点。作为北方典型平原城市，面临较为严重的"水多""水少"和"水脏"等城市水系统问题。

规划立足于"创新驱动、生态宜居、美丽沧州"的发展目标，结合城市水系统突出问题，提出"转变城市建设理念，提升城市海绵功能"的建设思路，应用海绵城市的"源头减排、过程控制、系统治理"的理念，构建了沧州市海绵城市建设工程体系和建设管控体系，探索北方缺水城市的海绵城市建设途径和策略。

规划范围为中心城区建设用地范围，总面积 170km²，研究范围扩大至城市规划区范围，总面积约 2872km²。规划期限与《沧州市城市总体规划（2016—2030 年）》保持一致，近期到 2020 年，远期到 2030 年。

2. 规划思路

基于北方缺水城市切实存在的城市水系统问题，以"促渗、防涝、去黑臭"为沧州市海绵城市建设目标，提出"一转、两建、三治理"的规划策略。规划思路见图 5-23。

（1）"一转"即转变城市建设理念。在各类城市建设中融入海绵理念，落实海绵城市建设指标。综合考虑沧州水文气候、土壤土质、高程坡度、地下水位、规划用地、技术效果、经济成本、景观效果、维护管理等要求和特点，确定适宜于本地使用的海绵建设技术。

（2）"两建"即构建"水系湿地体系"和"分区管控体系"。"水系湿地体系"是指针对沧州市地下水超采的情况，构建"多层次湿地公园体系"的策略，针对不同地质条件，采用不同的生态修复技术，创造全新的区域景观，成为沧州地区湿地绿心的主体。"分区管控体系"指建立一套面向规划管控的海绵城市低影响开发控制指标体系。总规层次的管控指标由海绵城市专项规划提供，将年径流总量控制率分解落实到控规管理单元。控规层次的控制指标包括管控单元和地块两个层次。单元的控制指标包括年径流总量控制率，由总规进行指导。

（3）"三治理"即治理"水多""水少"和"水脏"问题。基于系统思维，构建源头减排、过程控制、系统治理以及活水系统，统筹治理城市内涝、河道黑臭和河道缺水问题，建设"小雨不积水、大雨不内涝、水体不黑臭、水系不干涸"的平原缺水型城市城水共生的典型案例。

超采区多元治理：开源和节流并重，外部引水和内部优化并重，调整水源结构，减少城市供水对地下水资源的依赖，逐步形成地表水水源为主，地下水水源为辅，再生水、

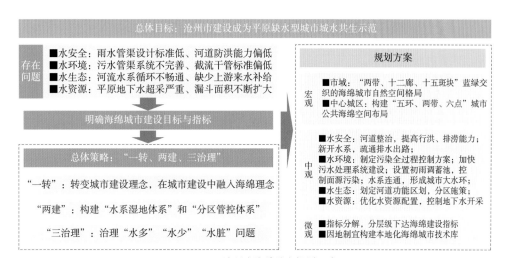

图 5-23　沧州市海绵城市规划思路

雨水等非常规水源为补充的多水源供水体系。

黑臭水体系统治理：在城市水环境较差的老城区，侧重于水质的控制，将低影响开发措施作为"控源"的重要组成部分，重点控制 TSS、COD、总氮、总磷等污染指标，并且和截污、清淤等措施结合起来，统筹解决水体黑臭和水环境治理问题。

内涝防洪提标治理：在现状城市内涝严重的区域，侧重于水量的控制，通过场地低影响开发建设模式减少源头径流量，并和排水管网、泵站、湿地调蓄、城市内河整治等措施结合，确保城市排水防涝能力的达标。

3. 规划方案

（1）规划指标体系

规划以将沧州建设成为平原缺水型城市城水共生的典型案例为总目标，结合上位文件要求、本地自然地理条件及城市建设基础等因素，确定沧州市建成区年径流总量控制率目标为 75%，对应设计降雨量 23.8mm。按照住房城乡建设部发布的《海绵城市建设绩效评价与考核办法（试行）》的要求，结合沧州市的现状情况，制定沧州市海绵城市规划指标体系，具体包括水生态、水环境、水资源、水安全方面。指标体系见表 5-4。

沧州市海绵城市规划指标体系　　　　　　　　　　　表 5-4

类别	指标	现状	近期建设目标（2020 年）	远期建设目标（2030 年）
水生态	年径流总量控制率	—	20% 面积达到目标	80% 面积达到目标
	生态岸线	—	80% 的新、改建河道	90% 的新、改建河道
	水面率	2%	≥ 5%	≥ 6
	河渠恢复率	0	≥ 5%	≥ 10
水安全	防洪标准	低于 50 年一遇	50 年一遇（运河 100 年一遇）	100 年一遇（运河 100 年一遇）
	内涝标准	低于 30 年一遇	30%	30%
	排水管道达标率		≥ 50%	≥ 80%
水环境	水功能区达标率	—	≥ 80%	100%
	黑臭水体整治达标率	0	≥ 90%	100%
	雨污分流改造率		≥ 80%	100%
	年径流污染控制率	—	雨污分流完成，SS 削减率 ≥ 40%	SS 削减率 ≥ 50%
水资源	污水再生利用率		≥ 50%	≥ 75%
	雨水资源利用率	2%	≥ 10%	≥ 11.5%
	管网漏损率	—	≤ 12%	≤ 12%

（2）建设格局方案

市域层面提出"两带、十二廊、十五斑块"蓝绿交织的海绵城市自然空间格局，严格控制城市建设对于外围大海绵要素的影响，合理保护原有生态系统；中心城区合理规划构建"五环、两带、六点"城市公共海绵空间布局，总滞纳能力约 100 万 m^3，使中心城区的雨水和再生水在自然积存、自然渗透、自然净化后再排放，为城区涵养水资源、防治洪涝灾害提供了空间保障。海绵城市建设功能分区见图 5-24。

图 5-24 沧州市海绵城市建设功能分区

（3）四水系统方案

以解决水安全、水环境、水资源、水生态问题为切入点，系统研究中心城区积水点、黑臭水体、河道缺水、河湖湿地景观生态问题的解决方案，提出 7 大积水点的"一点一策"，规划调蓄池 10 座，规划建设 27 个湿地公园，整治河道 10 条，新开河道 12 条，恢复河道 2 条，最终完成约 120km 的水系整治，并规划 2 条补水环路。

水安全方面，重点通过河道整治，提高河道行洪、排涝能力。通过消除阻点、新开河道、疏浚河道、恢复河道四项措施形成基本满足沧州中心城区排涝要求的河渠系统，解决了近远期排水管渠、泵站排水出路的问题。水系综合整治布局见图 5-25。

图5-25   沧州市水系综合整治图

水环境方面，通过系统分析水环境的污染因素，制定污染全过程控制方案，进行污染源控制、排水系统改造、水环境容量提升，全面提升水环境质量。一是加快污水处理系统建设，扩建中心城区2座污水处理厂，新建1座开发区污水处理厂，新增处理规模18万 m^3/d，减少点源污染排放。二是充分利用主城区的坑塘、水体作为雨水调蓄水体，另外结合合流制排水泵站，在主城区的10雨水排放口附近设置雨水调蓄池，调蓄容积达1.1万 m^3，达到控制面源污染、保护水体水质目的。三是结合《沧州市水系规划》，通过水系连通工程，形成城市大水环。针对沧州市地势低洼，水位落差小，水体流动性较差的特点，规划2条循环水系，分别为运河以西循环水系和运河以东循环水系，利用污水处理厂的再生水和收集的雨水进入沧州城区的循环水系。并在运河东及运河西分别新建2处人工湿地，规模分别是3.5hm² 及2.5hm²。尾水经人工湿地净化后，通过补水管线补给至一干渠东侧及八里屯排水渠西侧，补水方案见图5-26。

水资源方面，优化水资源配置，遵循"优先利用引江水源，合理利用本地地表水源，加大利用非传统水源，积极利用引黄水源，控制开采地下水源"的原则进行。重点做好

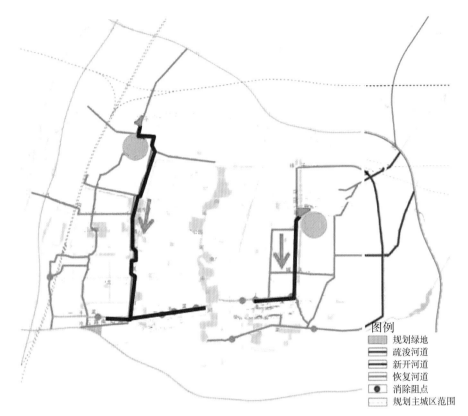

图 5-26　运东、运西片区补水方案

地下水管理，严格落实河北省人民政府《关于公布平原区地下水超采区、禁采区和限采区范围的通知》的要求，控制地下水超采。

（4）管控分区方案

通过指标分解，下达海绵建设指标，并提出地块建设指引和策略，确保地块与城市总体目标可达；另综合考虑地下水位、土壤渗透性、地质风险等因素，因地制宜构建本地化海绵技术库，确保海绵城市建设落地。

根据海绵城市开发指标体系，指标分解至各个层次。一级分解为规划区到 22 个一级分区（图 5-27），二级分解为一级分区到 201 个二级分区（图 5-28），三级分解到具体地块。

结合沧州市建设海绵城市的优势和限制因素，根据各一级分区下垫面条件、建设现状、规划情况等，考虑各分区的建设需求，将年径流总量控制率目标进行分解，试算到各组团的年径流总量控制率经面积加权平均不低于规划区整体的年径流总量控制率，并结合下一级分区指标的反馈进行调整。

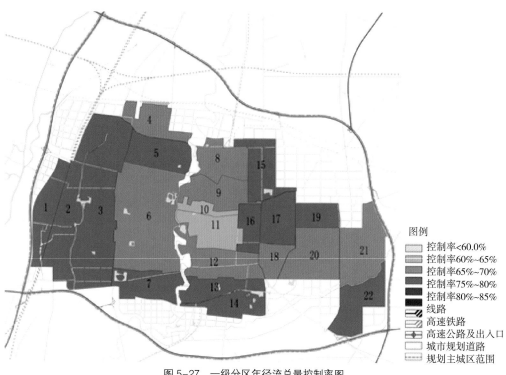

图 5-27　一级分区年径流总量控制率图

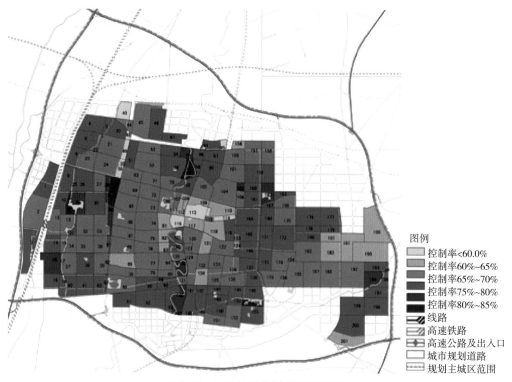

图 5-28　二级分区年径流总量控制率图

4. 特色与创新

（1）分级分类研究，构建管控指标体系

针对中心城区的水系统问题提出整改方案，并重点针对规划建设用地范围（170km²），结合区域特征与问题分析，搭建沧州市"5+22+201"海绵城市规划建设分区构架。

1）功能分区。通过对各区的下垫面、开发强度、土壤地质等多因子进行分析，将沧州中心城区划分为 5 大功能分区，分别为生态保护与生态修复区、海绵城市改造提升区、雨水资源综合利用区、高标准海绵城市建设区、初雨径流污染控制区，并分别提出海绵城市建设策略和具体指引。

2）管控分区。结合中心城区的排水分区和控规单元区划，搭建沧州市海绵城市规划建设分区管控指标体系，共 22 个海绵城市排水控制分区和 201 个海绵城市控规单元，并针对不同类型项目分别提出海绵城市控制性和指导性指标。

（2）落实系统理念，统筹水系统治理

遵循海绵城市系统建设思维，多方面、多层次系统治理沧州市内涝、黑臭河道、河道缺水、生态薄弱等问题，统筹源头减排系统、雨污分流工程、河道综合整治、生态补水系统等工程，一方面降低合流制溢流污染，提升城区的排水防涝能力；另一方面将河道生态补水、水景观构建、污水再生利用相结合，利用"五环水系"和"活水系统"增强水体的连通性和流动性，提高水体的自净能力，形成中心城区生态景观水廊。

（3）以模型为支撑，保障方案合理可靠

全方面应用水力模型等高新技术，确保方案合理可行。一方面，采用 SWMM 模型模拟分析不同类型典型项目年径流总量控制率水平，确保不同类型项目的海绵城市管控指标合理可行；另一方面，耦合地面高程、径流系数、排水系统、人口密度、经济状况和防灾抗灾能力六方面因素，采用 MIKE 模型模拟分析排水管道的排水能力和区域内涝风险，并通过模型验算内涝防治工程规划方案的科学性及经济性。

5. 实施效果

（1）纳入城市总规，指导文件编制

规划成果已融入《沧州市国土空间总体规划（2021—2035 年）》，在国土空间总体规划中明确提出，至 2035 年，全市年径流总量控制率达到 75%；并有力指导了沧州市海绵城市相关机制体制文件的编制，包括《沧州市海绵城市建设工程施工及验收标准（试行）》《沧州市海绵城市建设植物选型技术导则（试行）》《沧州市海绵设施运行维护手册》等。

（2）推进项目实施，提升城市韧性

规划成果用于指导沧州市海绵城市建设全面实施，有效提升了城区水安全保障、水环境提升及水资源利用等。海绵理念融入园林绿地、道路、老旧小区改造等相关项目建设，建成了双金公园、新华公园、滨河公园等"海绵"项目。实施主城区小街巷、小区、城中村、单位等彻底雨污分流，建设晴川路雨水泵站、捷地减河泵站等；利用五排干渠、四排干渠、小流津河进行调蓄等，全面提升中心城区内涝防治能力。采取清淤、打捞垃圾和截污纳管等措施后，于2018年12月完成王希鲁排干、海河路南边沟、清池北大道东侧边沟、一排干及光荣路排干等5条黑臭水体的整治工作。通过南水北调东线一期工程北延应急供水工程及潘庄引黄工程，引水入南运河，首次实现长江水、黄河水在运河交织，为沿线补充农业和生态用水，实现水资源的优化配置，减少地下水的开采。部分项目实施成效见图5-29。

沧州市通过海绵城市建设助力城市绿色发展、环境品质提升，整体提升了沧州的城市建设水平，提升了居民的幸福感和获得感，体现了"人民城市人民建、人民城市为人民"。

图5-29 沧州市海绵城市部分项目实施成效

5.2.3 浙江嘉善县海绵城市建设规划

1. 项目概况

嘉善县位于中国长江三角洲东南侧，地处太湖流域杭嘉湖平原，是国务院批准的首批对外开放县市之一，素有"接轨上海第一站"之美称。

嘉善县作为长江三角洲区域一体化发展的一体化示范区城市，城市定位、发展目标、城镇边界等均发生了变化，亟待进行各类专项规划的修编。

本次规划范围为嘉善县行政区域内的全部国土空间，包括魏塘街道、罗星街道、惠民街道、西塘镇、姚庄镇、陶庄镇、干窑镇、天凝镇、大云镇，总面积为506.97km²，其中先行启动区范围包括西塘、姚庄镇域面积157.39km²。规划总体期限为2021—2035年，近期为2021—2025年，远期为2026—2035年。

2. 规划思路

嘉善县海绵城市专项规划秉承"系统"思维，以"水安全、水资源、水环境、水生态"为四个基本维度，综合考量与海绵城市相关的各系统，对各系统进行方案布局与规划，明确海绵城市相关内容，确定系统之间的相互联动关系，规避海绵城市建设的碎片化和零散性，促使嘉善县海绵城市建设工作成为"各系统整合、各部门协作的有机整体"。

规划基于国内外降雨径流调控研究理论与实践成果，结合嘉善县建设实际，顺沿降雨至排放全过程，构建降雨径流调控"四段论"体系，分别为源头蓄滞消纳、过程削峰缓排、末端两网统筹、设施弹性控制，见图5-30。

（1）源头蓄滞消纳

通过对海绵城市基本单元进行分析，总结雨水源头管控的问题，综合考虑水安全、水资源、水环境、水生态建设需求，基于模型详细计算分析规划区雨水源头削减控制潜力，结合城市建设开发及改造进程，进行雨水源头蓄滞消纳方案规划布局，就地渗透、贮存、净化、利用雨水资源。

（2）过程削峰缓排

海绵城市系统联动方案通过源头蓄滞与过程转输联合调控，强化雨水管理。通过工程措施介入雨水汇流转输过程，滞缓雨水汇集排放速度，削减规划区径流排放峰值，减轻下游管网压力，避免城市积水内涝，提升雨水利用空间。

（3）末端两网统筹

通过对河湖水系布局进行合理规划和连通能有效提高河网水系行洪排涝及调蓄能力，提升城市水安全保障，增强城市韧性。规划将城市雨水管网系统和河湖水网进行统筹，通过末端设施建设有效调度协调两网调蓄能力，提升雨水调控能力，缓解河道排涝压力，增强水安全保障，促进雨水资源高效利用。

（4）设施弹性控制

降雨径流调控系统联动方案以设施外排托底，优先发挥规划区内部雨水调控能力，在内部趋饱情形下，通过工程设施外排超标雨水，首要保障区域水安全。通过设施弹性控制，提升区域降雨径流管控及雨水资源利用的弹性，优化规划区域内外的调度空间，增强河湖水网活力，利于区域水生态系统修复。

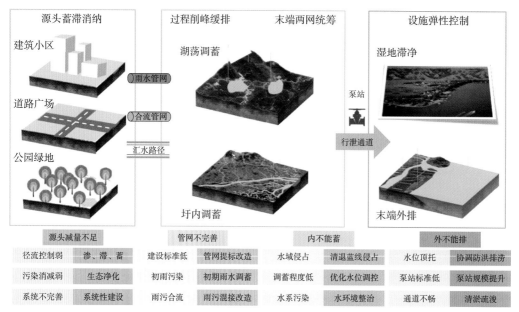

图 5-30　嘉善县海绵城市规划系统

3. 规划方案

根据省、市、县各级政府文件指导及上位规划要求，《嘉善县海绵城市专项规划及县城区近期建设计划（2021—2035）》为面向嘉善县全县宏观层面指导海绵城市建设专项规划，内容具体包括：

（1）海绵城市建设条件

分析城市区位、自然地理、经济社会现状，并通过 GIS、水力模型等技术手段分析土壤、地下水、下垫面、排水系统、城市开发前的水文状况等基本特征，通过本底情况分析评估现状及规划海绵建设条件，包括下垫面分析、综合径流系数分析、年径流总量控制率分析，见图 5-31。

（2）海绵城市建设目标指标

提出海绵城市建设的指标体系，共包含 6 类、19 项指标。多项指标优于国家、省、市标准，彰显长三角一体化示范区责任担当，具体指标见表 5-5。

（3）海绵城市建设规划方案

在水安全方面，构建嘉善县的安全基石，实现安全无虞的防洪除涝、排水防涝保障系统，提高嘉善县全县的防洪排涝能力，控制城市雨水径流，减轻暴雨对城市运行的影响。在水生态方面，保护与修复"城—水—林—田—湖—荡"生命共同体，让城市融入大自然，通过海绵城市的统筹布局，识别重要的生态空间，建立生态廊道体系，构建蓝

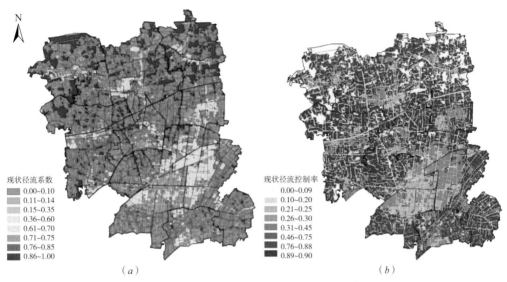

图 5-31　嘉善县综合径流系数及年径流总量控制率分析

（a）综合径流系数；（b）年径流总量控制率

嘉善县海绵城市建设指标体系　　　　　　　　　　　表 5-5

类别	指标名称	现状	2025 年	2030 年	2035 年	指标属性
水生态	年径流总量控制率	≥ 70%（14.1% 面积达标）	≥ 70%（30% 面积达标）	≥ 70%（50% 面积达标）	≥ 75%（50% 以上面积达标）	约束性
	生活生态岸线比例	70%	≥ 80%	≥ 85%	≥ 90%	约束性
水环境	年径流污染控制率	≥ 45%（以 SS 计，14.1% 面积达标）	≥ 45%（以 SS 计，30% 面积达标）	≥ 45%（以 SS 计，50% 面积达标）	≥ 45%（以 SS 计，50% 以上面积达标）	约束性
	地表水环境质量	Ⅱ ~ Ⅲ类	Ⅱ ~ Ⅲ类	Ⅱ ~ Ⅲ类	Ⅱ ~ Ⅲ类	约束性
	水功能区达标率	100%	100%	100%	100%	约束性
	地下水监测点位水质	—	不劣于《地下水质量标准》Ⅲ类	不劣于《地下水质量标准》Ⅲ类	不劣于《地下水质量标准》Ⅲ类，部分优于Ⅲ类	约束性
	城乡污水处理率	城镇 93.3%农村 87.4%	城镇 ≥ 98%农村 ≥ 95%	≥ 99%	≥ 99%	约束性
水资源	再生水利用率	—	≥ 20%	≥ 22%	≥ 25%	鼓励性
	雨水资源利用率	—	≥ 2%（局部试点）	≥ 5%（集中新、改建区域）	≥ 5%（集中新、改建区域）	鼓励性

续表

类别	指标名称	现状	2025 年	2030 年	2035 年	指标属性
水安全	防洪标准	20~50 年一遇	中心城区和祥符荡科创绿谷全面达到 50 年一遇，其他地区基本达到 50 年一遇	中心城区和祥符荡科创绿谷基本达到 100 年一遇，其他地区基本达到 50 年一遇	中心城区和祥符荡科创绿谷全面达到 100 年一遇，其他地区全面达到 50 年一遇	预期性
	除涝标准	10 年一遇	基本达到 20 年一遇	基本达到 20 年一遇	全面达到 20 年一遇	预期性
	雨水管渠设计重现期	低于 3 年一遇	主城与启动区基本达到 3 年一遇	主城与启动区全面达到 3 年一遇，其他地区基本达到 3 年一遇	全面达到 3 年一遇	约束性
	内涝防治标准	低于 20 年一遇	基本达到 20 年一遇（雨量 240mm/24h）	全面达到 20 年一遇（雨量 240mm/24h）	基本达到 50 年一遇（雨量 240mm/24h）	约束性
生态空间	生态保护红线规模	—	≥ 8.2km²	≥ 8.2km²	≥ 8.2km²	约束性
	河湖水面率	13.51%	≥ 13.77%	稳中有升	稳中有升	约束性
	城市热岛效应	—	有所缓解	较为缓解	基本缓解	鼓励性
智慧管理及显示度	海绵城市网格化管理覆盖度	—	50%	70%	100%	鼓励性
	智慧海绵城市系统建设进程	—	30%	40%	50%	鼓励性
	连片示范效应	—	15% 面积连片示范	25% 面积连片示范	25% 以上面积连片示范	约束性

绿自然生态空间格局，保护与修复湖泊、河流、林地等重要生态敏感区，巩固嘉善县良好的生态基底，助力生态功能修复。在水环境方面，控制区域点源、面源和城市面源污染，构建良好的水环境系统，持续改善人居环境。在水资源方面，让城市弹性地应对水资源短缺风险，蓄存雨水资源，多样利用城市水资源。

（4）海绵城市建设分区指引

规划采用 GIS 技术与层次分析法相结合的方式，建立生态敏感度评价指标体系，在此基础上对嘉善县进行生态敏感度的综合评价并进行水生态敏感区的划分，见图 5–32。

在识别嘉善县山、水、林、田、湖等生态本底条件进行生态敏感性分析的基础上，提出海绵城市的自然生态空间格局，明确保护与修复要求；在此基础上明确嘉善县建设用地海绵城市建设总体格局，针对现状问题，划定海绵城市建设分区，提出建设指引，并提出构建"双核五轴、两片区、多节点"的县域海绵城市建设格局。

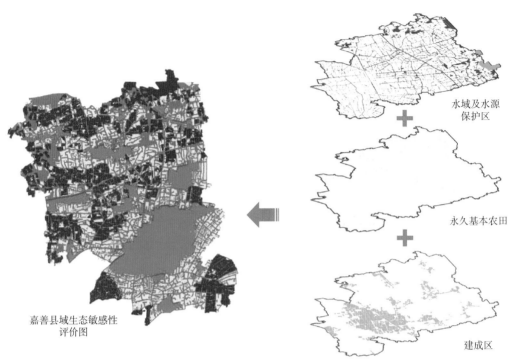

嘉善县域生态敏感性
评价图

水域及水源
保护区

永久基本农田

建成区

图 5-32 嘉善县生态敏感性分析评估

（5）海绵城市建设管控要求

根据雨水径流量和径流污染控制的要求，将雨水年径流总量控制率目标进行分解，规划区分解到排水分区，并提出整体采用"自上而下定目标，自下而上核指标"的管控思路和管控要求。

对嘉善县全域进行海绵管控单元区域划分，见图 5-33。

（6）近期建设规划

基于"主城改造 + 新城开发 + 重点片区建设"的海绵城市近期建设思路，明确近期海绵城市建设重点区域，提出分期建设要求，梳理嘉善县海绵城市建设项目库。

4. 特色与创新

（1）指标务实理性

针对嘉善县水资源、水安全、水环境、水生态等方面现状问题，结合全域海绵城市建设契机，提出因地制宜建设的指标体系，作为实现海绵理念的重要抓手，在长三角生态绿色一体化发展的总体要求下，结合浙江省、嘉兴市海绵城市建设指引，形成了 6 类、19 项指标，涵盖海绵城市建设管控全方位、全过程，创新提出生态空间和智慧管理及显示度指标。嘉善县四级指标分解管控见图 5-34。

图 5-33　二级管控分区年径流总量控制率示意图

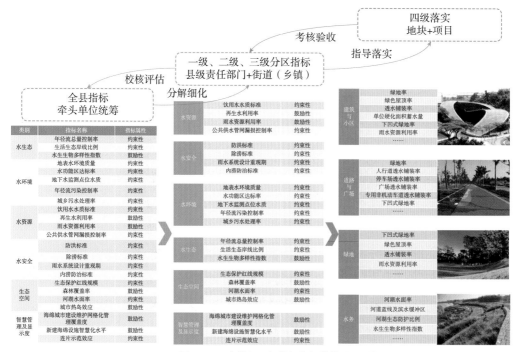

图 5-34　嘉善县四级指标分解管控

（2）管控清晰简明

嘉善县海绵城市建设管控主要分为三个层次，由县级主管部门统筹管控总体指标，向下进一步分解指标；由各乡镇（街道）主管部门负责对指标进行落实与协调，并核算反馈至县级主管部门；由项目建设审批部门按照指标体系审批单个项目建设，并报上级主管部门审核。秉承"自上而下定目标，自下而上核指标"的总体思路，将指标作为管控的基本约束要素，制定相应管控指标体系（图5-35），并将指标体系进行全面分解和责任落实。

（3）方案系统完备

进行了海绵城市格局规划，以大格局为蓝图，从"四水"落实区域海绵城市建设重点，通过建筑小区、道路广场、公园绿地等不同下垫面类型进行源头蓄滞消纳，通过湖泊调蓄、管网耦合形成两网统筹，最后通过湿地与末端外排进行末端净化与蓄滞，打造降雨径流全过程控制系统。

（4）技术方法科学

采用了GIS、水力模型、CFD城市数字模型等多种技术手段，提高规划的科学性、前瞻性和可实施性。

1）水安全是城市建设的基础。通过GIS对规划区域进行水文分析，综合运用MIKE URBAN、MIKE11以及MIKE21模型模拟城市行洪排涝，为城市竖向、水利除涝、市政排水等方案规划提供指引，构建合理的城市防洪除涝、排水防涝体系。

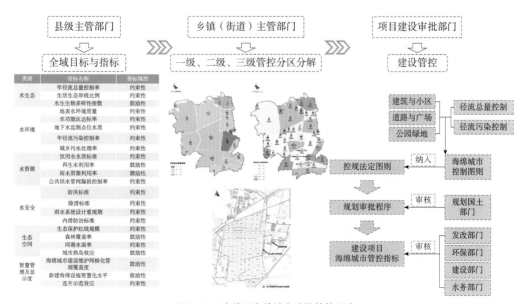

图5-35　嘉善县海绵城市建设管控思路

2）规划通过多级海绵系统串联，覆盖降雨至排放全过程，实现规划区域年径流总量控制与年径流污染控制目标。通过 InfoWorks ICM 模拟降雨、下渗、汇流、出流等水文过程，基于模型模拟结果分析评估径流总量控制与径流污染控制效果，量化评价并修正完善海绵城市建设方案。

3）合理有序的生态空间布局是缓解城市热岛效应的重要方式。通过建立规划区域 CFD（Computational Fluid Dynamics）城市数字模型，运用流体力学计算得出城市在不同建设条件下的区域温度分布情况，分析城市热岛效应。

5. 实施效果

（1）规划成果应用

2020 年 3 月，海绵城市规划修编列入新一轮国土空间规划编制确定了"1+6+66+*N*"规划体系。2020 年 9 月，海绵城市规划修编列入县规划办（县发改局）制定的嘉善县2021 年规划编制计划。规划于 2021 年 11 月 4 日通过县规划办组织的专家评审，2022 年12 月 6 日在县政府网站完成社会公示。

图 5-36　伍子塘文化绿廊中的海绵设施
（*a*）旱溪；（*b*）多级生态处理驳岸；（*c*）桥面立管断接；（*d*）植被缓冲带

（2）已建或在建海绵项目

结合近期建设实施方案，嘉善县实施了多项落地性海绵城市类项目，其中伍子塘文化绿廊（南城河至白水塘段）获评全国 2023 年海绵城市示范性工程项目（图 5-36），嘉善技师学院筹建工程、白水塘南岸滨河景观工程（钟家港 – 嘉善大道）两个项目入选浙江省 2024 年海绵城市示范性工程备选项目清单。

5.3　片区级系统方案案例

5.3.1　上海临港试点区海绵城市建设系统方案

1. 项目概况

上海市于 2016 年 4 月成功申报了第二批海绵城市试点城市，试点区域为临港地区。临港试点区的芦潮港社区、物流园区等老城区存在易涝、水体污染及生态破坏、用地局促紧张等特征。同时，临港地区滨海临湖，湿地宽广，总体呈现出上海"三高一低""水质型缺水"等特点。海绵城市建设是一项系统工程，为避免盲目打补丁、碎片化的项目建设，需科学合理地将海绵城市理念与城市发展战略、地区规划和建设管控有效结合，从而落实海绵城市各项建设要求，并起到指导近期项目建设和远期城市发展引领的示范效果。

规划范围为临港试点区，规划面积约 79.08km^2，见图 5-37。

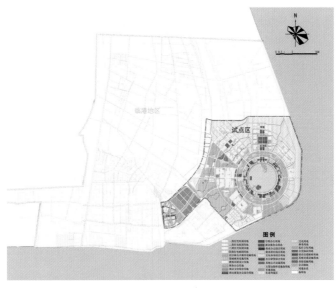

图 5-37　临港试点区海绵城市规划范围
（来源：《上海临港试点区海绵城市专项规划》）

规划基准年为 2016 年，近期到 2018 年，远期到 2035 年。

2. 规划思路

临港试点区的海绵城市建设，以滴水湖水质提升和内涝防治为核心，新城以目标为导向，老城以问题为导向，重点突出城市建设管理中的海绵管控。

理清试点区生态空间格局，严格保护水系、绿地等大海绵体，构建蓝绿交织、水城共融的生态城市，打通行泄通道，留足调蓄空间，控制水文竖向，全方位保障城市排水安全。在开发建设过程中，精细管控地块、道路等小海绵体，通过控源截污、生态修复等措施，杜绝点源污染，减少面源污染，全流程保护城市水体环境。试点区通过长期管控、近期修补结合，合理布局，综合保障，全面建成符合海绵城市理念的生态之城，技术路线见图 5-38。

图 5-38 临港试点区海绵城市建设技术路线

3. 规划方案

（1）规划目标指标

到规划期末，规划区内全面实现"5 年一遇降雨不积水、100 年一遇降雨不内涝、水体不黑臭、热岛有缓解"总体目标要求。分别从水安全、水生态、水环境、水资源方面考虑，制定临港试点区海绵城市建设指标体系（表 5-6），长期指导临港试点区海绵城市建设。

临港试点区海绵城市建设指标体系		表 5-6
指标要求		指标值
年径流总量（控制率 / 毫米数）		80%/26.87mm
水生态	生态岸线恢复率（适宜改造的"三面光"岸线基本得到改造，恢复河道水系生态功能）	80%
	天然水域面积保持程度（试点区域内的河湖、湿地、塘洼等面积与试点区域面积的比值）	11%
水环境	地表水体水质达标率（试点区域内水质监测断面总个数之比。达标标准：监测断面位于水功能区内的，水质达到国务院批复的全国重要水功能区水质标准；监测断面不在水功能区内的，水质不得劣于试点之前水质，且不得出现黑臭水体）	85%
	初雨污染控制（以悬浮物 TSS 计）	80%
水资源	雨水资源利用率（雨水资源利用量与多年平均降雨量的比值，及雨水利用量可替换自来水量或比例）	≥ 5%
水灾害治理	防洪标准	200 年一遇高潮位加 12 级风
	防洪堤达标率	100%
	内涝防治标准	100 年一遇

（2）划分汇水分区

针对平原河网汇水区水陆不联动导致精度较低的问题，基于多情景极小流速统计分析，耦合水陆空间、河网流态和开发强度，统筹分析地区水利分片、地形地貌特征、排水管网布局、河网分布、流态和开发建设时序等因素，基于具有城镇内涝防治系统模拟功能的二维水动力模型，首次提出平原河网子流域—汇水区两级分区技术。根据典型降雨工况模拟，分析得到流速极小点，划分了 11 个汇水区（见图 5-39）。结合临港试点区的雨量监测站监测数据，筛选出 118 场降雨，计算各汇水区产流量 Q_{1i}（i=1~7，下同），

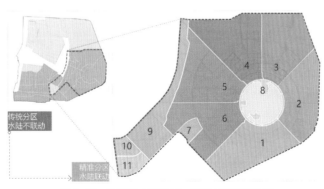

图 5-39　临港试点区流域—子汇水区两级分区

统计每场降雨下沿滴水湖布置的 7 个河道监测站监测到的进入滴水湖总流量 Q_{2i}，计算经射河入湖水量百分比 $\eta_i = Q_{2i}/Q_{1i}$，模型模拟结果与实际监测结果对比，汇水区精确度为 85%~95%。

（3）生态空间管控

综合考虑试点区规划生态资源要素分布、用地生态敏感性、内涝风险及地形标高，形成"一核－两环－六楔－多片"的海绵城市自然生态空间格局。滴水湖"一核"为试点区重要的生态敏感核，生态环境较为脆弱，规划加强环湖 80m 绿地低影响开发的同时，注重城市功能与雨水系统净化、滞纳、蓄积的综合效应。环湖一路—滴水湖岸线之间"两环"，临近滴水湖，是滴水湖最后一道屏障，应发挥调蓄和生态净化作用。楔形绿地"六楔"是地块雨水径流汇水的主要流向区域，也将是试点区范围内面积最大的生态区和集水区，将径流收集后集中排入附近绿地，充分发挥绿地的"渗、滞、蓄、净、用"等功能，减轻地块消纳雨水径流量及净化初雨径流污染的压力。试点区范围内主要的集中建设空间"多片"，依靠"蓄、净、用、排"手段达到区内雨水径流充分消纳，见图 5-40。

（4）径流总量控制

综合考虑试点区现状年径流总量控制率情况和规划建设情况，将指标分解至各海绵管控单元，近期进一步分解至控制性详细规划的地块中。已建地块主要通过系统工程提

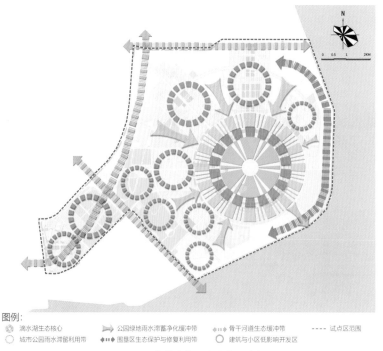

图例：
滴水湖生态核心   公园绿地雨水滞蓄净化缓冲带   骨干河道生态缓冲带   试点区范围
城市公园雨水滞留利用带   围垦区生态保护与修复利用带   建筑与小区低影响开发区

图 5-40　临港试点区生态格局分析

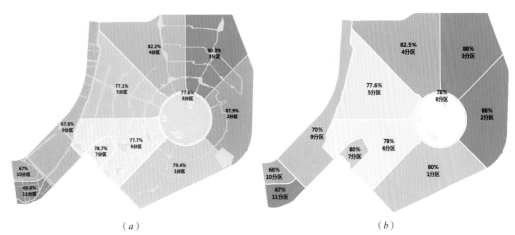

图 5-41　临港试点区海绵管控单元规划年径流总量控制率分解示意图
（*a*）近期 2018 年；（*b*）远期 2035 年

标，新建和改建地块根据管控指标开发建设，区域平衡，确保整体在近远期均达到年径流总量控制率 80% 的规划目标，见图 5-41。

（5）系统方案规划

1）建设管控保水质

由于试点区近远期引水路径的不同，试点区水质保障方案也有所区别。近期，通过地块低影响开发、雨污混接改造、污染源清退等措施实现源头削减；通过管道疏通、排口生态化处理、河道生态修复和人工湿地净化等措施实现过程净化；通过对滴水湖的生态整治和生态补水等措施实现系统治理，确保区域河道水质达标，保障滴水湖水质，见图 5-42。

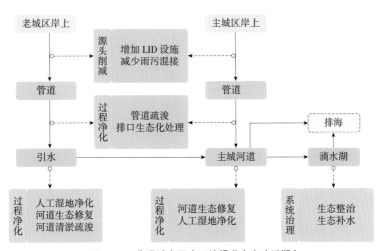

图 5-42　临港试点区水环境提升方案（近期）

远期，通过地块规划管控和低影响开发实现源头削减；通过环湖闸坝、人工湿地净化等措施实现过程控制；通过对滴水湖的生态整治、生态补水等实现系统治理，确保河湖水质稳定达标，见图5-43。

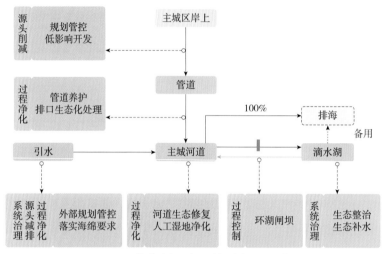

图5-43　临港试点区水环境提升方案（远期）

2）理清格局保安全

通过构建源头减排、排水管渠、排涝除险、应急管理四大系统，全面实现水安全保障总体目标。

近期，保持现状候潮开闸排涝模式，通过地块低影响开发实现源头径流总量和峰值削减；通过管网优化、积水点整治、局部行泄通道建设实现水安全过程控制；通过新开河道对河道水位进行调控以及优化滴水湖调度等措施实现水安全系统提升，见图5-44。

图5-44　临港试点区水安全保障方案（近期）

远期，采用排海泵强排排涝模式，通过地块规划管控实现源头径流总量和峰值削减；通过区域大行泄通道建设实现水安全过程控制；通过新增排海泵及区域竖向控制等措施实现水安全系统提升，见图 5-45。

图 5-45　临港试点区水安全保障方案（远期）

3）遵循自然保生态

根据上位规划确定的海绵城市建设目标，充分分析现状，确定临港试点区水生态修复目标为：至试点期末（2018 年），试点范围内河面率和生态岸线能够得到合理修复与保护，年径流总量控制率达到 80%，临港试点区能够实现水生态环境的持续稳定改善。年径流总量的控制，通过对已建区源头径流控制、待建区规划指标管控的措施达到。生态岸线的恢复，通过生态岸线建设、滨岸缓冲带建设等措施达到。

4）循环利用保资源

地块项目通过建设调蓄池、雨水桶及贮水舱等设施，对雨水进行收集和处理，雨后用于地块内部小区绿化、集中绿地、河道坡面绿化等的浇洒及灌溉，实现雨水的资源化利用。此外，通过开展主城区河道水资源平衡计算，河道收集的雨水有 559 万 m³ 经过海绵设施净化处理后排入滴水湖对其进行生态补水，满足雨水资源化利用率的要求。

4. 特色与创新

（1）突出核心内容全面，规划系统性强

统筹新建区以目标为导向、已建区以问题为导向的原则，围绕滴水湖水环境提升为核心，综合兼顾区域水生态构建、水安全保障和水资源拓展等方面。四个水方面均在充分调研本底的基础上，分析现状问题，并提出系统解决方案；项目安排时统筹考虑多方面作用，最大限度发挥项目效果；同时注重与相关规划的衔接、机制制度等保障措施的提出，为方案的具体落实提供保障。

（2）以工程建设要求对规划方案充分论证

规划中以工程建设要求充分论证了项目实施的必要性和建设的可行性，尤其是在老城区，充分结合老旧小区的雨污混接、道路积水、停车区域破损、底层有餐饮等问题和特点，因地制宜地提出了海绵城市建设指标要求，并结合区域情况提出适用的海绵设施，为项目落地提供了充分的保障。

（3）创新多项技术保障系统方案编制落地

针对平原河网特点，创新提出平原河网子流域—汇水区两级分区技术、开放空间滞蓄行泄技术、雨后水质快速恢复的净水生态系统构建技术。平原河网子流域—汇水区两级分区技术应用在试点区汇水区划分中，使划分精度达到85%~95%；开放空间滞蓄行泄技术应用于芦茂路、沪城环路、美人蕉路等海绵化改造中，使片区在不改造道路的基础上达到100年一遇内涝防治设计标准要求；雨后水质快速恢复的净水生态系统构建技术应用于电机学院、沪城环路等海绵化改造中。

5. 实施效果

本次规划成果主要用于指导临港试点区海绵城市建设，并已通过上海市人民政府批复（《关于同意〈上海临港试点区海绵城市专项规划〉的批复》沪府规〔2017〕57号）。规划确定的海绵型公园与绿地、海绵型建筑与小区、海绵型道路与广场、内涝治理、管网建设、雨水收集利用、水系整治与生态修复、污水处理厂提标、能力提升等233个项目（含建设工程197个，研究类项目36个），总投资约76.47亿元。试点区所有项目均已完成，所有汇水分区均达到了海绵城市建设要求，顺利通过三部委联合验收。建成后效果见图5-46。

（a）

（b）

（c）

图5-46　临港试点区海绵化改造工程改造后实景图
（a）芦茂路片区；（b）电机学院；（c）沪城环路

5.3.2　上海松江区华阳湖片区海绵城市系统方案

1. 项目概况

2024年,《上海市市政府办公厅关于印发〈本市系统化全域推进海绵城市建设的实施意见〉的通知》(沪府办发〔2024〕3号),要求各区聚焦重点区域,编制海绵城市系统方案,明确建设项目。《上海市海绵城市专项规划（2016—2035年）》选定海绵城市近期建设试点区域64片,其中松江区南部新城为上海市划定的近期建设试点区域之一,华阳湖片区为南部新城海绵城市建设核心区域。为充分落实上位规划指引,深入践行海绵城市建设理念,亟需编制《松江区华阳湖片区海绵城市系统方案》对区域海绵城市建设方案、建设规模、建设方法等进行具体指导。

《松江区华阳湖片区海绵城市系统方案》编制范围为松江区华阳湖片区,片区面积136.72hm²。

规划期限2024—2035年,其中现状基准年为2023年,近期至2028年。

2. 规划思路

松江区华阳湖片区为新建区域,以目标为导向开展海绵城市建设工作,秉承"系统"思维,在片区开发建设过程中,以"水安全、水资源、水环境、水生态"为四个基本维度,综合考量与海绵城市相关的各系统。

结合松江区华阳湖片区本底条件及海绵城市建设特点,以片区优良的河湖绿地生态条件为依托,将海绵城市建设与华阳湖片区生态、景观格局有机融合,进一步拓展海绵空间格局,统筹片区各个系统,以海绵系统方案间的协同整合为核心思路,从建筑小区、公园绿地、道路广场、河湖水系、排水防涝、雨水资源化利用六个方面,构建海绵城市系统方案,系统化全面化推动全域海绵城市建设,项目技术路线见图5-47。

3. 规划方案

（1）规划目标及指标

片区海绵城市建设总体目标明确如下:

1）水安全方面:小雨不积水,大雨不内涝,暴雨不伤亡。

2）水资源方面:稳定并优化城市供水格局,加强对水资源的利用。

3）水环境方面:城市雨污水系统对水环境质量的影响得到有效控制。

4）水生态方面:城市河湖水系恢复生态功能,提供良好的生态栖息场所。

基于已有上位规划指标体系分析,结合华阳湖片区现状条件,明确松江区华阳湖片区海绵城市建设4大类、11项指标,构建华阳湖片区海绵城市系统方案指标体系,

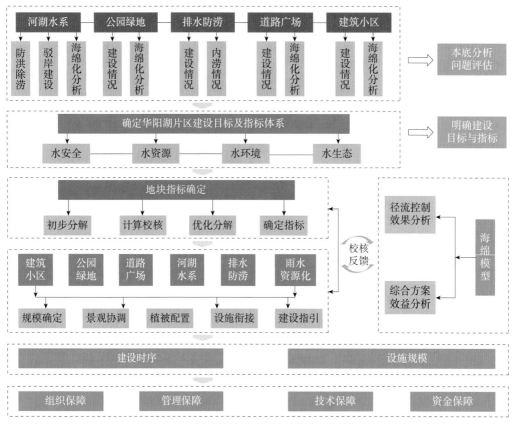

图 5-47 华阳湖片区海绵城市系统方案技术路线

作为实现片区开发中融入海绵城市理念，系统化建设海绵城市的重要抓手，指标体系见表 5-7。

华阳湖片区海绵城市建设指标体系   表 5-7

类别	指标名称	现状	2028 年	2035 年
水生态	年径流总量控制率	68.4% （包括现状非建设用地）	≥85% （30% 面积达标）	≥85%
	河湖水面率	8.55%	≥8.55%	≥20.23%
	河湖（镇村）生态防护比例	约81%	≥81% （圩内河道）	≥90% （圩内河道）
水环境	重要水功能区水质达标率	国考、市考 断面 100%	≥95%（国考、市考 断面 100%）	100%
	年径流污染控制率	39.1%	≥60% （以 SS 计） （30% 面积达标）	≥60% （以 SS 计）
	城镇污水处理率	95.4% （松江区）	≥99%	100%

续表

类别	指标名称	现状	2028 年	2035 年
水资源	雨水资源利用率	—	局部试点	≥ 2%
水安全	城市防洪标准	松江区不足 50 年一遇	区域防洪达到 50 年一遇	区域防洪达到 50 年一遇
	雨水系统设计重现期	1 年一遇	5 年一遇	5 年一遇
	区域除涝标准	尚未达到 20 年一遇	20 年一遇	20 年一遇
	内涝防治标准	<30 年一遇	50 年一遇	100 年一遇

（2）系统方案

1）径流补偿布局方案

基于海绵城市径流补偿总体思路，从实际情况出发，构建系统与系统之间相互协同的复合系统。在具体指标分解中，开发强度高的建筑小区及道路地块建设标准适当降低，相应提高其周边绿地地块的建设标准，并通过工程措施实现径流的补偿消纳（图 5-48 和图 5-49），最终实现整个片区的达标平衡。

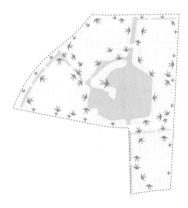

图 5-48　径流补偿总体布局示意图

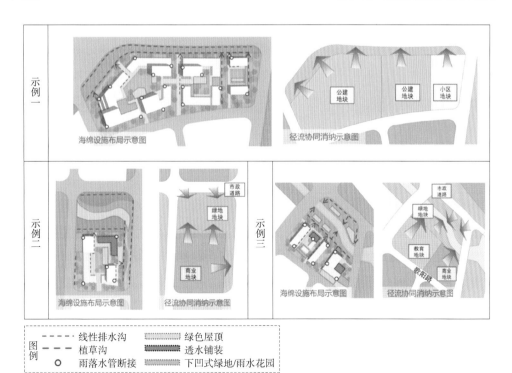

图 5-49　径流补偿单元布局示例

2）系统方案建设项目库

根据规划区内各地块海绵城市建设指标，计算并确定海绵城市设施建设类型及规模，对公共海绵城市设施进行布局，明确水生态保护、水安全保障、水环境提升、非常规水资源利用系统方案，尤其是建筑小区、公园绿地、道路广场、水务、排水防涝、雨水资源化利用等方面的项目建设方案。

拟定海绵城市系统方案建设项目库示例，见表5-8。

海绵城市系统方案建设项目库示例　　　　　表 5-8

系统类型	地块编号	地块面积（m²）	建设类型	绿色屋顶		透水铺装		下凹式绿地		雨水桶建设数量（个）
				占屋顶比例	建设面积（m²）	占铺装比例	建设面积（m²）	占绿地比例	建设面积（m²）	
建筑与小区	C18-20-03	7577	新建	35%	928	70%	1591	15%	398	0
	C18-20-02	22742	新建	35%	2786	70%	4776	15%	1194	0
	C18-07-04	27797	新建	0	0	70%	5837	10%	973	64
	C18-10a-04	7199	新建	0	0	70%	1512	10%	252	16
绿地	C18-08b-01	3414	新建	50%	85	50%	427	10%	239	—
	C18-19c-03	3542	新建	50%	89	50%	443	12%	298	—
	C18-08a-03	3591	新建	50%	90	50%	449	12%	302	—
道路与广场	S1-70-5	35271	改建	—	—	5%	1499	0%	0	—
	S1-69-2	4087	新建	—	—	10%	347	0%	0	—

水务	河道名称	河道长度（km）	河道建设类型	生态岸线建设	
				规划生态防护比例	新建生态岸线（km）
	官绍一号河	0.61	新建	100%	1.22
	小官绍塘	0.37	新建	100%	0.74

3）建设管控图则

为了保障项目建设的有效性和可行性，提出低影响开发设施选用及建设指引、系统化海绵城市建设竖向管控指引、径流组织管控指引、图则管控指引等，见图5-50。

4. 特色与创新

（1）打破海绵城市四大系统壁垒，提出系统间径流补偿策略

本方案打破传统建筑小区、绿地、道路广场、水务四大系统内部各自达标的单一思维，从实际情况出发，构建系统与系统之间相互协同的复合系统。该复合系统充分应用周边公园、绿地、水系等海绵骨干系统的径流控制能力，发挥系统协同优势，提高其建

图例

S1	透水铺装	T1	湿塘	J3	雨水湿地	Q2	底泥治理
S2	绿色屋顶	T2	蓄水设施	J4	植被缓冲带	Q4	生态堤岸
S3	下凹式绿地	T3	雨水罐	J5	生态浮岛		
S6	透水路面	J1	初雨弃流设施	P1	植草沟		

图 5-50　华阳湖片区某街坊地块及周边道路海绵城市建设图则

设标准，对周边难以达标的地块进行区域达标补偿，提高建筑小区及道路系统海绵城市建设目标可达性，实现整个区域的动态平衡。

（2）"源头减排 – 过程控制"系统耦合，有效衔接海绵设施与雨水管网系统

规划将海绵设施与雨水管网进行有机衔接，见图 5-51。通过优化场地竖向设计，充分利用植草沟、线性排水沟等地表导流设施或透水铺装等场地促渗措施转输雨水至海绵设施或碎石层滞蓄、净化，同时将海绵设施与雨水管网系统进行耦合衔接，超出海绵设施存蓄能力的径流溢流至雨水管网。此外，临河地块通过场地竖向控制，形成坡向河道的总体竖向趋势，引导场地雨水径流经海绵设施处理后就近排入河道，降低管网压力，削减径流污染。

这种将海绵设施与雨水管网进行衔接的建设方式，一方面可以以地表流的形式协同增强传统雨水管网排水能力，提升城市水安全；另一方面可以充分发挥海绵设施的雨水净化作用，降低入河污染物总量，改善城市水环境，具有绿色低碳的示范意义。中小雨时，该系统可发挥雨水净化和径流削减作用；大雨、暴雨和超标暴雨情境下，可提供径流的滞蓄空间和行泄廊道；针对超标暴雨情境，可通过在内涝积水风险路段或点位建设内涝积水的调蓄处置设施，或引导涝水通过地表径流的形式排入下游河湖水系，降低内涝风险。

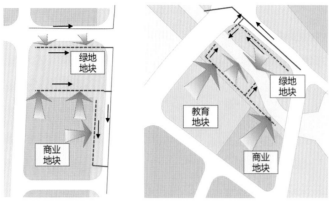

图 5-51　华阳湖片区海绵设施与雨水管网衔接示意图

5. 实施效果

　　方案对指导华阳湖片区海绵城市建设具有重要作用，将海绵城市建设理念融入片区开发建设的全过程。规划成果中相关指标要求可作为片区海绵城市建设的重要依据及技术参考，并纳入地块出让条件。海绵城市实施效果见图 5-52。

（a）　　　　　　　　　　　　　　　　　　（b）

图 5-52　华阳湖片区海绵城市建设实景图
（a）透水铺装海绵建设图；（b）生态化驳岸海绵建设图

5.3.3　厦门翔安新城鼓锣公园片区海绵城市系统方案

1. 项目概况

　　厦门翔安新城鼓锣流域位于厦门翔安新城海绵城市试点区核心区，总面积 168hm²，属于新城开发建设片区。本工程鼓锣公园水系下游段河道公园建设及末端工程作为海绵城市试点片区的示范工程，将片区打造成了具有海绵城市效果的集中连片的区域，探索了"先梳山理水，再造地营城"的中国传统城市规划理念在海绵新城开发建设中的实践。

本工程范围被市政道路分隔，共分为 10 个地块（图 5-53），总占地面积约 19.3hm²，其中水体面积约 7.5hm²，绿地面积约 11.8hm²，工程范围内水系汇水面积 1.28km²，于2018 年 6 月底完工，项目建设总投资 10132.11 万元。

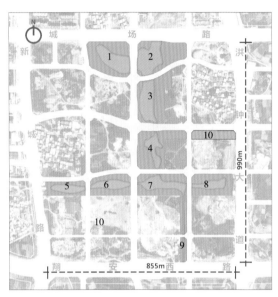

图 5-53　鼓锣水系海绵城市建设工程范围图

翔安新城开发建设前，没有编制相关的水系规划、河道整治规划等，导致城市建设过程中旧有天然的河道格局被修改、被破坏。原有鼓锣水系下游段存在着水量不足、水质不达标等种种生态恶化的问题，在水安全上也无法达到上位规划要求；原始连通的水系慢慢断流、缺少连通（图 5-54），未能形成线状和网状结构，无法承担起作为城市海绵体的骨架功能。

本工程建成后将助力鼓锣水系实现 50 年一遇防洪标准，本工程绿地系统达到 90% 的年径流总量控制率目标，生态岸线率达到 90% 以上，年径流污染削减率达到 70% 以上，水质满足Ⅳ类水要求。

2. 规划思路

（1）前期规划引领，布局顶层

充分发挥规划引领的作用，根据上层规划《翔安鼓锣片区修建性详细规划》中鼓锣水系片区整体建设现状及海绵建设需求分析，将片区内海绵城市建设各要素进行指标分解，识别现存问题，合理确定规划实施后达到的水生态及水环境目标。并在原有径流系数法的基础上展开技术指标分析，运用 SWMM 模型对雨水的流量及污染物进行定量分析（图 5-55），建立模型有利地支持了本工程项目的设计施工。

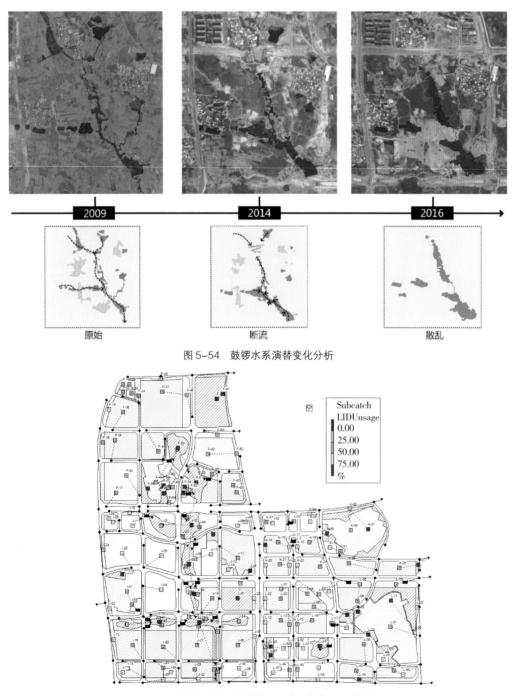

图 5-54　鼓锣水系演替变化分析

图 5-55　鼓锣水系模型范围内各汇水区域的 LID 措施占比

（2）实现理水固林，林水复合

鼓锣流域地处"山地—平原—海湾"的过渡区域，地势起伏、水系丰富，构成得天独厚的生态廊道与山水基底，形成了独具特色的山水微地形格局。本项目保留原始水系天然的雨洪通道及蓄滞空间，在原有基础上恢复并增加水空间，扩展河流及绿地调蓄空间，保证足够的调蓄容积和功能。

在"理水固林"的设计理念中，本工程修复原始绿地，保证植物生态基础，利用滨水绿地空间建设雨水花园、植草沟等雨水调蓄设施，发挥削峰错峰作用，形成新城诠释海绵城市的核心载体，让基地重新复苏，见图 5-56。

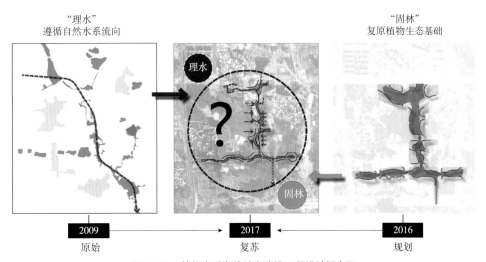

图 5-56　鼓锣水系海绵城市建设工程设计概念图

3. 规划方案

本项目作为海绵试点区公园建设，面临水安全、水环境、水生态等一系列海绵工程指标考核，故滨水绿地除具有传统游憩功能外，还承担雨水净化调蓄等功能。

场地内水系形成主河槽—自然滩涂—雨水湿地的海绵水系统，叠加水位变化形成陆生林带—滨水林地—陆生草地—自然滩涂带的海绵植被系统，形成具有生命力的海绵绿廊生态基底（图 5-57），保障城市的水安全水生态水景观，承担起作为城市海绵体的骨架功能。

本项目建设内容主要包括：

（1）河道及滨水绿地建设工程：结合鼓锣公园下游的建设，生态河道建设长度约 1.2km，调蓄容积 12000m³，建设滨水绿地约 11.8hm²。

（2）末端治理工程：8 处市政雨水管排水口末端改造。

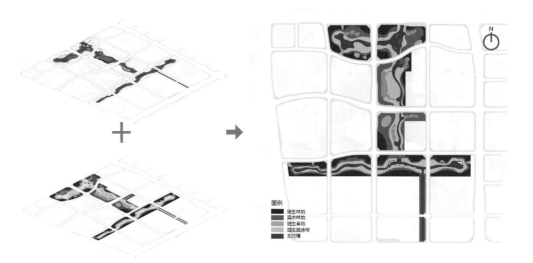

图 5-57　鼓锣水系海绵系统图

本项目设计重点如下：

（1）生态河道，雨洪调蓄

本项目力求规划设计维持场地水文特征不变，保留原始水系天然通道，并在原有水系空间基础上增加水面积及调蓄空间，设计在公园水系内形成上游的可控可调的湖面水系—中部河道纵坡较大的山地河道—中部的持续性平原河道—末端的行洪河道（图 5-58），形成不同景观效果的生态河道雨水廊道，增加调蓄空间 12000m³。

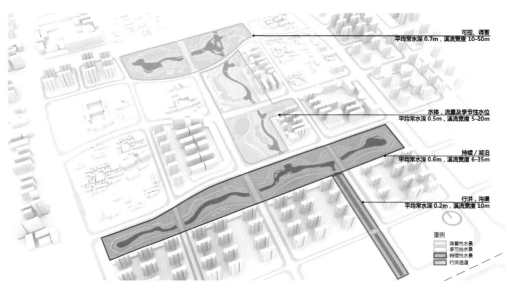

图 5-58　鼓锣水系雨水廊道图

（2）恢复河滩，韧性水岸

本项目设计恢复河道河滩地，全线达到100%生态驳岸，水系滨水区域均形成可淹没区域，打造韧性水岸，见图5-59和图5-60。河滩位置设计生态缓冲带，种植能适应短时的耐淹品种，面源汇集的雨水径流经林灌、草坡草沟过滤后流入河道，面源形成的径流污染也得到了一定程度的净化控制。

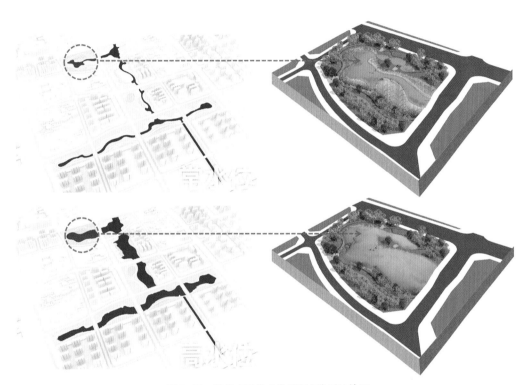

图5-59　鼓锣水系常水位及高水位对比效果

图5-60　鼓锣水系剖面图

（3）末端治理，保障水质

公园绿地内有 8 处市政管网雨水口，直接排入河道中。本项目通过生态化改造，将原本直排的雨水通过调节池的沉淀后进入湿地进行处理后再排入水系，对河道水质有着很好的提升作用。末端处理设施（湿地）运行模式分为雨天、晴天两种模式：雨天时，末端处理设施（湿地）处理雨水排口的径流雨水；晴天时，末端处理设施（湿地）对公园水系内的水进行循环处理，达到活水循环的效果，项目验收后建立水系水质考核方案，保障水系水质达到地表水Ⅳ类标准。

4. 特色与创新

翔安新城鼓锣片区承袭了溪谷型地貌特征，地形高差较大、降雨集中、径流形成速度快，强降雨时坡陡流急，河水突涨，易造成两岸的冲刷，导致河床的不稳定性。枯水季节，水浅岸高，河滩裸露。在韧性水岸的材料选择上，根据水系不同区域的水文特征，选择不同的生态驳岸材料（图 5-61）。上游湖面区选用缓坡入水的生态驳岸，坡比控制在 1∶4 以下，保证河滩缓冲植物带的建设；中部山地河道坡降大，汛期流速大，设计抛石驳岸防冲刷；中部平原段河道局部设计堤路合一及亲水台阶驳岸，保证防洪标高，并结合景观设计台阶驳岸；末端行洪河道设计生态石笼驳岸，此段河道最窄，汛期流量和流速最大，因用地问题选用直立型石笼驳岸，打通行泄通道，各类生态驳岸有机结合，留足调蓄空间，发挥典型示范效应。

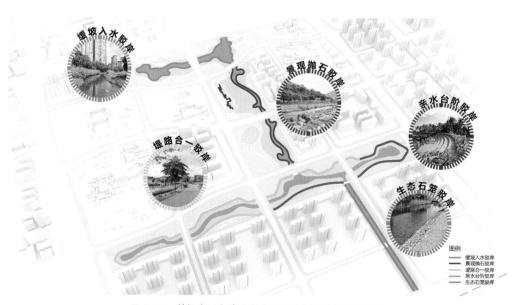

图 5-61　鼓锣水系海绵城市建设工程生态驳岸分类选择

5. 实施效果

本项目着眼于内涝治理及生态河道建设，绿地内随处可见海绵雨水设施，如雨水花园、植草沟、雨水湿地、透水铺装等，并将海绵雨水设施融入景观设计（图 5-62 和图 5-63），设置多个科普讲解点，让游客和周边居民在绿地休闲的同时也能了解到海绵措施的原理和作用，起到深入推广海绵城市概念的积极作用。

项目实施后全面提升了区域的生态环境质量，基本解决了区域存在的水问题，提高了周边居民的幸福感和获得感。

（a）　　　　　　　　　　　　　　　　　（b）

图 5-62　鼓锣水系现场实景

（a）韧性水岸；（b）中心湖区

图 5-63　鼓锣水系航拍

第6章　工程实例

6.1　排水防涝

6.1.1　郑州市排水防涝综合规划

1. 项目概况

郑州市地处中原腹地，北临黄河，西依嵩山，东南为广阔的黄淮平原。地形总体上由西南向东北倾斜，形成高、中、低三个阶梯，由中山、低山、丘陵过渡到平原，山区丘陵与平原分界明显，这种独特自然地貌塑造了郑州市自然生态系统的多样性，现状河湖水面率约为2.78%。郑州市常年平均降水量为640.9mm，由于温带大陆性季风气候的不稳定性和天气系统的多变性，造成年际之间降水量差别很大，郑州市的气候特点造成该地区降雨量偏少且时空分布不均，极易出现干旱，但局部的洪涝灾害几乎年年都有发生。

近年来，郑州市在城市内涝治理过程中持续加大投入、不断完善相关工程体系的建设，但在气候变化危机形势下，城市空间仍然面临较大的排水防涝安全和风险挑战，特别是"7·20"特大暴雨灾害发生后，给城市排水防涝安全带来了诸多警示与启示，因此，亟需全面审视和评估郑州市现状排涝设施建设的情况，构建与郑州城市建设相适应的排水防涝体系。

本次规划范围为郑州市行政辖区，总面积7567km²，重点研究范围为主城区市辖区，面积1239km²。规划期限为2021—2035年，近期至2025年。

2. 规划思路

规划编制遵循体系融合、多维共治思路，构建流域区域洪涝统筹体系、城市排水防涝工程体系和应急管理体系，形成区域洪涝统筹一体、管网河网两网融合、高中低区三区设防、源排蓄管四案并举的"一体、两网、三区、四案"排水防涝规划体系，其中一体是推进区域洪涝统筹一体化，以内涝风险评估为主线，利用排水防涝模型，率定上游水量、下游水位，确定内涝防治系统应对能力；两网是实现管网河网有效衔接和融合，完善雨水管网为载体、城市河网为动脉的两网体系；三区是结合地区竖向分布将防涝片区按高、中、低三区分别设防；四案是多渠道落实源头减排、管网排放、蓄排并举及超标应急方案。

3. 规划方案

规划对主城区现状排水管网能力和内涝风险应对能力进行评估，在国务院调查组"7·20"特大暴雨灾害调查报告的基础上，全面开展管网普查，构建一维管网模型，评估管网能力，主城区现状雨水管渠总长 4030.3km，达标率约 38.8%。耦合河道模型以及二维地表漫流模型，评估内涝风险，在 100 年一遇 24h 设计降雨下，主城区建成区范围内高风险占比约 9.2%。"7·20"特大暴雨灾害期间，受河道水位长时间顶托影响，主城区约 43% 面积严重积水，主要集中于河道中下游及地势低洼等区域，河医片区、京广快速路隧道、阜外医院等受灾严重，评估结果表明：内涝原因主要是洪涝统筹不够、城市防涝系统缺乏韧性、雨水管渠排水能力不足、超标应急设施管理滞后等。

规划强化五类空间管控，见图 6-1。发掘蓝色蓄排空间，利用常庄、尖岗等 7 座水库 9000 万 m^3 蓄洪能力和龙湖等 10 座湖泊约 3800 万 m^3 调蓄能力；利用绿色生态空间，

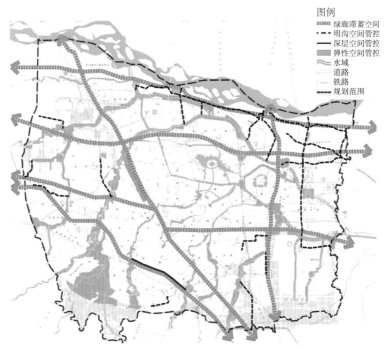

图 6-1　规划空间管控图

统合全域多类重要生态要素，在重要廊道和生态绿心设置蓄滞空间；预留弹性复合空间，留白生态滞蓄空间，控制洪涝风险用地；优化三维竖向空间，加强竖向指引，注重整体控制，结合城市更新，分步有序调整；谋划深层地下空间，展望城市远景发展，探索深层隧道防洪防涝体系，构建城市立体洪涝防治网络。

规划强化洪涝体系统筹，做好规划标准、边界条件、工程方案和运行机制等方面的衔接，总结河道水位和城市区域竖向相对关系，提出"高区自排、中区蓄排、低区强排"的防涝策略。至 2035 年组成"2626"排水防涝综合工程体系，即建设由 200 万 m³ 调蓄容积、约 600m³/s 泵站排放能力、近 200 条地表行泄通道和 6600km 雨水管渠组成的排水防涝综合工程体系（图 6-2），实现主城区 100 年一遇（24h 降雨量 253.5mm）不内涝的规划目标。

规划统筹考虑实际情况和工作安排，制定近期建设计划，至 2025 年，结合易涝点治理、行泄通道、管网补短板、雨污分流等一批重点建设项目，同步开展内涝高风险区治理，在防涝系统、排水管渠及设施、海绵城市、信息化系统等方面投入资金约 288 亿元，实现主城区达到 3~5 年一遇（降雨 41.1~52.7mm/h）不积水，消除严重影响生产生活秩序的易涝积水点，超标降雨下城市生命线功能不丧失的近期目标。

图 6-2 "2626"排水防涝综合工程体系

4. 特色与创新

一是强化规划基础支撑。郑州"7·20"特大暴雨灾害发生后，全面总结郑州市内涝防治问题，依托模型科学评估，加强标准和规划方案研究，构建"31382"规划体系，在以 3 个专题研究为基础、1 个数字模型为支撑、3 个综合规划为统领、8 个专项规划为抓手、2 个实施方案为保障的"31382"规划体系中发挥核心统领作用。规划编制《暴雨强度公式修订及雨型研究》《内涝高风险及重要地区应对方案研究》《特大暴雨下超标应急体系建设研究》三项专题研究，全方位支撑综合规划编制，为暴雨强度公式修订、内涝防治标准制定以及超标降雨下内涝高风险及重要地区应对等提供基础支撑，发布了 4 个暴雨强度公式，更加适应各地地形和气象特点。

二是强化模型支撑。搭建流域区域洪涝统筹治理模型，构建了约 300km 的河道模型、4000km 的现状管网模型、6000km 的规划管网模型、80000 余个网络节点，对系统排水能力和内涝风险进行评估，校核城市内河水位，实现洪涝统筹，为规划方案编制提供精细化模型支撑。

三是强化系统治理。践行排水防涝系统化治理方向转变的新思维模式，构建区域洪涝统筹一体、管网河网两网融合、高中低区三区设防、源排蓄管四案并举的排水防涝综合规划，形成"两大体系统筹、五类空间管控、三级分区设防"的规划实施策略，有效指导"2626"排水防涝综合工程体系建设实施。

5. 实施效果

规划于 2023 年 1 月 29 日获郑州市人民政府批复，并获得河南省 2023 年度优秀城市规划设计一等奖（城市规划编制类）。在规划指导下，《郑州市人民政府办公厅关于印发郑州市城市道路积水点治理工作等 3 项专项方案的通知》已印发实施，《郑州市防范化解城市重大风险之城八区内涝综合防治行动计划》已编制完成，防洪防涝能力提升建设项目正在有序开展。

防洪体系建设方面，贾鲁河流域跨界治理工程是河南省灾后重建的标志性工程已实施；常庄水库加固提升工程重点对水库进行清淤扩容等，设计标准提高到 200 年一遇，保证不下泄，2023 年汛前已完成主体工程；金水河"四位一体"防洪能力提升工程主要包括郭家咀水库恢复加固、金水河调洪、分洪和综合治理等工程，其中郭家咀水库恢复加固工程 2023 年汛前已完成主体工程。其余河道通过疏挖、堤防填筑、边坡防护和卡口整治等一系列工程措施，使河道达到规划防洪标准，保障流域防洪安全。具体工程措施示例见图 6-3 和图 6-4。

常庄水库提升效果图　　　　　　　　　　　　　常庄水库提升实景图

图6-3　贾鲁河郑州段防洪提升工程——常庄水库加固提升

金水河分洪工程建设实景图　　　　　　　　　金水河综合治理工程建设实景图

图6-4　金水河"四位一体"防洪能力提升工程

防涝体系建设方面，郑州市已陆续完成桐柏路、建设路与南三环等城市道路积水点综合治理、现状明沟疏挖、排水管网与雨水泵站提升改造、帝湖等自然调蓄体治理。经过2023年汛期降雨检验，往年易积水位置及常年淤积堵塞的排水明沟经过治理后，周边区域积水退却时间较大缩减，城市防涝能力明显提升，具体工程实例见图6-5和图6-6。

西干渠整治前后对比效果

南三环积水区域治理方案图

南三环整治前后积水对比效果

图6-5　南三环积水点综合治理工程

图6-6　防涝体系治理工程（积水点治理、明沟疏挖、管网改造、泵站提升）

6.1.2　广州黄埔区防洪（潮）及内涝防治规划

1. 项目概况

近年来受极端气候影响，广州市黄埔区面临外江洪（潮）和暴雨内涝的双重威胁，现有的防洪（潮）及内涝防治系统尚存在薄弱环节，如存在外江防洪（潮）堤防未完全达标、河道过流能力不足、排水设施设计标准偏低等问题，现状黄埔区内仍存在165处易涝点、4.5km² 内涝高风险地区。

本规划是以习近平新时代中国特色社会主义思想为指导，全面贯彻党的二十大精神，坚持"节水优先、空间均衡、系统治理、两手发力"的治水思路，坚持人民至上、生命至上，坚持以人民为中心的发展思想，遵循"两个坚持、三个转变"防灾减灾救灾理念，按照统筹"绿、灰、蓝、管"系统治理的方针，构建安全、智慧、多功能的防洪（潮）及内涝防治体系，融合城市发展，推进雨洪综合利用，助力黄埔区打造成为粤港澳大湾区宜居宜业宜游优质生活圈的新型示范区。

本次规划范围为黄埔区行政辖区范围，规划面积484.17km²。规划期限为2021—2035年，分为近、远两期，近期至2025年。

2. 规划思路

规划遵循"山洪不入城、海绵城市、融合发展、系统治理、韧性防御"的理念，通过雨洪综合利用、江堤建设、水库达标加固任务目标，以"十四五"为起点，计划用15年时间完成洪涝防御的提升，构建"两江堤串闸防御洪潮，多区三系统共治内涝"的防洪（潮）排涝格局，形成"坚实稳固、绿色低碳、智慧高效、富有韧性"的高质量防洪（潮）排涝体系，见图6-7。近期主要以问题为导向，防洪问题上重点解决企业段防洪

（潮）缺口，使黄埔城区达到 200 年一遇防洪（潮）标准，完善城市山洪防御系统，实施水库优化调度与山洪截留措施，内涝防治采用"一点一策"消除易涝区存量，新建排涝泵站，提出河道整治、水陂改建等措施，基本建成黄埔全区智慧水利综合应用大平台，初步实现水利业务管理流程数字化全覆盖，支撑水利业务省、市、区三级业务协同。远期主要以目标为导向，流域防洪（潮）能力跃升，达到国内先进水平，300 年一遇潮位不漫顶，内涝防治上标准内降雨消除内涝现象，建立"绿""灰""蓝""管"立体高标准排水防涝体系，完善和提升城市雨水防灾能力，全区水利空天地一体化智能感知网基本建成，平台持续迭代升级，水利业务全面实现数字化，开展智慧化模拟，支撑精准化决策。

图 6-7　黄埔区防洪（潮）排涝格局图

3. 规划方案

（1）防洪（潮）规划

黄埔区外江两岸的堤防和挡潮闸组成了防御南海风暴潮的工程体系，规划按 200 年一遇防洪（潮）标准进行封闭，远期有效抵御 300 年一遇高潮位。

黄埔区流域防洪工程体系包括堤防 66.31km，挡潮闸 23 座。其中，外江堤防存在 6 处企业段未达到 200 年一遇防洪（潮）标准，总长度为 1.8km。规划对 6 处局部问题段进行整治，以实现流域防洪堤防整体闭合。黄埔区堤防多采用直立式或复式结构，其材料多采用浆砌石或混凝土。远期为达到 300 年一遇潮位不漫顶，需加强日常维护，开展结构安全评估，对不满足要求的堤段进行加固，见图 6-8。

1）嘉利码头段。嘉利码头段长约 985m，问题在于现状高程不满足标准，因此需设置 1.3m 高防洪挡板以满足防洪（潮）需求，高程达到 8.94m，形成完整封闭圈，并保证防洪挡板强度。

2）长洲三号涌水闸外河口段。长洲三号涌水闸外河口段长约67m，主要问题为水闸外市政道路高程偏低，本次规划对该道路缺口处加设0.5m高防洪挡板，高程达到8.96m。

3）广州市混凝土有限公司段。广州市混凝土有限公司段长约161m，主要问题为现状高程不满足标准，因此需设置0.75m高防洪挡板以满足防洪（潮）需求，高程达到8.96m。

4）广州穗业混凝土有限公司段。广州穗业混凝土有限公司段长约158m，主要问题为结构存在渗漏，需对堤防进行结构防渗加固。

5）九沙社区段。九沙社区段长约300m，主要问题为结构存在渗漏，需对堤防进行结构防渗加固。

6）鱼珠码头段。鱼珠码头段长约135m，主要问题为现状高程不满足标准，因此需设置1.5m高防洪挡板以满足防洪（潮）需求，高程达到8.94m。

（2）内涝防治规划

骨干河道为基础，结合地形地势、水系布局及雨水管网走向情况，全区划分为14个排涝片。结合片区特点，按"拦山洪、散调蓄、疏通道、强泵排、定竖向"的内涝防治思路，加强绿灰蓝一体化建设，全面消除易涝点，提升城市内涝防治韧性，具体规划方案如下：

1）北部山区。北片山区山城结合部较多，存在山洪入城风险；主要干流比降较大，存不住水；工程体系上，支流未整治段较多，管网覆盖率低，包括凤凰河、平岗河、金坑河、永和河排涝片。主要采取"完善自排、充分调蓄、蓄以待用"的策略。规划新改建山洪沟、水库优化调度减小山洪威胁，提升雨洪综合利用；新建雨水管网与行泄通道提升城区排水能力。

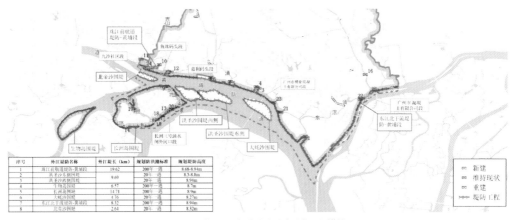

图6-8　黄埔区防洪（潮）规划工程措施图

2）中部半山半城区。中部多为半山半城区，存在较多旧城区，管网排水标准偏低；城区河道过流能力不足、水面率低，河涌出口段沿岸地势低洼，易受潮水顶托，包括南岗河、乌涌、温涌等8个排涝片。主要采取"源头滞蓄、疏通流路、蓄排结合"的策略。规划"拆陂拓卡、调蓄挖潜、径流控制"：通过水陂改造、阻水桥梁整治提升河道过流能力；通过调蓄工程布置和源头海绵城市建设提升城区蓄滞能力。

3）南部河网区。南部多为河网密集区，水系发达，局部地势低洼，易受潮水顶托，包括长洲岛、横沥河排涝片。主要采取"优化水系、以蓄为主"的策略。规划"竖向抬高、局部强排、提标改造"：通过旧改片区竖向抬高、局部地势低洼处雨水泵站强排、雨水管网提标改造综合解决内涝与外潮威胁问题。

本次就14个排涝片区的绿、灰、蓝工程措施开展了具体的规划，具体如下：

1）规划绿色措施。充分利用和挖潜排涝片内调蓄空间，规划新、改建30座调蓄湖作为排涝除险调蓄设施；遭遇百年一遇降雨时，峰值流量过大，需设置雨水调蓄塘或雨水调蓄池等调蓄设施削减雨水峰值流量，规划新、改建公共空间调蓄池（塘）26.71万 m^3；结合排水单元达标，规划对新、改建小区新增源头调蓄设施61.28万 m^3。

2）规划灰色措施。新、改建排水管渠共约853km，全面提升片区排水管网排水能力；在低洼地区增设强排雨水泵站共计15处，保障低洼区域排水安全；结合旧村改造，调整规划竖向共计45处；为应对超标准涝水，加强行泄通道规划，共计新建33条排水箱涵作为行泄通道，规划将18条道路作为承担涝水行泄的通道。

3）规划蓝色措施。按照"重上蓄、强下排、疏通道、截山水"的原则，优化调度水库19宗，新、重建水闸5座，新、重建排涝泵站16座，整治排涝河道66条，新、改建山洪沟171条。

4. 特色与创新

（1）统一目标、统筹规划

充分考虑排水系统和排涝系统互为边界条件，规划研究了能够统筹市政短历时和水利长历时的设计雨型，统一了市政排水标准和水利排涝标准。通过将一维河道、二维地面以及管网模型进行耦合，地表产流、管网汇流以及河道演进更加符合实际情况，见图6-9。

（2）构建全域韧性防御体系

以全域14个排涝片共205个排水单元为研究对象，以一套底图做到底，研究源头、管网、河涌水系及山洪湖库"多对象、多工况、多目标"的精细化城市韧性排水系统规划。

（3）建设智能化防洪排涝体系

充分依托市区两级智慧水务体系及平台建设，通过加强防洪排涝工程智慧化建设，

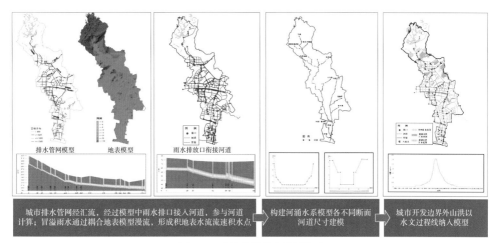

图 6-9　市政水利耦合模型构建

提高洪涝灾害预报预警能力，加快城市洪涝风险滚动预报建设，提升海量数据可视化渲染效率，实现水资源预报调度控制一体化，进一步提高广州市黄埔区防灾减灾综合能力。

（4）兼顾洪涝安全与雨水利用

综合黄埔区城市建设现状需求，统筹城市防洪安全、内涝安全与雨水资源涵养、调蓄、利用，将雨洪灾害转为雨水资源，全面规划黄埔区水库利用、截洪蓄水、河道蓄水、调蓄工程、海绵滞蓄工程等，最大程度提高黄埔区雨水利用率，促进水资源循环利用。见图 6-10。

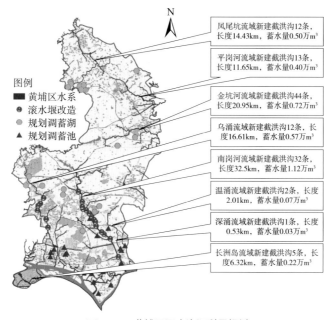

图 6-10　黄埔区雨水资源利用规划

5. 实施效果

本规划形成了一批防洪（潮）及内涝防治相关的海绵工程、排水管渠工程和防洪排涝工程，目前已有部分项目实施完成，如知识城凤凰河生态示范段工程、二中（苏元校区）后山防洪综合治理工程、四清河开发大道至南岗河段河道改造工程、黄埔区扶胥运河连通工程、南岗河排涝片排水管网完善工程等。

随着各类工程的开展，黄埔区防洪（潮）的薄弱环节逐步消除，河道达标率显著提升，城市涝水顺利接入承泄区，形成了较为完善的内涝防治体系，历史水浸点得到有效解决，超标准暴雨防御能力进一步提高。见图 6-11 和图 6-12。

图 6-11　二中（苏元校区）后山防洪综合治理工程实施效果照片

图 6-12　四清河开发大道至南岗河段河道改造工程实施效果照片

6.1.3　南京紫金山－玄武湖水系综合整治方案

1. 项目概况

2022 年 4 月，南京市积极响应国家号召推进南京市系统化全域海绵城市建设，组织编制了《南京市系统化全域推进海绵城市建设示范城市实施方案》，提出实施紫金山－玄武湖流域片区等四大典型片区系统化治理工程，以集中展示南京市系统化全域推进海绵城市建设示范。

紫金山 – 玄武湖流域片区位于南京市主城区环紫金山地带，跨越玄武、秦淮、栖霞三区，实施范围约 73.8km²，见图 6-13。区域人口密集，在早期城市化发展过程中，存在城市建设与山林争地，上游山洪快速下泄，下游受外水顶托，导致洪涝在老城区碰头，因洪致涝风险较大；雨水管网设计标准偏低，河道过流能力不足，城市地面积水时有发生，尤其是近年来极端灾害天气时有发生，导致内涝频发，河道水质恶化，影响城市整体形象。

图 6-13　紫金山 – 玄武湖水系统综合整治项目实施范围示意图

规划目标是通过海绵系统化治理，使城区能有效应对内涝防治标准 50 年一遇降雨（24h 降雨量 292mm），依托湖泊、水库、山塘等联合调蓄提高城市雨洪资源利用率，改善流域水环境，兼顾生态修复及景观提升。

2. 规划思路

依据"源头减排、过程控制、系统治理"原则，以水系流域分区为单元，因地制宜、区域统筹，综合采用"渗、滞、蓄、净、用、排"等技术措施，统筹协调水量与水质、生态与安全、分布与集中、绿色与灰色、景观与功能、岸上与岸下、地上与地下等关系，"蓝、绿、灰"海绵设施相结合，综合提升防洪排涝、水环境治理、水资源利用、生态景观、智慧管理等能力。

（1）水安全保障。构建洪涝统筹、排水防涝、应急处置体系共同保障洪涝安全。针对山洪、内涝、外洪等导致城市内涝频发的问题，统筹河、湖、库、塘、池等设施，上游采取蓄、滞、分，下游疏拓河道、增大外排能力，实现洪涝错峰下泄或高水高排；针对城市现状管网设计标准低、地面积淹水现象，拟通过源头减排、管网及泵站改造、调蓄池建设等，保障城市雨水平稳外排；通过运行调度、应急方案等，建立应急响应及处置体系。

（2）水环境治理。以问题为导向，制定全过程水质提升方案。通过城市更新、海绵改造等，进行源头污染控制；采用管网改造、污水处理厂提质增效，进行过程控制；采用自然调蓄、初雨处理、湿地治理等，进行末端治理；通过生态补水等措施，实现活水提质。

（3）水资源优化利用。结合洪涝调蓄设施、引调水措施，实现水资源综合利用，在现有引调水措施的基础上，统筹山塘、水库、湖泊、调蓄池等设施，利用调蓄净化水体对河湖水系进行生态补水，提高雨洪资源利用率。

（4）水景观提升。依托区域自然山水的格局优势，将自然景观与城市环境有机融合，以低影响开发为整体原则，突出当地历史文化特色，通过合理的功能布局与设施布置，对紫金山－玄武湖片区展开总体景观设计。

（5）智慧水务建设。以现有管理工作为基础，建设南京紫金山－玄武湖流域水系智慧管控系统，接入南京市智慧水务平台，实现对南京紫金山－玄武湖流域水系水环境的日常监测、综合管理、统计分析、科学预测、智能预警、应急处置等功能，提高水务智慧化建设水平。

3. 规划方案

项目范围以水系流域为基础划分为外金川河水系、内秦淮河水系、东南护城河水系、友谊河水系、百水河水系和北十里长沟水系6个治理片区（图6-14），各个片区因地制宜，统筹河、湖、塘、池、管网等，协调水安全、水环境、水资源、水景观、智慧水务建设等，拟定片区海绵系统治理方案。

以友谊河流域为例，介绍分片系统治理方案：

友谊河流域存在山洪、内涝、外水顶托等问题，总体排水压力大，规划方案包括：①在上游新建孝陵卫撇洪通道，新建邮局湖、茶场水塘，改造现状博爱湖，实现上游高水高排、洪涝分治，增大上游滞蓄能力，减轻下游城区排水压力。②中下游友谊河干支流河道、孝陵卫东、西沟清淤疏浚，增加外排能力。③通过调度优化，对友谊河下游河道进行水位预降。④在中山门北大街北侧建设集中式下凹式绿地。⑤结合城市更新，对下游城区老旧小区进行海绵化改造、道路海绵化改造、雨污水管网改造、污水处理厂提质增效等。⑥水资源方面，通过上游茶场水塘、博爱湖、邮局湖等对雨水调蓄，在非汛

图 6-14　紫金山 – 玄武湖水系统综合整治项目范围流域分片示意图

期对下游河道进行生态补水，提高雨洪资源利用。⑦结合湖、库、塘、沟的建设，进行生态护岸治理，增加生物栖息地，提升水岸生态系统的多样性，打造亲水空间，提升整体生态景观效益。

基于以上总体治理思路和原则，紫金山 – 玄武湖流域片区海绵系统治理工程平面布置及分期实施计划如图 6-15 所示。

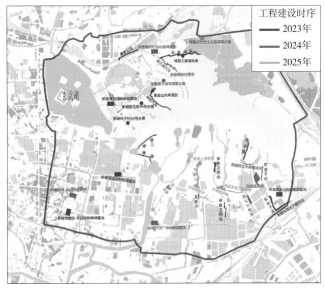

图 6-15　紫金山 – 玄武湖流域片区海绵系统治理工程平面布置及分期示意图

4. 特色与创新

（1）统筹协调山洪、内涝、外洪，保障老城区安全

项目位于南京老城区，实施范围环绕紫金山，中游拥有玄武湖等调蓄水体，下游外排长江，独特的地理位置、地形地貌及排水系统，使其存在山洪与城区内涝遭遇、下游外水顶托、现状河道过水能力难以拓展等特征。项目通过上下游统筹、左右岸联动、"蓝、绿、灰"结合，充分利用"渗、滞、蓄、净、用、排"组合措施，按区域水系整体一盘棋，湖、库、塘、河、沟、管、池等联合调度，统筹协调山洪、内涝、外洪关系，实现山洪与内涝错峰外排，地块涝水分散、错峰蓄排，各项设施功能效益充分发挥，综合保障城区洪涝安全。

（2）系统协调多措并举，实现五水共治

海绵系统治理方案，从水安全、水环境、水资源、水景观、智慧水务建设五个方面综合协调治理；从源头地块、排水管网、调蓄池到受纳水体，从上游山体到城区河道、调蓄湖泊再到外江实现全过程覆盖；采用"渗、滞、蓄、净、用、排"多种组合技术措施；统筹协调水量与水质、生态与安全、地上与地下等关系，充分发挥城市河湖水系、湿地、自然洼地等蓝色空间以及山体、各类城市绿地、河道缓冲带等绿色空间对雨水的渗透和滞蓄功能，与排水管网、泵站等灰色基础设施联合，实现综合效益最大化，从而综合提升防洪排涝能力，提高城市的内涝防治水平和水环境治理水平。

5. 实施效果

紫金山–玄武湖片区海绵系统化治理工程实施后可带来多方面的综合效益，主要包括提高老城区防洪排涝能力、优化水资源利用、改善河湖水环境、提升水生态景观、提高区域综合管理能力、改善紫金山动植物生境、改善城市人居环境等。

（1）在防洪排涝方面，通过上游山洪调蓄、区域洪涝水统筹调度，实现蓄排平衡，使得该流域能够有效应对内涝防治标准 50 年一遇降雨（24h 降雨量 292mm），50 年一遇设计最高水位有所下降，河道过流能力基本满足设计洪水下的行洪需求，可为城区排河涝水预留蓄排空间；通过削峰调蓄池建设，可有效缓解主城区内涝问题，提高老城区内涝防治标准。

（2）在水资源方面，通过新建（或改造）水库、山塘、湖泊等蓄水工程，每年可增加约 33.7 万 m^3 的雨水资源利用量；通过区内水库、山塘、湖泊等水体联合调度，充分激活现有调蓄设施，使得环紫金山地区雨洪资源年利用量可达到 309.4 万 m^3，大幅提高了雨水资源利用率。

（3）在水环境方面，结合防洪排涝及雨洪资源利用，通过初雨收集处理、河湖生态

补水等，可实现河道水质优于 V 类的目标。

　　图6-16~ 图6-18 分别是上游湖库、沟渠、河道建设后生态景观效果示意图。

图6-16　湖库建设效果示意图

图6-17　上游沟渠生态景观提升示意图

图6-18　河道生态景观治理示意图

6.1.4　上海临港美人蕉路片区雨水全过程管控

1. 项目概况

美人蕉路（古棕路—海港大道段）改造区域位于上海市临港新片区滴水湖核心区，区域雨量充沛，年平均降雨量 1200mm。区域四至范围为：西北方向至古棕路，东北方向至夏涟河，东南方向接入海港大道，西南方向为海事小区西区，总汇水面积约 13.1hm²，见图 6-19。本工程重点研究内容包括美人蕉路市政道路，长度约 450m，宽度约 36~45m，面积约 1.88hm²；临港家园海事小区，建成于 2009 年，占地面积约 9.26hm²；临港家园服务站和绿化休闲广场，占地面积约 1.96hm²，绿地面积占比为 84.2%。

根据主城区排水管网分布，美人蕉路片区实行雨污分流制，市政道路和周边地块雨水径流汇入市政雨水管道后，就近排入夏涟河，雨水管网现状排水能力为 1 年一遇。由于主城区内河除涝水位高而美人蕉路标高相对较低，且市政雨水管道现状排水设计标准低，排水能力不足，因此片区存在内涝风险。2018 年 9 月 17 日暴雨中，美人蕉路积水严重，部分路段积水深度达 30cm，退水慢，对交通出行产生不利的影响，亟需开展内涝积水改造。

本项目案例写入了联合国南南合作办公室可持续发展城市报告中，为全球城市发展提供借鉴。

图 6-19　美人蕉路片区海绵化改造区域范围图

2. 设计思路

针对美人蕉路片区内涝积水问题，本次海绵化改造从源头减排、过程控制和系统治理等方面开展，见图 6-20。片区改造方案划分小区、服务站和广场、市政道路三种不同功能区域，从优化汇水分区、源头减排、排水防涝等方面实施。

（1）优化汇水分区：针对临港家园服务站和绿化休闲广场，因其紧靠夏涟河，绿化占比高，可结合源头减排改造，将其雨水径流改排直接入河，实施后美人蕉路汇水面积可减少约 2hm²。

（2）源头减排：针对场地内所有下垫面，采用绿色低影响开发设施，包括雨水花园、人工湿地、透水铺装、绿色屋顶等，建立稳定的生态系统，削减径流峰值和径流污染，实现源头减排。通过源头减排与优化汇水分区相结合，片区雨水排水能力可达到 5 年一遇标准。

（3）排水防涝：针对美人蕉路道路大暴雨极端情况下，新建涝水行泄通道，按照 5 年一遇排水标准设计，可保证 100 年一遇降雨情况下不内涝，在管道不翻建的情况下，实现小雨不积水、大雨不内涝。

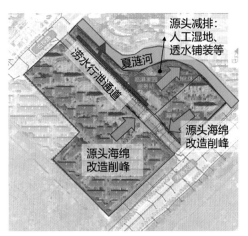

图 6-20　美人蕉路片区雨水全过程管控总体设计思路

3. 设计方案

（1）工程设计目标及规模

根据《临港试点区海绵城市专项规划》，片区指标如下：

1）年径流总量控制率 65%，对应降雨量 16mm，场地现状综合径流系数约为 0.57，雨水径流控制总量为 1205m³；

2）年径流污染控制率 44%；

3）排水系统和内涝标准分别为 5 年一遇不积水（58mm/h）和 100 年一遇不内涝（279mm/24h）。

（2）工程方案

项目主要技术路线如图 6-21 所示。工程改造内容主要包括绿色屋顶、透水铺装、雨水花园、表流人工湿地、景观旱溪、人行道盖板沟、DN600 涝水分流管，以及其他配套排水和绿化景观工程。

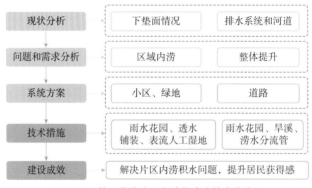

图 6-21　美人蕉路片区海绵化改造技术路线图

1）海事小区海绵化改造

海事小区房屋品质较好，小区内部实行雨污分流制，且雨污混接情况较少。本项目海绵化改造设计方案中，以实际问题为导向，针对现状停车位积水、雨落管及集水沟病害、绿色屋顶渗漏、雨水井管渗漏、景观有待提升等问题，采取地块源头减排措施，结合景观功能改造透水道路、生态停车位、雨水花园、下凹式绿地等，确保地块雨水得到有效的径流削峰和污染控制效果，见图 6-22。

项目海绵化改造设施规模为：雨水花园 $3231m^2$、集中渗透装置 $446m^3$、蓄水沟 1200m、植草沟 1200m 及透水铺装 $7925m^2$，设施控制水量合计 $1745m^3$。

2）临港家园服务站和绿化休闲广场海绵化改造

临港家园服务站和绿化休闲广场位于美人蕉路东北侧，紧挨夏涟河，绿化占比高，整体地面高于周边区域，因此场地无客水。本项目海绵化改造设计方案中，按源头（包括建筑屋面、道路路面）和末端雨水进行分类，设置雨水径流管控设施，利用公共空间打造特色海绵口袋公园。改造方案首先是结合实际地形分水线，详细划分为 10 个排水区域，每个汇水区内的雨水都将流入对应汇水分区内的海绵设施，对雨水进行削峰错峰，

图 6-22　海事小区海绵化改造效果图

同步进行过滤、净化处理；超过设计降雨量的雨水通过溢流设施进入雨水管道，最终出水改为直接排入夏涟河，减轻市政道路排水管道压力。

本项目采取的工程措施包括：

①建筑屋面雨水排水采用绿色屋顶、雨水断接和雨水花园三种技术设施进行海绵化改造。

②道路路面雨水排水采用透水铺装（含生态停车位）、立箅式雨水口＋雨水花园两种方案进行海绵化改造。

③系统末端雨水可通过新建表流人工湿地，同步实现雨水的调蓄净化和湿地景观功能。降雨时，周围路面、广场、绿地等径流雨水汇流至前置塘，雨水经前置塘的沉淀、石笼的过滤、沼泽区的生物吸附净化处理后，通过过渡区进入清水池供景观使用。表流人工湿地平时发挥正常的景观及休闲、娱乐功能；小中雨时净化水质，达到降低径流污染的效果；暴雨发生时发挥调蓄、错峰延峰功能。

项目海绵化改造设施规模为：雨水花园 154m² 及表流人工湿地 700m²，设施控制水量合计 131.6m³。表流人工湿地工艺流程见图 6-23。

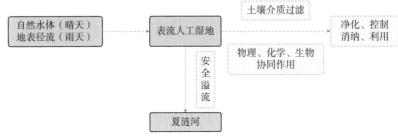

图 6-23　表流人工湿地工艺流程图

临港家园服务站和绿化休闲广场整体改造效果和实景见图6-24。

图6-24　临港家园服务站和绿化休闲广场海绵化改造布局效果图

3）美人蕉路道路海绵化改造

美人蕉路道路宽度约36~45m，为城市主干道，市政道路雨水及周边地块雨水均采用自流排放模式。本项目海绵化改造设计方案中，在美人蕉路人行道进行透水铺装改造后，新建DN600涝水分流管，道路排水改造考虑1年一遇时正常排水和超过降雨下分流两种工况，见图6-25和图6-26。

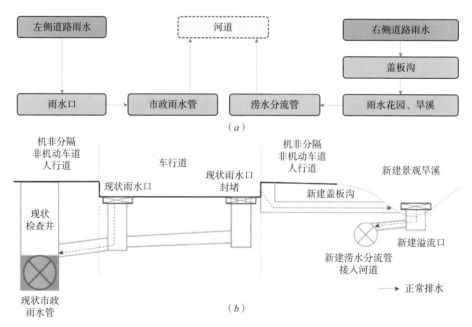

图6-25　降雨量不超过1年一遇时美人蕉路海绵化改造工艺流程图和排水排涝方案
（a）海绵化改造雨水工艺流程图；（b）海绵化改造排水排涝方案

图6-26 降雨量不超过1年一遇时美人蕉路海绵化改造设施总体布局图

降雨量不超过1年一遇时，左侧道路雨水维持现状，通过雨水口和市政雨水管道入河；右侧道路雨水结合现状绿地，引入道路外景观旱溪和雨水花园进行蓄存和水质净化。其中，人行道透水铺装削减一定径流峰值，非机动车道和机动车道雨水通过盖板沟/流水槽引入美人蕉路东侧绿地内旱溪和雨水花园进行转输及调蓄净化。

降雨量超过1年一遇时，左侧道路部分雨水通过雨水口和市政雨水管道入河，超量雨水通过新建的超标雨水溢流管进入涝水分流管，最终排入夏涟河；考虑右侧道路积水严重，结合海绵城市建设，将绿地调蓄作为源头减排设施，兼具排涝功能，景观旱溪内设置溢流口接入涝水分流管。通过上述工艺，系统雨水排放标准可提升至5年一遇，并可满足区域100年一遇不内涝，见图6-27。

项目海绵化改造设施规模为：雨水花园$72m^2$及旱溪$400m^2$，设施控制水量合计$108.8m^3$；项目排水防涝能力提升改造设施规模为：$DN300$超标雨水溢流管54m及$DN600$涝水分流管300m。

美人蕉路整体改造效果和实景见图6-28。

4. 特色与创新

本工程的实施体现了海绵城市理念在城市排水防涝整治工程中的系统化创新与应用。工程充分融合了海绵、景观及排水防涝等理念，通过构建源头减排、排水管渠、排涝除险三大系统，全过程管控雨水径流，全面实现水安全保障总体目标。

一方面，海绵城市理念充分体现在源头减排系统中，将海绵设施与道路绿化带、公园绿地相结合，通过旱溪、雨水花园、表流人工湿地等低影响开发措施，对地表初期雨水径流调蓄净化，减少入河污染。

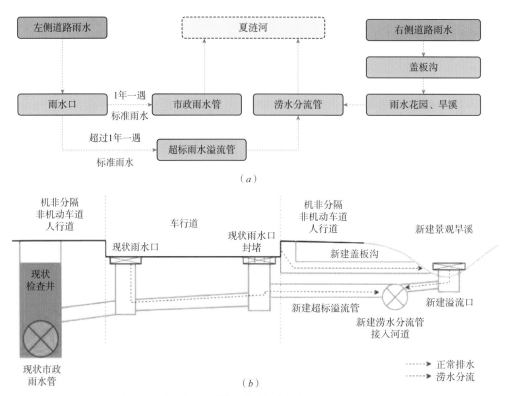

图 6-27　降雨量超过 1 年一遇时美人蕉路海绵化改造工艺流程图和排水排涝方案

（a）海绵化改造雨水工艺流程图；（b）海绵化改造排水排涝方案

图 6-28　降雨量超过 1 年一遇时美人蕉路海绵化改造设施总体布局图

另一方面，涝水分流系统和行泄通道的建立，使得系统雨水排放标准提升至 5 年一遇，提高了雨水排放能力，解决了原来道路暴雨时排水问题，并满足了区域 100 年一遇降雨不内涝的要求。

5. 实施效果

美人蕉路片区海绵化改造工程实现了小雨不积水、大雨不内涝；同时通过建设生态停车位，解决了居民停车难问题，又充分利用集中绿化，为居民休憩娱乐增添了美丽风景，使居民们有了获得感，也充分体现了"海绵+"的理念；推动了流域周边地区社会经济、文化各方面的功能联动，促进区域土地潜在价值的开发，并为临港成为国际性大都市增添了良好的生态环境和投资环境。其改造实景见图 6-29。

图 6-29　美人蕉路片区海绵化改造全景图

6.1.5　上海和平公园蓝绿灰融合提标

1. 项目概况

和平公园位于上海市虹口区中部偏东，东至大连路、北至畅心园路、西至天宝路、南至新港路。公园占地面积 17.6hm²，其中水面面积 2.9hm²。公园位于临平排水系统上游，排水系统服务面积 2.44km²，现状管渠排水标准为 1 年一遇。近年来地区雨情呈现出"时空分布不均，暴雨频次偏多、偏局部"的特点，内涝风险提升，因此迫切需要对排水系统进行提标改造。

和平公园更新改造项目，在源头减排的基础上，通过将公园外围超标雨水引入公园湖体进行调蓄，实现公园及周边 53.4hm² 范围内排水标准提升至 5 年一遇（58mm/h），占系统服务面积 22%，同时具备超标降雨应急防灾能力，增强城市排水韧性，服务城镇雨水排水系统建设。

2. 设计思路

和平公园改造项目设计湖体常水位 2.5m，园区内主园路高程 3.0~3.4m，因此在不影响游客活动的前提下，存在理论调蓄空间，可用于消纳公园内部雨水以及接纳公园外部超量雨水。

（1）公园内水不外排。结合地形条件，布置源头减排设施，在保持公园竖向格局基本不变的情况下将径流雨水有效导入湖体，同时实现初期雨水净化、湖体生态补水功能。

（2）外水导入。拆除公园围墙，人与水的流向由有界变为无界、设置溢流堰门井以及入流行泄通道，通过溢流堰门井控制与利用湖体调蓄空间。当暴雨降临，路面积水漫过路缘石通过行泄通道进入湖体蓄存，或通过移动泵车抽排入湖体，待降雨结束后调蓄水量缓慢排至市政总管，在合流制排水区域暴雨期间实现了超标雨水走地面进行绿色调蓄，在不增加管道断面的条件下实现雨水排放提标。

（3）民防设施利用。将现有地下民防空间改造后作为湖体调蓄的补充，公园内原弹药库改造后作为防汛物资储存点。充分利用历史建（构）筑物，将城市更新与实际需求紧密结合，实现了建（构）筑物的功能转变，继续服务市民。

3. 设计方案

（1）源头减排服务园区

结合地形条件及景观效果，对公园内屋面、铺装、绿地进行改造，见图 6-30。

屋面——有条件的建筑屋顶实施屋顶绿化改造，降低径流系数。

铺装——广场铺装改为透水砖，增加雨水下渗率，延长径流形成时间。路面使用高分子透水性混凝土，提高抗压强度，应对后期公园养护车辆进出造成的破坏。铺装的改造将生态效益、景观效果相结合，同时提高使用功能。整体铺装的坡向均由周边坡向湖体，为超标降雨径流流向进行引导。

绿地——在绿地边缘设置生态植草沟，汇聚来自硬化地面的径流并形成滞蓄，通过植物、沙土的过滤使雨水得到净化，并使之缓慢渗入土壤，涵养地下水。

（2）湖体调蓄容纳客水

新建溢流调节堰门，控制湖体水位，构造调蓄空间迎接客水。拆除公园原有围墙，充分利用地面坡向，在公园外地势较低的市政道路上设置横截沟引流，将地面积水通过专用通道导入公园湖体。

溢流堰门设置 2.5m、2.8m、3.1m 三级溢流高程。晴天时，湖体设置常水位为 2.5m。降雨开始时，溢流堰门从 2.5m 提升至 2.8m，构造 0.3m 湖体调蓄高度；当降雨强度超过 1 年一遇标准时，降雨超出市政管网现状排放能力，外部路面逐渐出现积水，超量雨水没

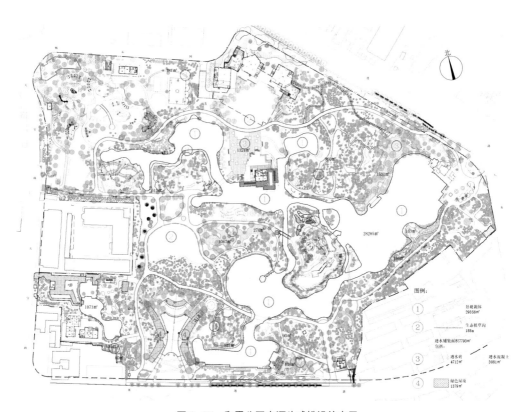

图 6-30 和平公园内源头减排设施布置

过路缘石，漫流进入新建雨水收集横截沟，沿行泄通道自流入湖。降雨结束后多余湖水通过溢流管排入市政主管。

当溢流水位提升至 2.8m，湖体具备调蓄容积 8700m³，可应对公园及周边 53.4hm² 范围内 5 年一遇标准（58mm/h）降雨，有效改善路面积水情况，服务面积占临平排水系统总服务范围 22%。水位控制见图 6-31，服务范围见图 6-32。

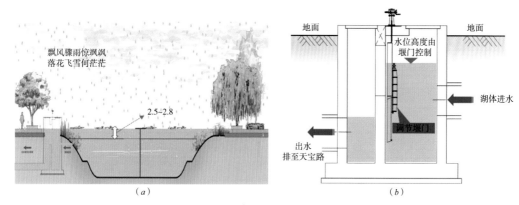

图 6-31 溢流堰门控制湖体水位示意图
（a）湖体断面示意图；（b）溢流堰门控制示意图

（3）超标降雨应急防灾

当超标降雨情况发生（超过 5 年一遇标准）时，利用地势搭设临时围挡，溢流堰门提升至 3.1m 高，启用应急泵车于公园外地势低处，将涝水抽排入湖，见图 6-33。

（4）民防设施利用

公园南侧新港路入口处原有民防通道一座，经加固、防水改造为调蓄空间，与湖体相连通，新增调蓄容积 150m³。公园内原有五处退序弹药库，隐藏于各处假山山体内，经清理、加固后用于储存活动围挡、沙袋等防汛器材，保障防汛资源。退序民防设施改造利用实景见图 6-34，建成后实景图见图 6-35。

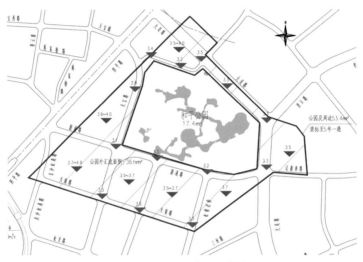

图 6-32　和平公园提标服务范围

图 6-33　应急情况下挡水设施、移动泵车布置

图6-34　退序民防设施改造利用情况

图6-35　和平公园建成实景

4. 特色与创新

（1）利用湖体空间实现蓝色调蓄

和平公园的改造，充分利用湖体空间进行调蓄，减轻市政管网排水压力。改造工程量主要为进出水管道敷设、溢流堰门井建设，建设费用约为同等体积调蓄池（以1.74万 m^3 调蓄量估算）建设费用的1/15，经济性高，环境友好。

（2）退序民防设施复用

和平公园改造项目中将原有民防通道改造为调蓄管，补充湖体调蓄容积，为地下退序民防设施的复用提供新思路，在城市更新过程中，旧设施的利用方式具有借鉴性。

（3）公园改造融合内涝治理

和平公园通过更新改造满足各类市民群众游园需求的同时，保障了水安全，提升了原服务面积与周边地块 2 倍服务面积的雨水排放标准，成为城区的生态聚焦点，亦是开放型公园的功能多元化典范。

5. 实施效果

改造后，公园内综合径流系数降低，降雨产生的径流通过生物滞留设施调蓄净化后排入湖体，当降雨小于 5 年一遇标准时，公园内可实现独立排水，不外溢至市政管网，源头减排同时实现面源污染净化、补给湖水。和平公园位于临平排水系统上游位置，公园内湖体暴雨时通过调整溢流高程至 2.8m，可提供调蓄容积 8700m³，可服务于公园及周边约 53.4hm² 区域的超量雨水蓄存，提升周边管网排水能力至 5 年一遇。在极端气候情况下，疏散园区人员，组织设置临时围挡，结合临时强排措施，调整湖体溢流高程至 3.1m，应急调蓄容积可达到约 17400m³，可辅助降低周边地区积水危害。

和平公园更新改造项目竣工后，在多次暴雨侵袭中发挥作用。2023 年 7 月 21 日上海突降暴雨，和平公园点位雨量 119.7mm，最大降水强度达到 98.7mm/h。和平公园响应市防汛指挥部行动，将溢流堰门按计划提升至 2.8m，公园外路面水位迅速上涨，积水通过行泄通道进入公园湖体，湖体水位上升至接近 2.8m。园外市政道路积水情况较往年同等降雨工况明显改善，实现超标降水调蓄功能。

和平公园案例表明，利用公园绿地、水体空间构建片区内涝调蓄设施，可有效提升片区的内涝应对能力，能有效节省投资，避免另外建设调蓄设施的用地问题，增强城市排水韧性，服务城镇雨水排水系统建设。

6.2 水环境治理

6.2.1 南京水环境综合治理规划

1. 项目概况

为深入贯彻落实党的二十大精神，积极践行习近平生态文明思想，紧紧围绕深入打好污染防治攻坚战的总体要求，坚持综合治理、系统治理、源头治理，构建与南京中国式现代化城市实践的示范引领定位相适应的水环境综合治理体系，保障水环境质量持续稳定向好，实现水环境质量保持全省以及全国同等城市前列，为南京市水环境综合治理绘制"一张蓝图"。

本次规划范围为市域范围（总面积 6587km²），与南京市国土空间规划衔接，并考虑城乡统筹等因素。规划范围内按照"1+1+5"格局制定："1"是江南六区、"1"是江北新区、"5"是新五区。

规划基准年为 2020 年，近期至 2025 年，远期至 2035 年。

2. 规划思路

本规划坚持问题导向、目标导向和结果导向统一的总体思路，深入剖析现状问题，合理制定规划指标，数据支撑方案可达。规划方案多系统衔接，建管并重，灰绿结合。规划技术路线见图 6-36。

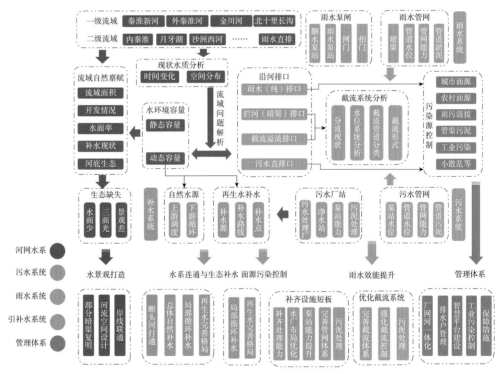

图 6-36　南京水环境综合治理规划技术路线

（1）现状问题分析

根据城市内河河道连通关系，划定现状分析子单元流域，以河道现状水质情况为出发点，结合雨水系统、污水系统和河网系统，识别各流域特异性问题，汇总全市域普遍性问题。

（2）规划指标制定

结合省、市相关标准、规划和工作文件，借鉴国内外案例先进经验，以水环境达标为主要目标，统筹水环境、水生态、水文化、水管理、水资源等方面的要求，制定 5 大类规划指标。

（3）方案定量计算

基于河道水质现状和规划指标，计算现状与目标水环境容量差值，识别内源和外源污染贡献比例，制定不同污染源削减量和策略，进而形成工程性和非工程性规划方案，具体污染物定量计算示例见图 6-37。具体包括：①水环境容量核算，按照近、远期规划目标要求，以流域为单元，核算水环境容量，合理确定流域水环境容量增加与污染物削减的目标；②污染贡献量化计算，识别各流域的关键问题，量化分析各关键问题对流域内水环境污染的贡献；③规划方案制定，制定流域内污染量削减的规划方案，统筹上下游、左右岸的关系，形成"4+1"规划措施体系方案。

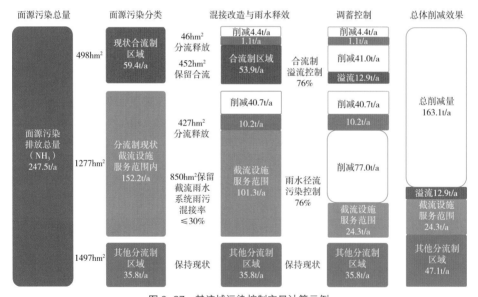

图 6-37　某流域污染控制定量计算示例

3. 规划方案

在准确识别现状问题的基础上，合理构建规划指标，统筹考虑雨水、污水、河网、引补水四大系统，并重运管机制，提出"4+1"规划措施体系。

（1）现状主要问题识别

包括：①河道水质情况识别，国省考、入江支流、城市内河河道断面水质识别，旱季和雨季河道水质识别；②雨水系统分析，海绵城市建设，排水体制、混接情况、排口、暗涵、截流设施等；③污水系统分析，污水水量和水质、污水管道和厂站等；④河道本底分析，河道水位、连通关系，水闸、泵闸设置，引补水水量、水质，河道断面与岸线生态；⑤问题汇总，包括流域问题汇总，雨、污、河各系统问题汇总，各行政区划问题汇总等。规划总结南京市水环境综合治理面临的五大类 14 项共性问题，见表 6-1。

南京市水环境共性问题　　　　　　　　　　表 6-1

问题类型	详细问题描述
雨污分流推进不彻底	1. 部分已分流片区存在混接； 2. 老旧小区、棚户区、城中村等难以实施雨污分流
市政污水系统不完善	3. 局部市政污水管道不健全； 4. 部分污水管道存在缺陷； 5. 污水系统安全性不高； 6. 旱天污水处理能力不足
初雨控制体系未建立	7. 源头污染控制不充分； 8. 截流设施控制粗放； 9. 初期雨水处理未考虑
河湖水岸生态待提升	10. 部分河道水动力条件差； 11. 岸带生态性不足； 12. 滨水空间通达性弱
运维管理监管不到位	13. 厂网一体化管理不成熟； 14. 管渠沉积清理不及时

（2）规划指标体系构建

本规划 5 类 20 项规划指标见表 6-2，其中约束性指标 7 项。

南京水环境综合治理规划指标表　　　　　　表 6-2

编号	类别	指标类型	指标内容	现状	2025 年	2035 年
1	水环境	约束性	地表水省考以上断面达到或优于Ⅲ类水比例（%）	100	省定	100
2		预期性	市控以上断面达到或优于Ⅳ类水比例（月度，%）	60.5	≥ 60.5	95
3		约束性	建成区水体消劣提质比例（%）	80	85	省定
4		约束性	城市生活污水集中收集处理率（%）	74.7	88	96
5		约束性	城镇污水处理提质增效达标区建成率（%）	76	80	省定
6		约束性	农村生活污水治理自然村覆盖率（%）	80	90	95
7		约束性	船舶、港口、码头污水处理率（%）	—	90	100
8		约束性	污水处理厂污泥无害化处置率（%）	100	100	100

编号	类别	指标类型	指标内容	现状	2025 年	2035 年
9	水环境	预期性	合流制区域年溢流体积控制率（%）	—	70	—
10		预期性	雨水系统雨污混接率（%）	—	< 10	< 1
11		预期性	雨水年径流污染物总量削减率（%）	—	分流域	
12		预期性	年径流总量控制率	建成区20%面积达标	建成区50%面积达标	建成区80%面积达标
13	水生态	预期性	水生生物生长状况较好的河湖比（%）	8	10	50
14		预期性	河湖生态岸线保有率（%）	35	40	60
15		预期性	河道生态流速达标率（%）	—	70	90
16	水文化	预期性	滨水服务设施配套良好的河湖比（%）	27	40	60
17		预期性	滨河绿道贯通率（%）	54	60	80
18	水管理	预期性	市政排水管网智能化监测管理率（%）	—	60	90
19		预期性	污水系统低水位运行时间比例（%）	—	50	90
20	水资源	预期性	城市再生水利用率（%）	—	25	35

（3）面源污染控制规划

面源污染控制规划围绕"源头削减""过程控制""末端处理"展开，实现面源污染全过程管控。源头削减主要包括源头海绵城市建设、片区雨污分流改造、源头雨污混接改造、雨水口拦污、小散乱排水户管理等措施；过程控制主要包括市政管网混错接改造、初期雨水调蓄控制等措施；末端处理主要包括初期雨水处理、雨水排口生态化改造、管渠污泥处理设施建设等措施。

其中重点制定初期雨水调蓄方案，规划南京市江南六区第一阶段建设约 70 万 m³ 调蓄设施，第二阶段总调蓄规模达到 194 万 m³。典型流域设施布局见图 6-38。

（4）污水系统效能提升规划

包括外水剥离、精准截流、系统完善、处理匹配、智慧运行五部分。外水剥离主要包括雨污水管网全面排查及水质监测相结合确定外水入渗的位置、管网混错接改造（对雨污错混接、漏接管沟进行切改分流）、雨污水管道修复、工地排水管理和河湖水智能防倒灌等措施；精准截流包括截流设施智能化改造、水泵控制改造和雨量、水质控制改造等截流可控化改造措施，防止中后期雨水进入污水管以及河湖水倒灌；系统完善包括截流

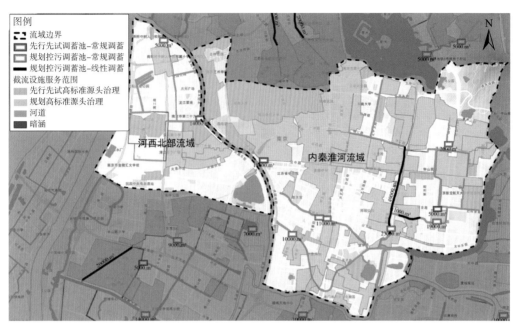

图 6-38　面源污染控制规划图（内秦淮河流域为例）

管道（含初雨管）新改建、污水管道新改建、污水泵站新改建、新建污水干管复线、污水系统互连互通等措施；处理匹配包括污水处理厂旱天处理规模扩建、结合面源污染控制体系新建初期雨水处理设施、新建污水处理厂污泥处理处置设施等；智慧运行包括完善智慧排水设施监测控制体系、构建排水系统数学仿真和智慧调度模型等措施。

（5）岸带贯通与生态化改造规划

具体包括滨水生态空间修复、滨水绿廊连续、慢行交通贯通、公共空间串联、文化特质延续、驳岸生态化改造、河道微污染治理（原位水生态修复工程）、河道水生动物恢复等规划方案和措施。

（6）水系连通与生态补水规划

具体包括引补水水量和水质、补水及退水路线、补水点设置、水系连通、河道清淤等规划方案和措施。近期规划方案见图 6-39。

（7）管理规划

具体包括海绵城市建设管理和运维管理、健全污水管网接入服务和管理制度、健全管网建设质量管控制度、推进厂网河一体化、智慧水务平台建设等措施。

针对南京市水环境 14 项共性问题，形成以管网排查整治、雨污分流、截流设施改造、暗涵整治、调蓄池建设、河道整治、智慧水务升级等作为水环境治理的工作重点。

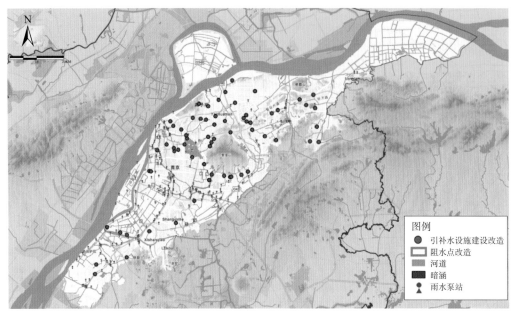

图6-39　近期水系连通与生态补水规划图

4. 特色与创新

（1）因地制宜确定规划指标

结合本规划需求和南京市水环境问题特点，提出"市控以上断面达到或优于Ⅳ类水比例（月度，%）""雨水系统雨污混接率（%）"和"污水系统低水位运行时间比例（%）"三项创新性指标。

（2）系统统筹确定规划方案

规划以南京市水环境相关的四大系统（河网系统、污水系统、雨水系统、引补水系统）为重点研究对象，以入江支流的二级流域为基本单元，采用"总分总"的方式进行现状问题分析和规划方案制定。"总"即规划初期进行全市域层面情况分析，包括城市内河河道关系分析、国省考断面和入江断面水质分析、河网系统和雨污水系统服务范围关联性分析等。"分"即以流域为单元，定量识别各流域单元内存在问题和污染物总量贡献比例，分别制定污染物削减侧重点和流域内规划方案。"总"即回归全市域层面，针对雨水、污水、河网、引补水四大系统协调归纳工程型规划方案，系统发力，并以管理规划提供非工程措施保障和智慧运维支撑。

（3）强化专题研究支撑

选取典型流域进行专题研究，专题研究成果支撑后续总体规划方案。本规划的四项专题研究包括：城市面源污染控制技术体系研究、典型区雨污水截流系统改造研究、河湖引补水及城市水系微循环专题研究、河湖岸带贯通及生态化改造专题研究。

以城市面源污染控制技术体系研究为例，研究过程中吸收国内外先进经验，结合南京本底情况提出专题规划技术路线，最终形成专题研究成果。参考德国柏林的"综合管理"、美国波特兰绿色基础设施建设的"源头削减"、美国 CSO 控制策略的"末端处理"、美国西雅图城市面源污染综合控制的"非工程措施"、上海市的"初期雨水调蓄系统"等案例，确定了"污染物排放量和水环境容量平衡核算→确定控制指标→源头→过程→末端"的技术路线，制定了涵盖"源头海绵城市建设""片区雨污分流改造""源头地块混接改造""雨水口拦污""市政雨污混接改造""初期雨水调蓄控制""初期雨水处理""农村面源污染控制"的全过程、全覆盖的面源污染控制体系。

5. 实施效果

本规划于 2023 年 9 月由南京市人民政府正式批复，同步印发《水环境综合治理三年（2023—2025）行动计划》，逐步推进工程方案研究、项目立项、工程设计等工作。

6.2.2 合肥巢湖十五里河流域治理工程

1. 项目概况

十五里河位于合肥市西南部，发源于大蜀山东南麓，自西北流向东南，流经高新区、政务区、蜀山区、经开区、包河区和滨湖新区，在义城镇同心桥处汇入巢湖，十五里河为巢湖一级支流，流域面积 106.6km²，自天鹅湖坝下至入巢湖口段河道长 22.9km，是区域排水的主要通道，承担着城市重要的排涝任务，同时也是城市重要的景观河道和生态廊道。另外，因塘西河上游与十五里河中游的连通工程，使得十五里河中游承接了塘西河上游经济开发区约 26.6km² 的初期雨水。汇水范围见图 6-40。

十五里河流域以河湖低洼平原地貌为主，波状丘陵地带无成片林，只是村屯宅旁有少量林木，十五里河流域城市建成区面积已占 2/3，下游仍剩部分农田。根据合肥地区历年观测降水资料统计，本区多年平均降雨量为 975.5mm。

2015—2020 年间，十五里河流域实施了多项环保工程，污染物入河量、入湖量有所减少，十五里河水质有所改善，但十五里河水质总体上仍为劣 V 类，流域仍存在如截流设施不规范、旱季污水直排入河、面源污染严重、内源污染较重、缺乏生态基流等问题。

2. 设计思路

在充分借鉴发达国家流域管理计划的制定及实施流程的基础上，考虑我国经济、社会、技术、生态环保实际发展阶段和情况，将流域水环境达标污染物总量控制计划的制

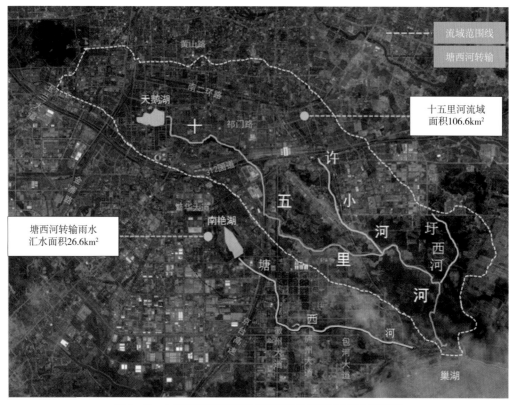

图6-40 十五里河流域范围及塘西河转输初期雨水汇水范围图

图6-41 十五里河流域污染物总量控制技术路线

定和实施分为七个主要环节,见图6-41。

(1)流域水文分析

结合十五里河流域内地形、水系、管网、下垫面等情况,将流域划分为10个子流域,并在此基础上深入分析各子流域污染物特征,见图6-42。

(2)污染源调查解析

以目标和问题为导向,以流域为单元的调查表格23类,并编制了《十五里河流域

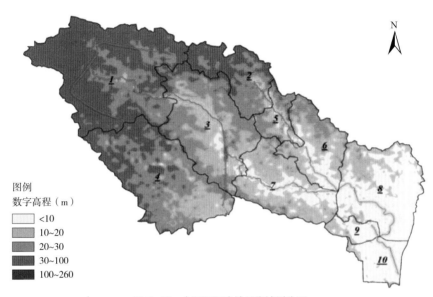

图 6-42　十五里河流域子流域划分图

污染源调查实施方案》。在点源方面，梳理流域范围内的 424 个小区、323 个工业企业、1259 个服务业，对其用水量、排水量进行统计分析。经管网溯源排查发现污水错接漏接约 1000 处，形成 280 个污染源整治清单。在面源污染方面，统计氨氮面源污染负荷总量约 310~360t/a，TP 面源污染负荷总量约 64~72t/a。

（3）流域模型构建

选择以 SWMM 模型来模拟城市非点源污染，并结合 SWAT 模型对农业非点源进行模拟，最终将两者的输出数据作为 DHI MIKE11 河道模型的输入边界条件，从而实现模拟非点源污染随降雨径流进入水体的过程以及点源、非点源污染物在河道迁移消减过程，最终达到设计方案效果评估、辅助和优化设计的目的。

（4）总量控制目标确定

工程借鉴 TMDL 的理念与思路，对十五里河流域 2015—2017 年连续 3 年入湖污染负荷总量及为满足考核断面达标需要削减的总量进行初步测算。经流域总量分析，氨氮削减率需达到约 58%，TP 削减率需达到约 23%，可满足国控考核断面达标的要求。安全临界值 MOS 取 10%，则工程措施需要削减氨氮比例不少于 64%，需要削减 TP 比例不少于 25%。

（5）建立污染负荷与水体水质定量响应关系

采用模型逐级率定的思路，应用参数自动率定、参数区域化等方法，建立较为准确的污染负荷与水体水质定量响应关系。

（6）污染负荷削减分配

采用模型对不同分配方案进行模拟，并充分考虑削减率的可达性。最终确定点源削减 90%、面源削减 40%，通过点源和面源双重控制达到流域总量控制的要求。经模型预测，氨氮平均浓度下降至 1.76mg/L、TP 平均浓度下降至 0.29mg/L，优于 V 类水考核标准。

3. 设计方案

针对流域存在的问题，采取 8 项对应的措施，逐项整改、精准施策：

（1）截流设施改造

针对截流设施不规范、不完善，与合肥市排水管理办公室共同编制了《合肥市截流设施设计技术指南》，由各辖区按照技术指南对现有截流设施进行改造。

（2）管网混接改造

280 个污染源整治清单由合肥市环保局下发至各辖区予以整改，典型小区按照海绵城市理念系统性整改，见图 6-43。

（3）城市面源污染治理

根据污染源空间数据库，本次工程对面源污染负荷较大的 1、2、3、4、6、7 子流域初期雨水进行截流调蓄，构建分段截流、分散调蓄的面源污染控制体系。共新建调蓄工程 6 处，服务面积约 50km²，截流调蓄标准为 4.5~5.5mm，总调蓄容积约 16.3 万 m³，见表 6-3。

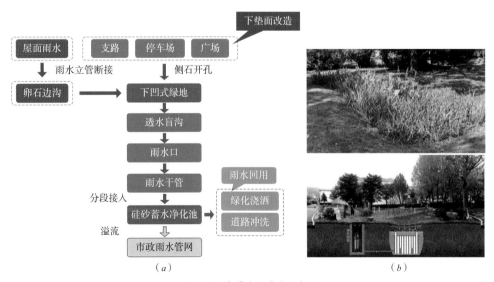

图 6-43　海绵小区改造示意图
（a）技术路线；（b）硅砂蓄水净化池示意图

其中金寨路处初期雨水调蓄工程包含就地处理功能，处理规模为 3 万 m³/d，采用高效沉淀＋生物接触氧化处理工艺，其余初期雨水经调蓄后就近输送至经开区污水处理厂、胡大郢污水处理厂和十五里河污水处理厂进行净化处理，见图 6-44。

						表 6-3
序号	名称	汇水面积（km²）	截流调蓄标准（mm）	总调蓄容积（万 m³）	调蓄池容积（万 m³）	管道调蓄容积（万 m³）
1	匡河处初期雨水调蓄工程	8.48	5.0	2.8	2.0	0.8
2	金寨路处初期雨水调蓄工程	15.15	5.0	5.0	2.4	2.6
3	绕城高速处初期雨水调蓄工程	11.05	4.5	3.3	2.6	0.7
4	望湖公园处初期雨水调蓄工程	4.12	5.5	1.5	1.5	—
5	徽园处初期雨水调蓄工程	3.29	4.5	1.0	1.0	—
6	锦绣大道处初期雨水调蓄工程	8.02	5.0	2.7	2.4	0.3

十五里河流域初期雨水调蓄设施汇总表

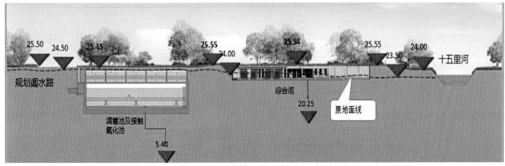

图 6-44　金寨路处初期雨水调蓄处理站效果图与竖向剖面图

（4）河道内源污染治理

河道底泥清淤工程长约 3650m，平均淤泥厚度约 0.3m，清淤方量约为 45000m³。根据各河段淤泥量、泥质及水位情况，合理采用绞吸清淤、大力冲刷清淤等施工方法，清出的淤泥统一通过岸管输送至淤泥脱水固化场处理后外运。

（5）河道生态补水

根据《合肥市南淝河、十五里河生态基流及补水方案研究》成果，采用多水源补水方案，以胡大郢污水处理厂再生水、处理后初期雨水作为主要补水水源，规模合计为 13 万 m³/d；上游大蜀山分干渠水源可随机补水，规模为 3.5m³/s。再生水补水点设置两处，分别为天鹅湖坝下和合肥市第六十四中学南侧，基本满足上游河道流速大于 0.1m/s，可有效抑制藻类滋生。

（6）河道生态修复

十五里河生态修复是在陆域污染源有效削减与控制的前提下，在河道内构建净水性河流水生态系统，统筹应用人工湿地净化技术、PGPR 技术、纳米曝气技术、水下森林技术等，结合清水补给等水动力措施，进一步提升河流自净能力和生物多样性。

（7）沿河生态缓冲带

十五里河生态缓冲带植物配置以乔木为主、灌木为辅，采用自然式配置方式，乔、灌、草结合的复层结构种植模式。结合现状植被资源，营造具有控制水土流失、保护和改善水质、为鸟类等野生动物提供栖息场所等功能的"生态缓冲带"。

（8）综合监测

结合十五里河流域治理工程建设与运行管理需求，依托先进的物联网、云计算、大数据等技术，提供综合监测、运营管控、预警预报、考核评估和长效管理服务，监测控制中心见图 6-45。

图 6-45 十五里河流域综合监测控制中心

4. 特色与创新

（1）顶层设计

首先确定了"治湖先治河、治河先治污、治污先治源"的治水方针。其次采用"治标同治本共抓"的治理策略，一方面对水环境影响突出的重点问题即查即改，另一方面谋划实施流域治理工程，推进大规模的治本工程。另外是践行"四全"理念，利用流域污染物总量控制方法，在系统性调查基础上，采取全流域研究、全方位治理、全过程控制和全方面衔接的系统治理。

（2）技术创新

污染源调查解析与研究方面，在与南京大学合作完成的《十五里河流域污染源空间数据库》基础上形成了十五里河流域污染源调查技术导则，在与中科院城市环境研究所合作完成的《十五里河流域污染物谱源解析及其产业结构关系》基础上形成了流域范围内污染物优控清单和污染物允许清单及容量，为未来流域范围内产业发展提供意见和建议。

关键技术应用方面，结合"十二五"国家水专项课题《间歇性重污染入湖河流多源补水及污染削减关键技术与工程示范》，开展了工艺的对比中试，创新采用了"初期雨水原位处理技术"，试点项目经开区京台高速处初期雨水调蓄工程为国内首个高标准就地处理初期雨水项目，该项技术获得 2020 年安徽省科技进步一等奖。

（3）整体实施

本工程集成点源污染治理、面源污染治理、内源污染治理、河流水质修复、生态修复、生态补水、生态缓冲带及综合监测 8 大类共 16 个子项工程措施整体实施。

5. 实施效果

2023 年 8 月 1 日项目进入正式运营后，在同等强度的降雨量条件下，十五里河汛期污染强度下降明显，且污染周期明显缩短，希望桥国考断面水质基本稳定达到Ⅲ类水标准，见图 6-46。共恢复沉水植物面积约 2.4 万 m^2，水下森林初步呈现，形成了"有鱼有草"的画面。

6.2.3　深圳光明区全面消除黑臭水体治理工程

1. 项目概况

深圳光明区全面消除黑臭水体治理工程（光明水质净化厂服务范围）项目共包括支流水系治理工程、小微水体治理工程、暗涵小河汊治理工程、干支管网整治工程、楼村

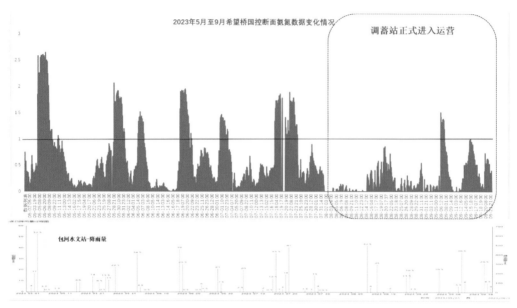

图6-46　十五里河流域治理项目运营前后考核断面水质变化图

湿地公园改建工程、面源污染治理工程、生态补水工程、调蓄池及其附属工程、正本清源整治工程（含点源整治）9大类工程，共计289个子项，服务范围106km²。工程总投资概算为31.35亿元，2019年3月20日开工，2022年8月5日竣工验收。

工程范围内存在管网不完善、截流标准低、分流不彻底、排水不通畅、面源污染重、调蓄设施少、水质不达标等问题，本工程作为兜底项目继续进行系统性整治。消黑项目总目标：黑臭水体全消除，旱季污水零直排，打造靓丽风景线。

2. 设计思路

本工程以目标为导向，以河道为中心，以管网为基础，全过程治水，最终实现全面消除黑臭，流域初（小）雨截流标准为7mm/1.5h，雨季保障率达到80%。

在河道治理方面，采用流域分区治理，划分支流水体、小微水体、暗涵小河汊，并系统考虑初雨截流；在管网方面，落实厂网完善策略，以内、外污染源为对象，按污染源特征分类治理，抓污染源输送途径，按源头、管网、排口的输送途径，分别采取针对性措施着力完善正本清源、干支管网、污水厂站、面源污染。在保障措施上，遵循活水补水、统筹管理策略，源头活水，互连互通，智慧管控，建管并重，落实全过程治水。

3. 设计方案

（1）工程技术路线

本工程技术路线围绕五大系统的落实和完善，最终保证综合整治效果，见图6-47。

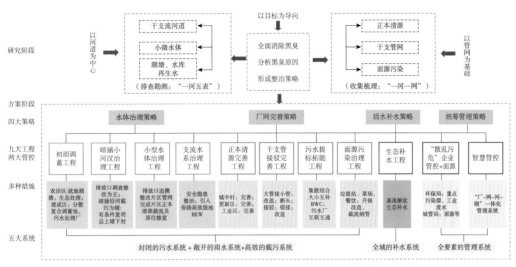

图 6-47　深圳光明区全面消除黑臭水体治理工程技术路线图

封闭的污水系统：通过纠正现状错接漏排、填补管网与正本清源空白、治理面源污染、清淤疏浚等提高污水收集率，实现源头雨污分流；通过干支管网隐患修复、厂站互连互通、构建修复、治理内涝提高系统保障率，实现主次干管贯通；通过分散布设高能效、强适应"BWC"（街区式水系统）解决污水增量问题，形成集散结合的厂网系统。

开放的雨水系统：恢复地表排水沟渠，构建通江达海的排水通道，辅以更高标准、更高效排水的深隧－调蓄池，形成表层－浅层－深层高标准的排放系统；以水力模型为主要方法，开展河湖、水库、泵站、水闸等综合优化调度，实现以水量控制向水质控制的截流模式转变。

高效的截污系统：截流标准按 7mm/1.5h，推进综合治理、分散调蓄的流域初雨收集处理，实现干支同标的河网系统；设置调蓄空间，提高已建截流但未按 7mm/1.5h 截流的支流水系截流标准，实现近期溢流污染控制、中期面源污染控制、远期雨水资源利用；采用水质控制精准截流的在线监测手段，收浓弃淡，构建精准截污系统。

全域的补水系统：实施一个补水水源同时补给多条河流，实现一源多补；实施水库连通，提高补水保证率，实现多源互补；统筹日常补水与应急短时加大放水，实现常备兼顾；将再生水补水延伸至消黑考核河道及支汊流，实现全域补水。

全要素的管理系统：全面推进"排水管理进小区"，实现全区排水管网全覆盖管理，加强源头海绵城市建设；全面摸清重点排水户污水排放情况，形成"一户一档"，高标准养护排水设施；逐步将全区排水管网、河道、水库、泵站、污水净化厂等排水设施委托专业运维单位运营管理，实现"厂－网－河－库"一体化管理；构建光明区区块链管理模式，引入"水系统工程全网络"管理理念，借助监控平台，构建新型追踪管理模式。

（2）支流水系治理工程

在大的干支流体系上，推进干支同标、分散调蓄建设，即基于流域分区治理范围，在现有河网系统的基础上，推进综合治理、分散调蓄的流域初雨收集处理，实现干支同标的河网系统。立足流域——以流域为单元，流域消除黑臭，7mm/1.5h截流；多水利用——上游解放基流，中游处理回用，下游破除总口；建管结合——延伸市政管网，管控养殖达标，智慧监控管理。

楼村水北一支整治前后实景图见图6-48。

（*a*）　　　　　　　　　　　　　　　　　　　　（*b*）

图6-48　楼村水北一支整治前后实景图
（*a*）楼村水北一支整治前；（*b*）楼村水北一支整治后

（3）小微水体治理工程

重点开展排放口整治、农田面源治理、水体本身清淤活水及水体两岸生态线性改造。

小微水体——青苹果幼儿园排洪渠整治前后实景图见图6-49。

（4）暗涵小河汊治理工程

源头控污——推进片区正本清源改造，排放口进行正本清源，拨乱反正；复明截污——暗涵复明，驳岸改造，沿河敷设初雨截污设施；暗涵截污——对无法复明的暗涵段在暗涵内做截流槽进行截污；生态补水——利用污水处理厂尾水进行生态补水。

木墩河综合整治二期工程（暗渠复明段）：木墩河暗渠复明段景观提升工程通过湿地空间、文化空间、玩水空间、赏水空间、生态河床、慢行体验等活动节点设置，栖息地营造，文化元素融合，还绿水于民，为光明区平添一条富有生机与生活气息的活力绿廊，同时进一步促进了两岸业态升级改造，见图6-50。

(a) (b)

图 6-49 青苹果幼儿园排洪渠整治前后实景图
(a) 青苹果幼儿园排洪渠整治前；(b) 青苹果幼儿园排洪渠整治后

(a) (b)

图 6-50 木墩河暗渠复明工程实施前后实景图
(a) 木墩河治理前；(b) 木墩河治理后

（5）初雨调蓄工程

以流域 7mm/1.5h 为标准，生态区基流剥离，农田区就地处理回用，已建与未建截流管分类提标；以现状调蓄设施为基础，流域平衡调蓄，实现流域统筹、规模匹配、分散调蓄。本工程建设的 4 个初雨调蓄池是光明区分散式初雨调蓄系统不可或缺的组成部分，建成通水后将充分发挥光明区"三水分离、分散调蓄"的技术路线优势，分散调蓄流域内的初期雨水，实现溢流污染控制及面源污染控制，有效地保障了新陂头河干流、新陂头河北支、大凼水、玉田河雨季水质达标，进而保障了茅洲河干流水质稳定达标，见图 6-51。

（6）干支管网完善、正本清源、污水提标拓能及面源污染治理工程

分散布设高能效、强适应"BWC"（街区式水系统）解决污水增量问题，通过纠正现状错接漏排、填补管网和正本清源空白、治理面源污染、清淤疏浚等提高污水收集率，

（a）　　　　　　　　　　　　　　　　（b）

图 6-51　调蓄池建成实景图

（a）调蓄池建成实景 1；（b）调蓄池建成实景 2

通过干支管网隐患修复、厂站互连互通、构建修复、治理内涝提高系统保障率，实现厂网系统的完善。

　　楼村湿地公园改建工程位于新湖街道楼村社区，占地面积约 8.7hm²，是茅洲河碧道的一个重要节点。项目重建湿地生态系统，践行"绿水青山就是金山银山"的生态理念；调蓄、处理初期雨水，改善流域水环境；以"三水分离、分散调蓄、处理回用"为技术路线，探索初雨处理新模式；助力茅洲河碧道建设，以"生态光明、幸福光明"为理念，打造光明区重要节点靓丽门户区，展示光明美好新形象，为居民提供良好的休闲场所和治水教育基地，见图 6-52。

　　（7）生态补水工程

　　在大的中水回用体系下，注重基流解放、总口破除，挖掘利用现状山塘等雨水模块、海绵设施，按照功能需求和补水对象重要性，延展现状补水系统，打通多联合补水活水系统。

（a）　　　　　　　　　　　　　　　　（b）

图 6-52　楼村湿地公园改建工程实施前后实景图

（a）楼村湿地公园改建前；（b）楼村湿地公园改建后

（8）监控平台

在现状管理体制机制下，构建光明区区块链管理模式，引入"水系统工程区块链"管理理念，借助监控平台，构建新型追踪管理模式。对水体类建管增加干、支流的水质、水位监控，各街道的交接断面设置监控断面，对管网类主要排放口进行水质监测，对各小区、城中村、工业区、公共设施等雨水出口进行水质监控，发现问题可溯可追踪，最终实现"散乱污危企业及面源污染管控"＋"智慧管控"的双重管控。

4. 特色与创新

本工程的主要特色与创新点如下：

（1）以问题和目标为导向，从"厂（池）网河源"四个维度发力，实现茅洲河干支流全流域系统治理与管控

系统梳理 106km² 范围内的排水水务设施，形成作战图，找到管网缺失和损坏、河道内源污染等痛点和难点，从"厂（池）网河源"四个维度发力，系统治理，通过有效的工程措施直击要害，实现了源头可控、管网可达、厂站可靠、河道可娱的治水目标，力保茅洲河水质稳步提升，基本稳定在Ⅳ类水，达到 20 年来最好水平，央视对此进行了广泛报道。

（2）以打造五大系统为契机，从排水全过程提升应对污染物能力，实现河道及小微水体从旱季达标向雨季达标转变

从源头上将雨水、污水彻底分流，基本实现家家户户全覆盖；以雨污分流为目标，全面推进污水干支管、毛细管建设，构建系统、完整、独立的污水收集管网体系；开展全部入河排口逐本溯源，将干支流沿河截流系统向二、三级支流及部分小微水体延伸，辅以分散调蓄、错峰处理，以"分散调蓄、三水分离（雨水、污水、初（小）雨）"为指导，把光明区打造为该技术路线的首个实践区。通过 3 套排水系统的建设，既可以独立运行也可以灵活切换，并通过调蓄池和厂站进行调蓄，切实实现了 7mm 初（小）雨的高效收集和处理，保障了雨水、污水系统的完全独立，雨水通道全顺畅、污水系统全收集，成为河道水质达标的重要支撑。

强化山水林田湖草各生态要素协同治理，对河道和小微水体实施全面清淤、系统修复，尽可能采用生态护岸、柔性生态护底、敞口明渠等方式，覆盖全域的补水系统，重构河流生态系统；统筹管理策略落实，实施"厂 – 网 – 河 – 湖"一体化管理系统，构建全要素的管理系统，实现智慧管控。

（3）以源头治理为抓手，利用海绵城市的理念，低碳创建污水零直排区

全面按照排水口"晴天不排水，雨天无污水"的要求，对标梳理问题点位，高标准

推进污水管网修复、疏通和建设，综合运用管道闭路电视、潜望镜、声呐等检测手段，排查整改一批老旧破损、错接漏接管网，打通源头"堵点"，提升源头污水收集效能。并且大力整治"散乱污"，严格限制企业排污，倒逼企业技术升级、提标改造；推进面源污染整治，对垃圾站、餐饮店、洗车店、菜市场等场所分别按需增加遮雨棚、沉砂池、隔油池等设施，杜绝源头散排乱排直排。同时，充分贯彻低影响开发理念，打造精品海绵典范（光明水质净化厂海绵、调蓄池海绵、楼村湿地公园海绵），在双碳目标指导下推进治水工作。

（4）以楼村湿地公园为依托，建设完善的小微水体初（小）雨截流、调蓄系统，利用人工湿地净化技术进一步提升水质

初雨调蓄池工程按照初（小）雨控制要求，充分考虑深圳市用地发展需求，选用荒地、滩地建成全地下调蓄池，地面为海绵景观公园，通过巧妙的构思，将城市的荒地、滩地转化为城市的金角银角，贯彻落实绿色、生态、低碳、韧性的治水理念，在楼村湿地公园、木墩河等科学合理地采用人工湿地净化技术，对污水处理厂尾水、初（小）雨进行处理、水质提升。

（5）以木墩河暗渠复明为示范，创新地应用了宽滩窄槽低水位复合断面构造技术，从根本上改善雨源性河道的弊端

本工程在河道断面构造上，创新地应用了宽滩窄槽低水位复合断面构造技术。以宽滩、窄槽、低水位为核心，结合不同河段旁的地段性质和建设情况，构造了4种典型的宽滩窄槽低水位复合断面，维持河道的基本功能、生态性、景观性。

（6）以"生态光明、幸福光明"为理念，打造楼村湿地公园和木墩河暗渠复明段，治水为民、还水于民，为居民提供亲水空间

在实现工程目标、全面提升水质的基础上，本工程追求工程建设高质量高颜值，提升市民的幸福感、满足感，努力打造光明区治水景观新地标。

楼村湿地公园改建工程以"生态光明、幸福光明"为理念，以"水处理＋滞洪＋海绵＋景观"为特色，建成国内首座集初（小）雨调蓄、处理、回用于一体，兼具海绵示范、景观展示和科普教育功能的人工湿地公园，打造了光明区重要节点靓丽门户区，展示光明区美好新形象，为周边居民提供良好休闲场所和水情科普教育基地。

木墩河暗渠复明整治工程以"以生态之曲，谱生活乐章"为理念，借助暗渠复明的机会，致力于通过栖息地营造、活动节点设计、文化元素融合，为光明区增添一条富有生机与生活气息的活力绿廊。如今的木墩河河水清澈见底、鱼翔浅底，河道两岸花团锦簇、灯光璀璨，市民赞不绝口。

（7）以"双碳目标、低碳理念"为指导，利用污水处理厂尾水、初雨处理尾水进行河道生态补水，统筹调度，科学补水，实现生态补水全覆盖

本项目通过统筹调度，科学补水，实现光明区河道生态补水全覆盖。本工程主要利用光明水质净化厂和公明水质净化厂尾水进行河道生态补水，新建河道生态补水管道长度达 12.54km，补水规模达到 617.6 万 m^3/a。

此外，楼村湿地公园改建工程将初雨水及河道水经水处理系统及人工湿地处理后回补河道，进一步提升了河道水质，提高了区域水环境品质。同时，使用再生水回用于楼村湿地公园绿化浇洒、道路冲洗及景观小溪用水，具有良好的经济效益和生态效益。

5. 实施效果

本工程的顺利实施，全面消除了黑臭水体，实现了 15 条干支流全年水质均值达Ⅳ类水及以上标准，有效改善了茅洲河（光明段）支流全流域水环境质量，光明区河道水质达到近 20 年来最好水平，获得国内各大媒体争相报道、市民好评如潮，深入推进了光明区创建水务治理现代化先行示范区发展进程。本工程创新地应用了宽滩窄槽低水位复合断面构造技术，打造了深圳版清溪川和国内暗渠复明典范工程，获得 AHLA 亚洲人居景观奖、法国巴黎 DNA 设计大奖等多项国际赛事奖项，达到国际先进水平。

6.2.4　池州清溪河流域水环境综合整治项目

1. 项目概况

池州为首批国家级海绵城市建设试点城市，本工程为全国首批海绵城市示范项目，项目采用全流域系统综合治理，具有标准要求高、系统性强、全流域系统治理、示范作用显著等特点。

项目片区存在雨污分流不彻底、小区积水严重、小区绿化及品质相对较差的问题，以片区径流总量、径流污染控制率、景观融合和小区居民满意度为目标，采用"灰色 + 绿色"相结合的方式，对区域面源污染进行系统综合治理，采用渗塘、湿塘、人工湿地等方式处理初期雨水再入湖，同时沟通了断头河沟，开展了红河、中心沟、平天湖排涝沟、九华山大道沟 4 条河沟和南湖、观湖、赵圩 3 个湖泊总面积约 222.35hm^2 的水体治理，建设了 26hm^2 人工湿地，将清溪污水处理厂 8 万 m^3/d 的尾水采用湿地处理后补给河道，增强清溪河流域水动力，实现了清溪河流域水体的长治久清，项目总投资 80468 万元。项目于 2019 年 3 月通过竣工验收，使区域河湖水体达到了Ⅳ类水水质，实现了清水绿岸、鱼翔浅底。

2. 设计思路

工程优先编制系统方案，以目标为导向，采用系统思维统筹工程设计总体方案，对工程内容进行有序分解；以问题为导向，针对各组成部分进行个性化设计。技术路线图见图6-53。

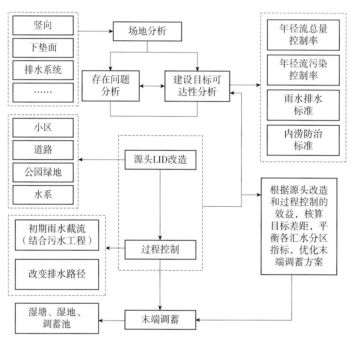

图6-53　池州清溪河流域片区海绵化改造技术路线图

3. 设计方案

（1）片区海绵化改造

本工程以问题和目标为导向，对汇景片区2.76km² 和观湖赵圩片区2.31km² 根据排水单元特征和排水现状优先解决雨污分流与涝水问题，增设雨水管道与排涝设施，因地制宜形成了整体改造小区、局部改造小区、提指标小区和不改造小区，实施了建筑雨水立管断接散排，并根据排水走向与现状标高特征设置透水铺装、砾石沟、植草沟、旱溪、雨水花园、下凹式绿地、初期雨水湿塘、初期雨水调节池等海绵设施，实现了区域水体综合整治及居民满意度的提升，新建海绵设施面积38hm²，调蓄设施容积48300m³，达到了海绵城市的径流总量控制与径流污染控制目标，解决了长期困扰居民的小区品质低、积水及污染问题。汇景片区小区海绵化改造范围见图6-54，观湖赵圩片区小区海绵化改造范围见图6-55。

结合绿化改造、透水铺装建设等增加了停车位约6000个，全面提升了小区人居环境，让海绵城市建设普惠小区居民，改造后实景图见图6-56。

（2）河道治理

项目结合片区海绵化改造实现红河、中心沟、平天湖排涝沟3条黑臭河道外源污染治理，采用底泥清淤与处置清除黑臭水体内源污染物，进行岸线生态化修复提升水体自净能力，采用湿塘、雨水湿地等绿色设施处理观湖、赵圩、南湖3处湖体的入湖初期雨水，通过物理隔离控制农业面源污染，采用生态清淤与原位固化就地资源化利用技术进行内源污染清除。对九华山大道沟进行原位疏浚、增设秋浦东路贯通沟、打通断头河，疏通雨水排

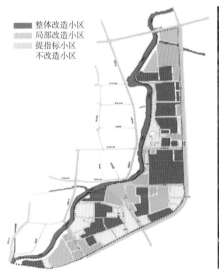

图6-54　汇景片区小区海绵化改造范围

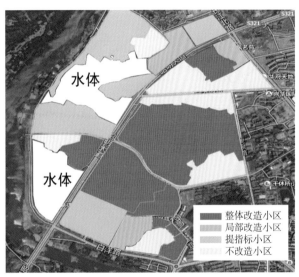

图6-55　观湖赵圩片区小区海绵化改造范围

图6-56　汇景国际小区废弃游泳池改造成雨水花园实景图

放通道，构建主城区水系统互连互通，设置水闸等设施，实现水系统平时、汛期多工况流动。通过源头海绵化改造控制约 69% 的年径流总量，通过源头、过程与末端调蓄处理控制约 45% 的径流污染物。污染物入湖入河控制奠定了污染物进入量小于环境容量，项目进入后期阶段，水体水质已经明显改善，改造后实景图见图 6-57 和图 6-58。

（3）湿地处理及河道水动力提升

将主城区东北角现状废置鱼塘改造为人工湿地处理清溪污水处理厂尾水，正常工况下湿地出水补给清溪河水系，提升清溪河流域水系的水动力；排涝工况下清溪污水处理

图 6-57　红河东段黑臭水体治理成效实景图

图 6-58　赵圩黑臭水体治理成效实景图

厂尾水直接排至清溪河下游河道，通过中心沟及红河水闸管控排水流向，涝水经平天湖排涝沟直排清溪河下游河道，人工湿地作为主城区排涝调蓄区，削减涝水峰值流量，实现片区30年一遇排涝标准。

示范区内河道均为防汛河道，水量受降雨影响较大，无雨水进入时，基本不流动。为保证生态基流，将8万t的污水处理厂尾水通过人工湿地处理，进一步削减污染物后作为再生水补给水体，保证示范区内水体的水动力，摆脱了"靠天吃饭"的困境。改造后全景图、实景图见图6-59和图6-60。

图6-59　尾水湿地全景图

图6-60　尾水湿地实景图

4. 特色与创新

（1）海绵化改造与提升人居环境相融合

在地块雨污分流与海绵化改造的过程中，以消除长期困扰居民的积水问题为导向，同时居民生活配套设施显著提升，项目建设了一批生态公园，增加市民幸福感。项目设计的雨水花园、下凹式绿地等海绵设施明显提升了居住小区景观效果，沿着河道的防汛通道设置了海绵型口袋公园，增加了亲水设施；处理污水处理厂尾水的人工湿地以郊野公园的形式呈现，在科普、健身、改善小范围气候等方面都起到了示范作用。

（2）污水处理厂尾水提质后作为生态补水

项目以问题为导向，因地制宜落实海绵设施，以源头径流污染控制为主，雨水系统过程与末端调控为补充，污水处理厂尾水通过人工湿地处理后补给水体。

5. 实施效果

通过海绵化改造，示范区内年径流总量控制率达到72%，雨季溢流频率减少85%以上，城市水生态明显提升，实现了黑臭水体全面恢复Ⅳ类水体。项目先后获得上海市优秀工程勘察设计奖二等奖、工程建设项目设计水平评价二等奖。

6.3 建筑与小区

6.3.1 芜湖政务中心片区海绵城市提升项目

1. 项目概况

芜湖作为海绵城市建设示范城市，通过打造老城涝污共治典范区、新城海绵管控典范区、智慧海绵建设典范区和"城市更新 + 海绵"典范区四个先行典范区为全市域推进提供样板，政务中心片区作为四大海绵城市建设先行典范区之一的智慧海绵建设典范区，隶属芜湖市鸠江区，位于扁担河以西、弋江路以东、赤铸山路以南、神山路以北区域，总面积7.3km²。片区承接芜湖市"东扩南进"的发展格局，聚拢着优质的政务文化资源和生态景观资源，蓝绿空间占比52.2%，海绵城市建设基底条件优越。片区多年平均降雨量1234.7mm，多年平均蒸发量1194.5mm，隶属于城北片 – 弋江排区、永安桥排区，两排区雨水经青弋江最终排放至长江。片区土地利用现状见图6–61，项目总平图见图6–62。

政务中心片区建设前水体周边政通路、云从路雨水径流未经滞蓄、净化措施直排管网，管网直排水体，影响水体水质；同时政通路、云从路因局部地势低洼，存在积水风险。

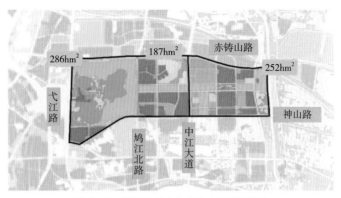

图 6-61　芜湖政务中心片区土地利用现状

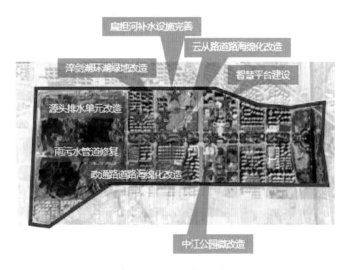

图 6-62　芜湖政务中心片区海绵城市提升项目总平面图

　　项目主要对政务中心片区政通路、云从路进行道路海绵化改造，将临淬剑湖道路雨水引入下凹式绿地、雨水花园进行调蓄、净化，同时在雨水排口前设置末端梯级人工湿地，进一步削减雨水径流污染，保证湖体水质稳定达到地表 V 类水标准。项目总投资概算为 6033.24 万元，其中工程费用 5023.60 万元，项目于 2024 年 1 月开工建设，2024 年 12 月完工，项目内容主要涉及 10859m² 透水铺装、4300m² 下凹式绿地、1750m² 雨水花园、1780m² 梯级人工湿地及相关海绵监测及科普展示设施。

　　2. 设计思路

　　按照"集初雨、控污染、保水质"的总体思路，为巩固提升区域水体水环境，构建从源头减排、过程控制到末端治理的全过程污染治理与防控体系，源头建设低影响开发设施削减径流污染，开展项目区域内排水管道清淤与改造修复，末端建设调蓄净化处理设施进行系统控制提升水质。结合芜湖海绵城市建设智慧管理平台等工程，配套建设智慧监测及科普展示设施，打造集科普、展示和定量效果监控的智慧海绵建设典范区。

3. 设计方案

（1）源头减排——道路海绵化改造

本次项目道路海绵化改造工程共涉及 2 条路，分别为政通路、云从路。项目列表及分布情况见表 6-4 和图 6-63。

道路海绵化改造清单　　　　　　　　　　　　　　表 6-4

序号	道路名称	路面材质	宽度（m）	车道状况	改造长度（m）	备注
1	政通路 （鸠江北路—中江大道）	沥青路面	20	双向 2 车道	1250	北侧
2	云从路 （赤铸山路—神山路）	沥青路面	30	双向 4 车道	1400	西侧

图 6-63　道路海绵化改造布局图

基于云从路、政通路道路现状，道路海绵化改造采取的主要海绵设施包括侧分带改造为下凹式绿地、现状人行道普通砖石铺装改造为透水砖、两侧绿化带设置雨水花园、现状树池改造为人行道生态树池。

车行道、人行道和绿地上产生的雨水因地制宜通过人行道盖板沟（横向排水槽）或直接进入雨水花园、下凹式绿地、生态树池等生物滞蓄设施，下渗盲管或直接溢流进入市政管网，最终排入周边水体或进入末端人工湿地进行调蓄，见图 6-64~ 图 6-66。

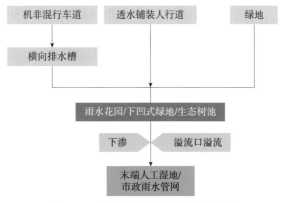

图 6-64　地面径流雨水排放路线流程图

图 6-65　政通路道路海绵化改造示意图

图 6-66　云从路道路海绵化改造示意图

（2）过程控制——雨水管道缺陷修复

完善政务中心片区雨水管网建设、修复雨水管道缺陷是政务中心海绵城市建设的重要内容，为加快政务中心智慧海绵建设典范区的建设，本工程考虑结合淬剑湖周边景观提升及海绵设施建设,修复临近淬剑湖的管段,将政通路、云从路、仁和路作为本工程修复管道,项目主要涉及管道清理142处、管网局部修复331处、管网整体修复462m、管网翻排548m。

(3)系统治理——末端调蓄

为进一步削减雨水径流污染,在淬剑湖入湖政通路 DN800 雨水排口、云从路 DN800 雨水排口分别设置两处梯级人工湿地,面积各890m²,调蓄量为311m³,见图6-67和图6-68。

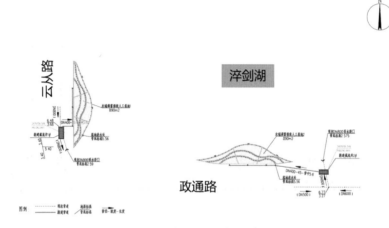

图6-67　梯级人工湿地平面位置图

图6-68　梯级人工湿地效果图

（4）智慧管控

结合芜湖海绵城市建设智慧管控平台、城市生命线工程对政务中心片区实现智慧化管控，同时本项目对政通路淬剑湖处、云从路淬剑湖处 2 处雨水排口末端进行调蓄流量及 SS、氨氮监测。

4. 特色与创新

（1）优化径流组织，发挥绿色设施功能

1）将原面包砖铺装的人行道改造为透水铺装（10859m²），增强居民出行舒适度。

2）将人行道两侧绿带分别改造为下凹式绿地（4300m²）及雨水花园（1750m²），机动车道雨水通过开口立缘石及横向排水槽进入 LID 设施调蓄净化后溢流至市政雨水管网。

3）增加雨水超标应急行泄通道，降低内涝风险，见图 6-69。

图 6-69　道路雨水超标行泄示意图

（2）结合岸边地形条件，末端创新设置梯级人工湿地，调蓄净化提升水质

在政通路、云从路淬剑湖现状雨水排口前分别设置梯级人工湿地（共 1780m²）进行末端调蓄净化，通过填料吸附及其中微生物生化作用净化水质，见图 6-70。

5. 实施效果

本次项目设计基于政务新区优良的基底条件，结合片区其余在建项目，建成海绵城市示范片区和科普基地，成为芜湖市海绵城市建设的名片。

通过项目实施，新增调蓄容积 2324m³，道路年径流总量控制率达到 60% 以上，年径流污染控制率达到 55%。项目充分利用已有绿化条件，优化道路雨水径流组织路径，并通过淬剑湖梯级人工湿地，进一步削减径流峰值和污染，巩固提升智慧海绵建设典范区内的水环境质量，提升居民生活品质。项目建设前、施工中和建成后分别见图 6-71、图 6-72、图 6-73。

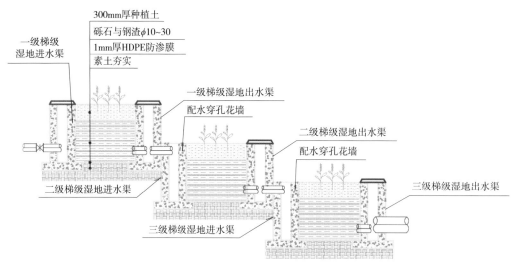

图6-70　梯级人工湿地剖面图

（a）　　　　　　　　　　　（b）　　　　　　　　　　　（c）

图6-71　芜湖政务中心片区海绵城市提升项目建设前
（a）淬剑湖梯级人工湿地；（b）云从路下凹式绿地；（c）政通路下凹式绿地

（a）　　　　　　　　　　　（b）　　　　　　　　　　　（c）

图6-72　芜湖政务中心片区海绵城市提升项目施工中
（a）淬剑湖梯级人工湿地；（b）云从路下凹式绿地；（c）政通路下凹式绿地

图 6-73　芜湖政务中心片区海绵城市提升项目建成后
（a）淬剑湖梯级人工湿地；（b）云从路下凹式绿地；（c）政通路下凹式绿地

6.3.2　常州武进丰乐公寓老旧小区改造

1. 项目概况

丰乐公寓一期位于常州市武进区府西路北侧，外环府路西侧，丰乐坊南侧，见图 6-74。小区占地面积约 4.7hm²，其中住宅建筑面积约为 11.37 hm²，均为多层建筑。绿化率约 21.06%。小区存在雨污混接、积水严重、雨水径流系数高、面源污染严重、景观功能缺失等问题，改造以解决以上问题为核心，并在海绵化改造的同时，提升小区环境品质，给居民带来获得感，小区改造于 2021 年完成，小区平面图见图 6-75。

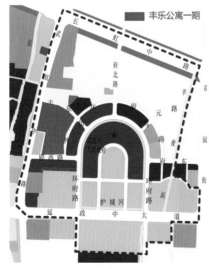

图 6-74　丰乐公寓一期小区位置图

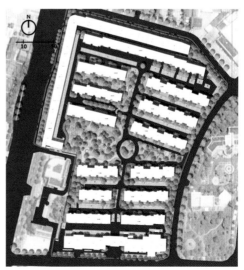

图 6-75　丰乐公寓一期小区平面图

2. 设计思路

项目海绵化改造设计采用系统化视角，针对雨污混接、小区积水与面源污染严重、景观风貌亟待提升等问题，并充分发挥各海绵设施如雨水花园、生物滞留带、装配式雨水花园、透水铺装的滞留、消纳及净化功能，在改造的同时兼顾景观品质提升和居民获得感，打造生态、宜居的海绵城市示范型居住区，设计思路见图6-76。

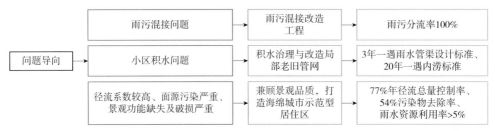

图6-76　丰乐公寓一期海绵化改造设计思路图

3. 设计方案

小区改造工程主要内容如下：

（1）雨污混接改造工程

改造内容有：对小区阳台内外混接立管的改造处理、与现有雨水管网混接点改造等，例如新增雨水立管，将原有立管接入污水管网，新建立管接入雨水系统，引入海绵设施等。另外新建污水管道与污水井。

（2）积水治理工程

从武进区现状管网铺设高程和多年防汛实践来看，淹涝时有发生，项目以"高水自排是根本，灵活抽排保安全"为理念，通过增设强排措施，低水位时仍利用地形优势自排，汛期高水位时启用排涝泵站，提高汛期水安全保障程度。具体措施包括对雨水出路进行设计，增设提升雨水泵站，内部雨水管网提标，改造按照3年一遇重现期设计，现有雨水管网疏通及修复，并对破损管道进行了探测。

（3）源头海绵改造及景观风貌提升

步道海绵化改造：原小区西侧中心景观区植被茂密，但缺乏层次，部分底层植物由于常年无日照已经逐步退化。本次海绵化改造考虑进行生态修复，保留该区域原有步道和部分长势较好的乔木，结合下凹式绿地，进行景观品质提升，将原有破损的步道改为透水混凝土材质，增加居民参与度，提升小区宜居指数，见图6-77。

透水混凝土园路：透水混凝土又称多孔混凝土，具有透气、透水和重量轻的特点，并结合设计创意，针对不同环境和个性要求进行色彩选择及图样设计。透水混凝土铺装

（a）　　　　　　　　　　　　　　　　　　　（b）

图6-77　步道海绵化改造前后对比

（a）改造前；（b）改造后

（a）　　　　　　　　　　　　　　　　　　　（b）

图6-78　透水混凝土场地改造前后对比

（a）改造前；（b）改造后

的步道，在消纳净化雨水的同时，还可实现"小雨不湿鞋"的良好行走体验，增加不少活动空间，见图6-78。

结合透水铺装与生物滞留带打造生态停车场：生态停车场是由透水铺装及生物滞留带共同构建的海绵设施。生物滞留带位于场地排水坡向的低处，雨水径流进入其中消纳处理后通过盲管或溢流通道最终进入雨水管网，见图6-79和图6-80。

4. 特色与创新

以问题为导向，重点解决存在的水安全和水环境问题，达到目标要求"小雨不积水，大雨不内涝，水体不黑臭，热岛有缓解"。通过解决问题、统筹关系、梳理边界、理清体系系统性地完成了小区海绵化改造工程。

另外，小区在中心广场处创新地引入装配式雨水花园的概念，并按照既定的标准化、格式化的流程进行模式化施工。模拟近自然的设计，达到"低成本、近自然、易维护"的目标，为日后雨水花园的设计与施工提供了借鉴与指导，见图6-81。

（a）　　　　　　　　　　　　　　　（b）

图6-79　生态停车场改造前后对比

（a）改造前；（b）改造后

图6-80　生态停车场剖面图　　　　　　图6-81　装配式雨水花园

5. 实施效果

项目总投资为581万元，均为海绵专项费用。结合相关监测数据分析，在48.4mm/d实测降雨下，丰乐公寓一期几乎无外排雨水，对降雨径流的控制效果达标。项目已完工4年，景观效果很好，提升了居民们的生活质量。

6.3.3　上海蒙自系统提质增效

1. 项目概况

蒙自排水系统位于上海市黄浦区，服务面积约1.88km²，属分流制排水系统，雨水管渠设计重现期为3年一遇，综合径流系数为0.65。排水泵站位于系统西南角，地处黄浦滨江公共空间，黄浦滨江步道西侧。泵站为全地下式，总排水能力16.8m³/s，雨水

经泵站提升排入黄浦江。泵站设有截流设施截流旱天混接污水至污水处理厂，截流能力
0.18m³/s；泵站内设置全地下调蓄池一座，调蓄池容量5500m³，调蓄雨水在旱季放空至
污水系统。泵站基本情况见图6-82。

项目以"探索超大型城市分布式排水泵站的生态化管理模式"为目标，以"结合生
产、源头减排、按需净化、资源回用"为实施原则。在强化源头控制利用海绵设施削减
场地内污染物排放、采用就地一体化处理设施旱天进行初雨处理回用及雨天进一步提高
截流标准、注重市民空间生态友好将全地下的市政设施与顶部开放式科普公园相结合等
方面进行探索，主要实施了海绵化改造、就地一体化处理、雨水净化回用、景观提升与
科普宣传四方面内容。

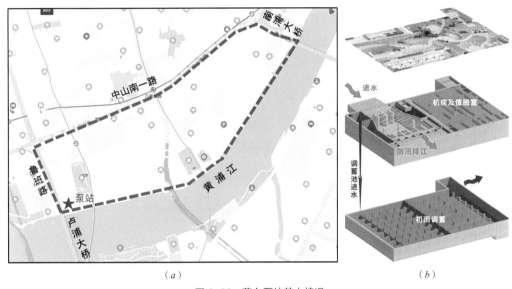

图6-82　蒙自泵站基本情况
（a）蒙自排水系统服务范围示意图；（b）蒙自泵站构造示意图

2. 设计思路

（1）海绵化改造

探索厂站内海绵化改造源头削减污染物排放。在泵站现状绿地的基础上实施海绵化
改造，增设雨水花园、植草沟等海绵设施，源头削减雨水径流污染放江、延缓雨水径流
峰值。兼顾海绵设施展示及景观效果提升等目标的有机统一。

（2）就地一体化处理

就地一体化处理装置旱天功能为处理调蓄池内贮存的初期雨水或泵站截流的混接污
水，排放优先考虑再生水利用；处理装置雨天功能为调蓄池蓄满后，在不新增调蓄设施

的情况下进一步提高截流标准、削减放江污染物，进水接自雨水泵房前池，初雨经处理后排放至泵站前池，经泵站提升放江。

（3）雨水净化回用

就地一体化处理装置出水优先考虑再生水利用，近期主要用于泵站内新增的自动绿化浇灌系统水源、泵站内道路冲洗、泵站内新增喷泉景观补水等，后期可考虑周边公园绿地需求。

（4）景观提升与科普宣传

在土地资源极度紧张的中心城区，应考虑市政设施与城市景观和谐、市民空间融合的新发展要求和趋势。泵站地处黄浦滨江，泵站及调蓄池为全地下建设，原为封闭管理的市政公共设施。结合"一江一河"规划和城市更新要求，项目利用泵站地上空间，结合周边环境以及泵站自身的水生态理念，将公共设施景观化、开放化。

3. 设计方案

（1）海绵化改造

本工程的海绵指标为年径流总量控制率75%，对应设计降雨量为22.2mm，年径流污染控制率设定为55%。综合技术经济性、可行性考虑，本项目主要采用了雨水花园、植草沟、透水铺装、生态树池、生态停车位等海绵设施，见图6-83。采用容积法计算，本工程所需有效调蓄容积约为62m³。通过雨水花园和植草沟的布置，雨水径流控制量可达到69m³，满足调蓄容积需求及径流污染控制率要求。

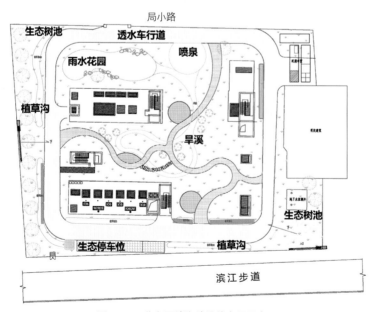

图6-83　蒙自泵站海绵设施布置示意图

（2）就地一体化处理

旱天结合泵站实际进水水质数据分析，设计进水水质采用典型生活污水水质。设计出水水质根据一体化处理装置出水回用的要求、考虑未来放江的情况，参照《城镇污水处理厂污染物排放标准》GB 18918—2002 一级 A 标准。雨天进水水质较好，可适当增大设施处理水量，放宽排放要求，以最大限度削减放江污染。出水水质一般可达一级 B 标准，COD 去除率可达 70%，SS 去除率可达 80%~90%。

泵站内可利用占地为东北角约 115m² 用地，结合处理设施模块化、标准化以及推广应用的需求，最大可布置规模为 150m³/d（旱天全流程），按回用水量估算，设施每日运行 8h，处理水量 50m³/d 可满足需求。雨天进水水质较好，可测试放大规模至 2000m³/d（雨天流程）。处理设施由三组 9.0m × 2.4m × 3.0m（$L \times B \times H$）的模块组成。

一体化处理装置根据雨天和旱天的差异，设置两条工艺运行路线。通过对处理工艺段运行组合形式的调整，可以使得其既能满足旱天环境下对于高污染物浓度小水量的处理需求，也可以满足雨天环境下高处理水量的要求，具有很强的灵活性。可根据需要，灵活调整，见图 6-84。

（3）雨水净化回用

以旱天处理水量 50m³/d 探索，进水取自调蓄池内初期雨水或泵站截流的混接污水，初步测算旱天雨水资源处理回用可节水达 1.4 万 m³/a，同时污染物减排可达 2.9tCOD/a、2.2tSS/a。未来结合周边公园绿地等使用需求，可进一步提高回用水量至 4.2 万 m³/a。

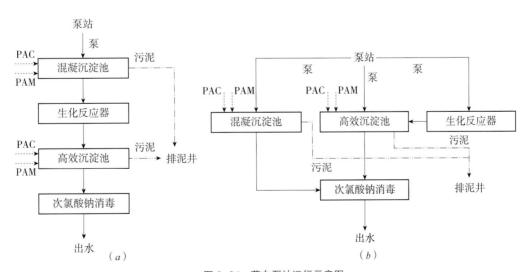

图 6-84　蒙自泵站运行示意图
（a）旱天运行模式示意图；（b）雨天运行模式示意图

（4）景观提升与科普宣传

景观设计以"水的生命之旅"为主题，社会之水经过滤、净化后再次回归大自然的怀抱，向体验者展示水与自然更新重塑的生命过程。通过"落雨"喷泉水景、"曲水"自然旱溪、"云起"艺术雕塑的设计打造开放的景观视线通廊，塑造水景三部曲，见图6-85。

图6-85 蒙自泵站海绵化改造景观设计示意图

科普展示以围挡贴纸、设施彩绘、实体模型、宣传展板等为载体融入景观中，通过水环境治理科普教育游览路线，串联"水生态""水科技""水文化"三个科普展示主题，生动有趣地向公众展示水生态海绵设施、水处理回用工艺和水文化景观小品等内容。在提升市民游园感受之余，不断促进节水、护水理念的普及，塑造先进的城市生态环保公园典范、环境教育示范。

泵站经海绵化改造后景观环境明显提升，源头削减污染物的同时，与周边城市景观进一步融合，见图6-86。泵站对公众开放，以"水主题"为科普宣传特色，打造水环境治理科普教育游览路线，激发界面活力，吸引众多参观人流，见图6-87和图6-88。

图6-86 蒙自泵站经海绵化改造后景观效果实景图

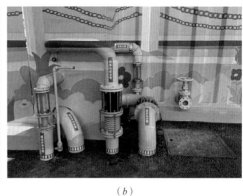

（a）　　　　　　　　　　　　　　　（b）

图6-87　蒙自泵站经海绵化改造后科普展示实景图

（a）海绵设施模型展示；（b）处理装置科普彩绘

（a）　　　　　　　　　　　　　　　（b）

图6-88　蒙自泵站经海绵化改造后公众开放实景图

（a）公众参观照片1；（b）公众参观照片2

4. 特色与创新

项目结合"一江一河"规划和城市更新要求，打造了上海首座向市民开放的现役排水泵站，泵站采用全地下式布置，泵站内以"海绵理念""调蓄+处理技术""景观提升+科普展示"为突破点，既加强源头径流污染控制、削减初雨放江污染，又实现雨水综合利用、市政设施与市民空间的融合，是排水系统末端设施（雨水泵站及初雨调蓄池）提质增效的全面探索，为泵站调蓄池等市政设施的建设提供了参考。

5. 实施效果

结合城市泵站及调蓄池的水量和水质特点设置一体化处理装置，优先利用较污水水质好的雨水作为回用水源，投用以后运行效果理想，出水水质稳定达标。在2023年上海市工业水重复利用及雨水综合利用案例评选活动中，荣获雨水综合利用优秀案例一等奖。

6.4　道路交通

6.4.1　上海外环西段交通功能提升工程

1.项目概况

外环线位于上海市中心城的外围，全长99km，全线通车于2003年，是上海市主要的货运和客运交通通道。随着外环沿线地区的发展与建设，为支撑城市功能转型升级以及高密度、高强度区域开发、激发城市活力、促进沿线区域经济社会发展，实施外环西段交通功能提升工程。

工程北起桃浦路，南至莘朱路，全长约18.1km，建设内容分为主线快速路和地面辅道。主线快速路：桃浦路至黎安路，全长约15.3km，快速路等级，含主线高架、出入匝道、互通立交等。主线规模采用与现状一致的双向8车道规模。地面辅道：桃浦路至莘朱路，全长约18.1km，充分利用既有外环地面主线，经部分改建和新建，贯通外环地面辅道，为地区路网新增南北向地面骨干通道。辅道规模分路段布置为：桃浦路—曹安公路：双向4车道；曹安公路—顾戴路：双向6车道；顾戴路以南：双向4车道。工程范围示意图见图6-89，横断面示意图见图6-90。

图6-89　外环西段交通功能提升工程范围示意图

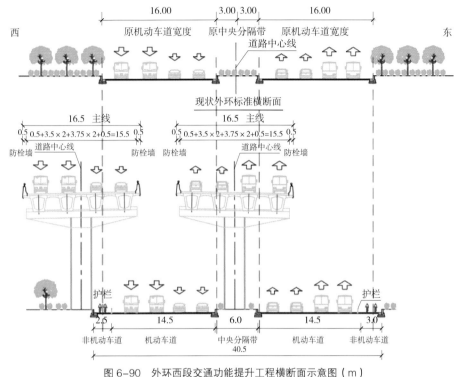

图6-90　外环西段交通功能提升工程横断面示意图（m）

现状外环雨水排水管道设计重现期为1年一遇，立交区域设计重现期为2年一遇，无海绵城市设施。近年来，外环局部路段积水现象时有发生，因此结合外环改造提高外环排水标准，增加海绵城市设施。

本工程排水设计标准为：地面道路设计重现期采用5年一遇（58.0mm/h），高架道路设计重现期采用10年一遇（67.3mm/h）。实现相同设计重现期条件下实施后的径流量低于实施前的径流量，以及年径流总量控制率85%以内道路雨水不外排。

2. 设计思路

（1）多措并举，工程实施后的径流量低于实施前

根据高架、地面等不同服务范围的特点，采用雨水生物滞留池、植草沟等多种措施，配合道路、桥梁、景观等多专业协同设计，共同构建道路海绵城市体系，实现高架初期雨水污染控制。对高架、地面雨水进行滞蓄，减小了暴雨峰值流量，保证工程实施后径流量低于工程实施前径流量，并在符合条件的路段实现一定标准内雨水不外排，即一定标准内"零径流"，保障排水安全。

（2）优化布置，助力舒适交通出行

利用布置在分隔带中的盖板沟或植草沟，替代机动车道下的雨水管，可防止由管道

引起的道路沉降，减少排水工程建设对交通的影响，提升车辆通行时的流畅度和舒适性，有利于保障道路质量。

3. 设计方案

高架道路及地面道路雨水分散进入源头绿色基础设施，经过蓄、渗及净化处理后，溢流进入雨水管道。实现相同设计重现期条件下实施后的径流量低于实施前的径流量，以及年径流总量控制率85%（33mm）以内道路雨水不外排，同步设置回用设施。

（1）总体设计

在中间高架下绿化分隔带内设置消能井和雨水生物滞留池，同时设置盖板沟，连接跨间生物滞留池，起雨水转输作用，每隔5~10跨设横向连接管接至两侧雨水干管。在西侧高架下绿化分隔带内设置消能井和雨水生物滞留池，雨水经净化处理后溢流进入雨水管道。在东侧道路机非分隔带内设置雨水生物滞留池，道路径流经侧石开口进入生物滞留池，超量雨水溢流入雨水管。在侧分带内因地制宜布置植草沟，代替部分雨水管道。排水示意图见图6-91。

全线共计新建生物滞留池5.8万 m²，盖板沟及植草沟共12.4km。新建 $DN600 \sim DN1800$ 雨水管道33.1km，微顶管井148座。

降雨"零径流"技术路线见图6-92，雨水回用设施位置见图6-93。

以标准段一跨（长度30m）为例，工程实施范围宽度53m，实施前下垫面为29m不透水路面+24m绿化，实施后下垫面为51m不透水路面+2m绿化，见图6-94。当降雨

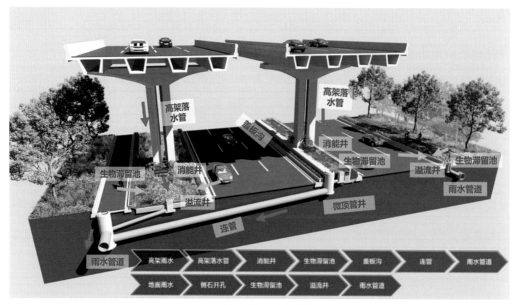

图6-91　高架及地面道路排水示意图

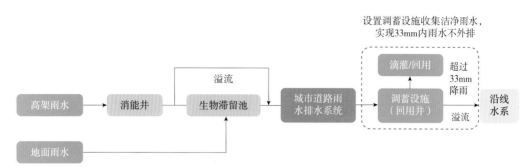

图6-92　降雨"零径流"技术路线

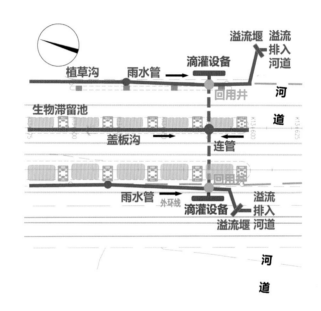

图6-93　雨水回用设施位置示意图

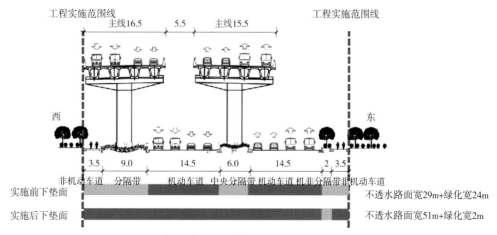

图6-94　外环西段交通功能提升工程实施前后下垫面示意图

强度为 5 年一遇（58mm/h），降雨时间 1h 时，工程实施前径流总量 53.8m³，无海绵调蓄量，实际径流总量 53.8m³；工程实施后径流总量 80.6m³，海绵调蓄量 36m³，实际径流总量 44.6m³，相比工程实施前减少 17%。

（2）源头绿色基础设施设计

1）生物滞留池

生物滞留池长度根据承台间距确定，以 15~30m 为主，宽度 2.0~3.5m，调蓄深度 0.15~0.3m。结构层由上至下分别为改良种植土、中砂过滤层、填料层、de110 导引水管、防渗土工布等。改良种植土层应疏松湿润、排水良好，不含砂石、建筑垃圾，富含有机质的肥沃冲积或黏壤土较为理想。酸碱度适宜；含水物的比重小于整体的 85%；土壤入渗率 80~100mm/h，并确保生物滞留池对污染物（SS）的去除率达到 80%。

2）植草沟

采用转输型植草沟，宽度 1.5m，蓄水深度 0.5m，设置种植土及防渗膜。将收集的道路雨水转输至生物滞留池或雨水检查井，代替部分雨水管道。

3）盖板沟

盖板沟长度不超过 300m，净宽度 0.6m，深度 0.9m，采用半地下布置形式，沟底低于路面约 0.35m，采用混凝土盖板。盖板沟侧壁结合中央分隔带整体风貌进行景观设计，使盖板沟外观与其他景观设计相协调。

图 6-95　源头绿色基础设施景观示意图

（3）景观绿化设计

高架下生物滞留池采用多层次植物搭配的自然种植方式，植物选择既耐旱又耐水湿的品种，见图6-95。灌木品种如八角金盘、阔叶箬竹、一叶兰、白芨等；地被如大吴风草、鸢尾、花叶玉簪、金边阔叶麦冬、蕨类植物等。高架下匝道/边墩生物滞留池采用条状种植方式，植物选择耐阴耐污品种，如花叶玉蝉花、常绿鸢尾、蕨类植物等。侧分带生物滞留池植物种植形式以简洁为主，植物选择既耐旱又耐水湿的品种，可采用彩叶杞柳、南天竹、常绿鸢尾等。生物滞留池采用钢筋石笼收边。

4. 特色与创新

（1）创新性采用生态沟渠局部代替雨水管道

外环线为上海市交通干线，车流量大，通行保障要求高，且沿途各类管线错综复杂，如采用开挖方式敷设雨水管道，造价较高，施工影响面大。本工程在部分道路分隔带内设置盖板沟、植草沟等生态沟渠局部代替管道进行雨水转输，既能降低施工对现状外环交通的影响，减少重车通行路面下的排水管道，提升车辆通行流畅度和舒适性，又减少了沟槽开挖成本，节约了工程造价。根据计算，采用生态沟渠可减少重车通行路面下雨水管14.5km，减少检查井485座，减少道路雨水口约1160座，节约工程投资约5400万元。

（2）"海绵城市"理念的全专业协同

排水采用"绿灰结合"方式，控制径流污染，保障排水安全；道路采用"V"字形设计，使非机动车道雨水能有效汇入植草沟和生物滞留池；桥梁结合盖板沟高度要求进行承台标高优化，使盖板沟既能满足排水坡度要求，又能在分隔带宽度有限的情况下实现纵向贯通。景观根据海绵设施的使用要求，选择耐阴、耐湿、耐污的植物搭配。各专业的协同设计是贯彻"海绵城市"理念，保障海绵设施功能的最大助力。

（3）一定标准内"零径流"控制

充分利用管渠调蓄空间，并在管道末端检查井内设溢流堰，保持堰顶标高不低于常水位，使一定标准内降雨产生的径流贮存在管渠内，回用于绿化，即实现一定标准内的降雨"零径流"，减少径流污染，降低河道压力，改善河道水质。

5. 实施效果

新建桥梁使不透水路面宽度增加，综合径流系数增大，产生的径流总量也随之增大。通过设置生物滞留池等海绵设施，对径流进行滞蓄，使实际产生的径流总量减小，在相同设计重现期条件下，工程实施后的径流量低于实施前；同时利用东、西两侧的雨水管渠及回用井的容积作为蓄水空间，收集贮存洁净雨水，在道路两侧绿带中设置滴灌/回用设施进行雨水回用，实现33mm（年径流总量控制率85%）内雨水不外排。

6.4.2　嘉兴市区快速路环线工程（一期）

1. 项目概况

嘉兴市区快速路环线为嘉兴市首条快速路，有效支撑了嘉兴作为"一体化交通体系枢纽地"的定位，同时作为"建党百年献礼工程"，被列入浙江省重点项目。嘉兴市区快速路环线工程一期起点为广益路，终点至洪波路（K0+000~K15+080），长约15.1km，见图6-96。项目于2018年12月开工，2021年6月竣工。

项目主线内容为新建主线高架/地道系统，主线长约13.9km。匝道工程内容：除4条匝道（南湖大道东侧进口9号匝道（1条）、城南路西侧15号和16号匝道（2条）、嘉杭路东侧出口18号匝道（1条））预留跳水台，其余匝道出入口与主线同步实施。地面辅道：长约14.4km。

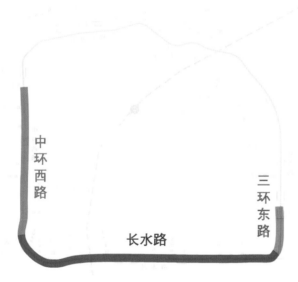

图6-96　嘉兴市区快速路环线工程一期道路分布平面图

嘉兴市地处北亚热带南缘，属东亚季风区，冬夏季风交替，四季分明，气温适中，雨水丰沛，日照充足，具有春湿、夏热、秋燥、冬冷的特点，因地处中纬度，夏季湿热多雨的天气比冬季干冷的天气短得多。年平均气温15.9℃，年平均降水量1168.6mm。根据《嘉兴市海绵城市专项规划》及《嘉兴市城市规划管理技术规定》的相关内容，本工程区域目标雨水径流总量控制率为70%，径流污染控制率为45%。

本工程海绵调蓄规模见表6-5。

嘉兴市区快速路环线工程汇水分区及调蓄规模一览表　　　　表 6-5

道路路段	分区	总面积（m²）	绿化带面积（m²）	人行道面积（m²）	实际调蓄容积（m³）
三环东路段	三环东路段地面	50677	4877	11227	1290.80
	三环东路段高架	72309	0	0	0
长水路段	长水路高架段地面	250585	19915	47606	0
	长水路高架段高架	188915	0	0	4739.60
	长水路地道段	221794	40672	14348	1270.00
中环西路高架段	中环西路高架段地面	162928	14399	27779	0
	中环西路高架段高架	176453	0	0	1678.72
中环西路新塍塘段	中环西路新塍塘段地面	29933	1069	5629	0
	中环西路新塍塘段高架	25241	0	0	378.24
中环西路段	中环西路段地面	28439	5169	5337	0
	中环西路段高架	30867	0	0	472.00

2. 设计思路

本工程主线分为三环东路、长水路、中环西路三段，结合道路设计成果，高架段考虑结合高架下分隔带建设生物滞留带及蓄水模块，高架上设置透水沥青铺装，人行道采用透水铺装。非高架路段，结合道路具体情况，在道路侧分带及道路外侧绿地内设计雨水花园，人行道采用透水铺装。

3. 设计方案

（1）三环东路

三环东路现状为公路断面，改建后采用地面辅道及高架的快速路形式，标准段红线宽度 50m，高架标准段宽度 32m，两侧分隔带宽度 2m，海绵城市建设条件均比较成熟，具体见图 6-97。

由以上可知，高架下设置 8m 分隔带，该区域具备设置海绵设施的条件，设置生物滞留带、蓄水模块或蓄水管，对高架路面雨水进行调蓄和处理；侧分带宽度只有 2m，较窄，不考虑设置海绵调蓄设施；3.5m 宽的人行道可采用透水铺装，见图 6-98。

结合以往高架路面材料应用经验，本工程高架路面采用 OGFC 排水降噪沥青混凝土路面，既降低噪声也响应海绵化要求。利用高架下方的绿化，在其内设置高架过滤井 + 蓄水管 + 溢流井，调蓄消纳高架雨水径流。高架路面雨水通过高架收水口及立管排入高架过滤井，过滤后干净的雨水排入蓄水管内，中后期超标雨水通过溢流井溢流至管网。

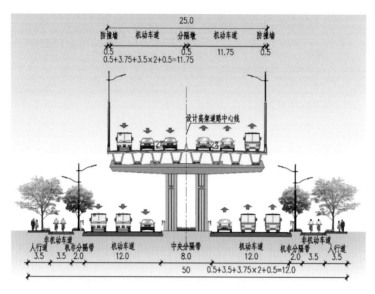

图 6-97　三环东路双六高架标准横断面（m）

图 6-98　三环东路海绵设施布置示意图

考虑到蓄水模块养护困难，考虑在溢流井内设置海绵调蓄缓释模块两座，控制 24~48h 内将蓄水管内贮存的雨水排入市政管道内，便于以后养护，见图 6-99。

高架景观设计方案：高架及匝道下光照条件较差，景观设计以卵石满铺为主，搭配植物种植。其中植物应以耐荫、耐水湿、耐污、耐旱植物为主，如兰花三七、部分禾本科植物等。同时与周边植物配合，形成不同高度植被的复合层次设计，使其既能起到调蓄径流、净化水质的作用，又具有一定的观赏价值。在暗埋段地面上，景观设计以生态卵石沟结合海绵，植被搭配如乌桕、红枫、造型桩头、金桂等多层次种植，形成生态、丰富、自然野趣的景观效果。

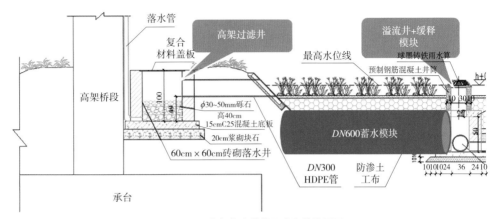

图 6-99　高架蓄水模块及溢流井设置图

其中，雨水口处为避免杂物堵塞，应在不影响排水的前提下，选用低矮的灌木进行遮挡和美化。同时，在必要时，应及时补种修剪植物、清除杂草。当调蓄空间雨水的排空时间超过 36h 时，应及时置换树皮覆盖层或表层种植土。设计见图 6-100 和图 6-101。

高架路面透水铺装：高架路面采用半透铺装结构，4cm 排水降噪沥青混凝土 +6cm 中粒式沥青混凝土（含 0.5cm 稀浆封层）+1cm 同步碎石封层，铺装总厚度 11cm，见图 6-102。

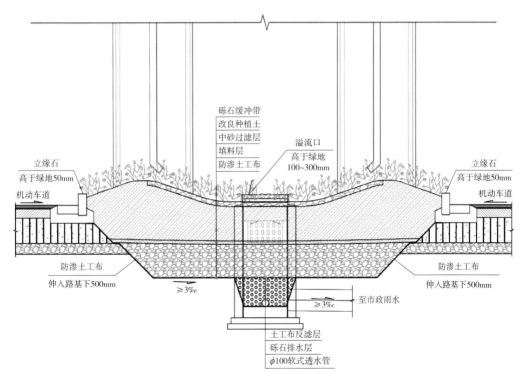

图 6-100　高架下生物滞留带大样图

图6-101　高架下生物滞留带布置示意图

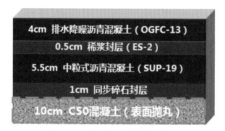

图6-102　沥青透水铺砖结构图

（2）中环西路

中环西路断面采用地面辅道及高架的快速路形式，标准段红线宽度60m，高架标准段宽度32m，两侧分隔带宽度2.5m；局部高架平行匝道落地段红线宽度68m，主线高架宽度25m，两侧落地匝道宽度8.5m。双六与双八高架段断面形式与三环东路、长水路高架段类似。中环西路增加双十断面形式，见图6-103。中环西路下现状管线比较复杂，综合、通信、排水迁改至中央分隔带的桥墩承台上方，海绵设施布置难度较大。

由于中央分隔带下规划综合通信、排水的布置，生物滞留带无法设置，因此采用管径 $DN600$ 蓄水模块的方式代替；其余措施同三环东路。

具体方案见图6-104。

（3）长水路

本工程长水路大部分采用地面辅道及高架的快速路形式，其中有2km左右采用地面道路及地道的快速路形式。

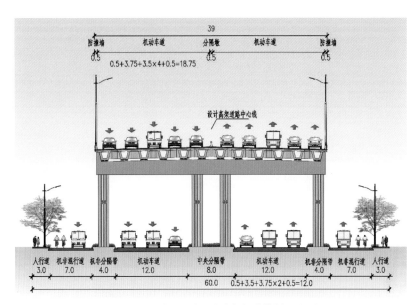

图 6-103 中环西路双十高架标准横断面（m）

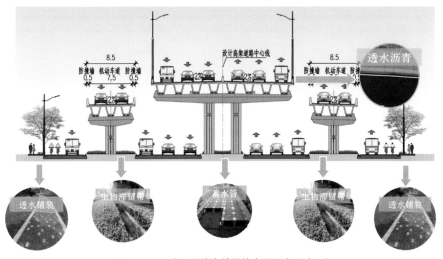

图 6-104 中环西路海绵设施布置示意图（m）

1）高架段

长水路高架及匝道下设置 4~13m 分隔带，该区域具备设置海绵设施的条件，可设置生物滞留带及蓄水模块，对高架路面雨水进行调蓄和处理；做法同三环东路。

2）地道段

长水路地道段全长约 2.8km，标准段红线宽度 50m，地道位于中央分隔带及两侧机动车道以下。中央分隔带宽度 8m，两侧机非分隔带宽度 2m，人行道宽度 4.5m。

长水路地道段典型断面见图 6-105。

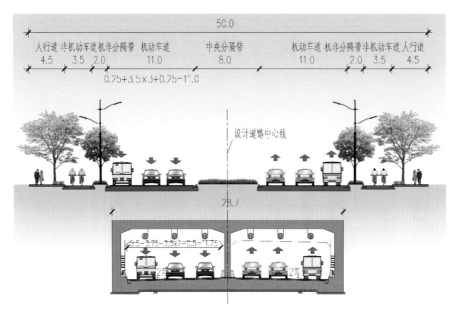

图 6-105　长水路双六地道标准横断面（m）

　　该段中央设置 8m 分隔带，受道路横坡影响，两侧机动车道路面雨水无法进入，而常规绿化具有一定的海绵效果，因此该区域设置海绵设施的意义不大；侧分带宽度只有 2m，较窄，不考虑设置海绵调蓄设施；4.5m 宽的人行道采用透水铺装。

　　另外，该段地道段局部位于长水路海盐塘水源保护区，道路两侧为生态绿地，因此可以考虑两侧设置雨水花园。地面雨水通过道路横坡流向道路溢流式雨水口，初期雨水直接排入人行道外侧雨水花园中，超标雨水再溢流至市政雨水管道内。

　　具体方案见图 6-106。

图 6-106　长水路地道段水源保护区海绵设施布置示意图（m）

①地道段雨水花园

地道段两侧结合集中生态绿地设置雨水花园，雨水花园调蓄宽度为 3~4m。

雨水花园指在地势较低区域，通过植物、土壤和微生物系统蓄渗、净化径流雨水的设施。在本工程中雨水花园下沉深度 20cm，雨水花园渗透系数为 100mm/h，内部孔隙率 10%，单位面积调蓄容积 0.4m³/m²。雨水花园结构层由上至下分别为植被覆盖层、改良种植土掺 10% 砂、透水土工布、砾石排水层、防渗膜，砾石排水层内设置 DN150 穿孔排水管，将雨水花园结构渗水排入道路雨水口中。

红线外雨水花园设计详图见图 6-107，设计效果图见图 6-108。

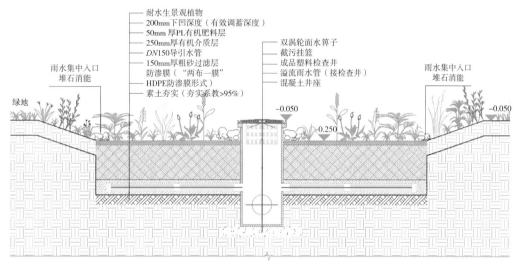

图 6-107　地道段雨水花园设计图

图 6-108　地道段雨水花园效果图

②雨水花园景观方案设计

雨水花园的植物景观应能良好适应当地的气候、土壤条件和周边环境，在人为建造的雨水花园中能发挥很好的去污能力并使花园景观具有极强的地方特色。在植物配置方面，应由乔、灌、地被组成。植物景观根据枯水期与满水区水位变化需求，可以分为蓄水区、缓冲区、边缘区三部分。其中，蓄水区与水关系密切，对植物的耐淹、耐污能力要求最高，种植应紧密结合水体，通过自然式的水面配置，岸线丛植等方式，营造亲水的植物景观。缓冲区要求植物在耐淹的同时，具有一定的耐旱能力和抗雨水冲刷的能力，种植应以乔灌木结合地被覆盖为主。边缘区无蓄水能力，植物品种需有较强的耐旱能力，具体种植形式需要与周边景观衔接和融合。

本项目结合前期详细的光照分析及海绵水位变化需求，进行桥下植物的种植设计，在品种选择上充分考虑耐荫性和乡土性。南北向高架下，选择耐荫植物，如八角金盘、洒金珊瑚、麦冬、海桐。东西向高架下，绿化与海绵功能全面复合，选择八角金盘、洒金珊瑚、细叶麦冬、大吴风、草矾根等。

③人行道透水铺装

人行道采用具有防堵塞及过滤功能的透水路面砖，解决后期养护难题，同时采用透水混凝土基层，增加贮水功能，减小路面径流总量。超过蓄渗能力的下渗雨水汇入纵向透水管，纵向透水管与间隔设置的横向排水管将雨水排入雨水口或市政雨水井内。

人行道采用全透铺装结构：6cm 石英砂透水砖 +3cm 干硬性水泥砂浆 +15cm C25 透水混凝土 +10cm 级配碎石，总厚度 34cm，见图 6-109。

项目建成现场见图 6-110~ 图 6-113。

4. 特色与创新

本项目高架下海绵措施除了常规雨水花园外，部分不具备设置雨水花园的路段采用

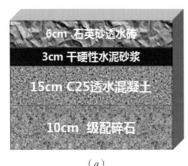

（a）　　　　　　　　　　　　　　　（b）

图 6-109　人行道透水铺砖

（a）结构图；（b）照片

图 6-110　人行道透水铺装（透水砖）　　　　　　　图 6-111　高架下生物滞留带

图 6-112　高架下生物滞留带（覆土下方有蓄水模块）　　图 6-113　道路两侧雨水花园

了蓄水模块和蓄水管。依据竖向条件，结合"雨水口 + 模块贮水"的方式，充分利用高架道路下部中央分隔绿化带下部和道路两侧雨水口前后管道的串联空间，进行海绵化设计。将高架下部中央分隔绿化带下部空间和道路两侧雨水口前后管道串联空间，作为高架道路雨水径流控制的主要调蓄净化功能的海绵空间，利用贮水模块作为贮水设施，优先利用地下浅层空间来控制污染较重的道路初期径流雨水和冲洗水。同时，对传统道路项目的景观绿化设计、施工、运维等，不会造成冲突和影响，为道路海绵化提供了一种解决方案。

5. 实施效果

本项目的实施，使年径流总量控制率达到 45.0%~63.5%，径流污染控制率达到了

45% 以上，在满足海绵城市建设上位规划的同时，既缓解了城市内涝防治，又控制了城市面源污染，为项目周边水源保护地的水质提供了保障。

　　本项目通过对道路路面、排水及附属设施的建设，有效避免道路积水，提高路面强度和舒适度，全面提升了片区整体路面通行状况及服务水平，对进一步完善地区基础设施条件、提升区域环境品质、促进地区经济社会协调发展均具有重要作用。

6.4.3　上海宝山区金罗店十条道路整治工程

1. 项目概况

　　本工程所在上海市宝山区罗店地区，位于上海市水利分片综合治理中"嘉宝北片"的东北部。罗店新镇区，南至杨南路、北至月罗路、西至沪太路、东以潘泾为界，总服务面积 6.8km²。以获泾为界分东、西两个城市圩区，汇水面积分别为 1.6km² 和 1.8km²，水面率不低于 8%，设 2 座排涝泵站，最高水位控制在 3.40m 以下，区域预降水位 2.30m，为地面雨水自流入河创造了条件。

　　本工程对金罗店范围内的 10 条道路进行海绵化改造，具体道路分别是南北走向的抚远路、美月路、罗迎路、罗芬路和东西走向的美艾路、美兰湖路、美诺路、美丹路、罗迎支路、美丰路，见图 6-114。根据海绵城市专项规划对罗店新增海绵城市管控指标，通过道路海绵化改造，罗店新镇整体年径流总量控制率需达到 70%。工程于 2019 年 11 月开工，2021 年 11 月竣工。

图 6-114　金罗店 10 条道路分布图

2. 设计思路

结合道路现状，本工程因地制宜采取海绵设施，包括透水铺装、旱溪、海绵调蓄缓释模块和人工湿地等。考虑抚远路、罗芬路、美丹路、美丰路道路外侧绿地范围较大，可用于设置旱溪和生物滞留带，于人行道设置透水铺装和海绵调蓄缓释模块，其余道路绿化带较窄或无绿化，仅于人行道设置透水铺装和海绵调蓄缓释模块作为海绵城市手段。

3. 设计方案

（1）径流调蓄量

根据目标年径流总量控制率计算控制径流量，见表6-6。

金罗店10条道路径流量计算表 表6-6

序号	道路	目标年径流总量控制率	对应设计降雨量（mm）	径流量（m³）
1	抚远路	73%	21.29	977.21
2	美月路	74%	22.03	178.44
3	罗迎路	74%	22.03	795.81
4	罗芬路	75%	22.83	713.80
5	美艾路	73%	21.29	188.90
6	美兰湖路	70%	19.21	543.30
7	美诺路	74%	22.03	180.43
8	美丹路	77%	24.53	263.08
9	罗迎支路	75%	22.83	49.31
10	美丰路	74%	22.03	258.61

（2）总体布局

根据道路现状条件布置海绵设施，见表6-7及图6-115。

金罗店10条道路海绵设施总体布局 表6-7

序号	道路	海绵措施总体布局
1	抚远路	1. 人行道透水砖铺装； 2. 道路西侧后排绿地旱溪； 3. 人行道下海绵调蓄缓释模块
2	美月路	1. 人行道透水砖铺装； 2. 人行道下海绵调蓄缓释模块
3	罗迎路	1. 人行道透水砖铺装； 2. 人行道下海绵调蓄缓释模块

续表

序号	道路	海绵措施总体布局
4	罗芬路	1. 人行道透水砖铺装； 2. 道路西侧后排绿地旱溪； 3. 人行道下海绵调蓄缓释模块
5	美艾路	1. 人行道透水砖铺装； 2. 人行道下海绵调蓄缓释模块
6	美兰湖路	1. 人行道透水砖铺装； 2. 人行道下海绵调蓄缓释模块
7	美诺路	1. 人行道透水砖铺装； 2. 人行道下海绵调蓄缓释模块
8	美丹路	1. 人行道透水砖铺装； 2. 沪太公路—罗芬路段北侧后排绿地旱溪； 3. 人行道下海绵调蓄缓释模块
9	罗迎支路	1. 人行道透水砖铺装； 2. 人行道下海绵调蓄缓释模块
10	美丰路	1. 人行道透水砖铺装； 2. 抚远路以西约200m段北侧后排绿地旱溪； 3. 人行道下海绵调蓄缓释模块

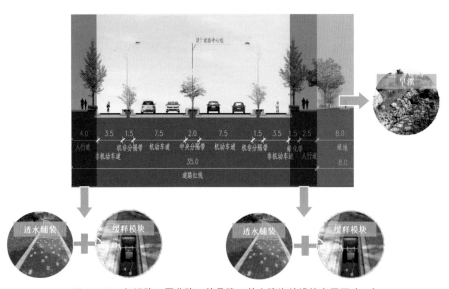

图6-115 抚远路、罗芬路、美丹路、美丰路海绵设施布置图（m）

（3）海绵工艺详细设计

1）人行道透水砖铺装

本次道路海绵化改造人行道铺装全部采用透水砖铺装，见图6-116。

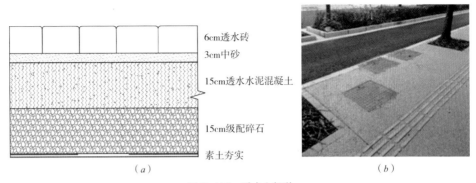

图 6-116　透水人行道

（a）结构设计图；（b）对应实景图

2）海绵调蓄缓释模块

海绵调蓄缓释模块利用延时调节工艺原理，对降雨径流进行截留控污，能够有效降低径流雨水的污染物含量、实现雨水延时排放并减小管网径流峰值。海绵调蓄缓释模块由三部分组成：蓄水设施、海绵调蓄控污模块和管路系统。其中蓄水设施主要用于贮存收纳雨水。蓄水容积由需要收纳的雨水量决定。设施形式有多种选择，包括塘、池、沟、管等，根据应用环境和具体条件确定。本案例使用土建池体作为蓄水设施，调蓄容积 $5m^3$，见图 6-117 和图 6-118。

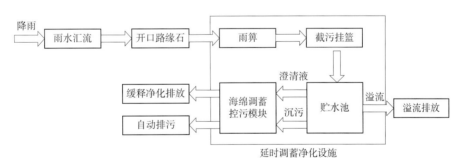

图 6-117　海绵调蓄缓释模块工艺流程图

图 6-118　海绵调蓄缓释模块效果图

3）旱溪

旱溪是人工仿造自然界中干涸的河床，配合植物的营造在意境上表达出溪水的景观。在人造溪的时候，先是素土夯实，再碎石垫层，再混凝土，最后放置天然石头。即使在没有水的时候，露出来的依然是天然原石景观，可避免无水时难看的状况出现。旱溪适用于小区、公园内道路的周边，晴天作为景观，雨天可以存水。旱溪可与雨水管渠联合应用，在场地竖向允许且不影响安全的情况下也可代替雨水管渠。

本工程针对人行道外部分可利用绿地较宽的路段设置旱溪，如抚远路道路西侧约420m长绿地可布置旱溪，旱溪设计宽度1.5m，深度为20cm，见图6-119和图6-120。

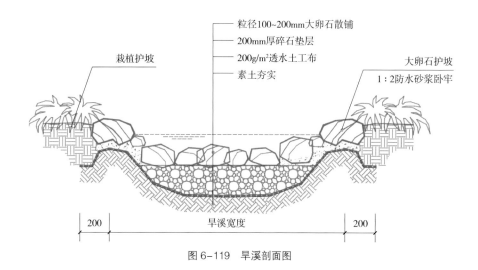

图 6-119　旱溪剖面图

图 6-120　旱溪实景图

（4）海绵设施规模

各道路海绵设施规模见表 6-8。

金罗店 10 条道路海绵设施规模一览表　　　　　　表 6-8

道路名称	道路等级	长度（km）	径流量（m³）	生物滞留设施调蓄量（m³）	旱溪调蓄量（m³）	调蓄缓释模块调蓄量（m³）	总调蓄量（m³）
抚远路	次干路	2.5	977.21	122.40	108.00	302.00	532.40
美月路	支路	0.9	178.44	0.00	0.00	180.00	180.00
罗迎路	次干路	1.95	795.81	28.80	0.00	380.00	408.80
罗芬路	支路	2.6	713.80	93.60	126.00	400.00	619.60
美艾路	支路	0.65	188.90	0.00	0.00	197.60	197.60
美兰湖路	次干路	1.52	543.30	100.80	0.00	457.60	558.40
美诺路	支路	0.6	180.43	0.00	0.00	208.00	208.00
美丹路	次干路	0.6	263.08	0.00	42.00	88.00	130.00
罗迎支路	支路	0.3	49.31	0.00	0.00	60.00	60.00
美丰路	支路	0.86	258.61	57.60	0.00	240.00	297.60

项目建成后效果见图 6-121~ 图 6-124。

4. 特色与创新

本项目结合道路环境特点，在绿化条件苛刻、海绵设施设置较困难的道路上采用人行道透水铺装和海绵调蓄缓释模块结合的方式，在全硬化道路上也能完成海绵城市的设计指标，能够为今后横断面较窄、海绵设施设置空间不足的道路提供海绵设计参考。

5. 实施效果

通过海绵化改造，罗店新镇 10 条道路整体年径流总量控制率达到了 70%，径流污染

图 6-121　海绵调蓄缓释模块（一）　　　　　图 6-122　海绵调蓄缓释模块（二）

图 6-123　人行道及道路外侧旱溪　　　　　　图 6-124　人行道透水铺装（透水沥青）

控制率达到了 56%。本案例的应用，有助于打造韧性新城和海绵新城，更好地达到在下雨时"吸水、蓄水、渗水、净水"的功能应用，在"碳达峰，碳中和"背景和生态宜居、高效治理的要求下，为全面有效控制城市面源污染奠定了技术基础。

6.5　绿地和广场

6.5.1　珠海白藤山生态修复湿地公园

1. 项目概况

2016 年 4 月，珠海入选国家第二批海绵试点城市，下设 2 个国家级海绵城市建设示范区，包括西部中心城区 31.9km² 和横琴新区 20.05km²。金湾区北部作为珠海市西部中心城区海绵城市示范区的一部分，包含航空新城片区、B 片区和红旗镇老城区，为金湾区的核心区域，规划范围总面积 22.7km²，见图 6-125。白藤山生态修复湿地公园属于海绵城

图 6-125　金湾海绵城市示范区范围图

市试点金湾区的子项工程，项目位于金湾立交以西，珠海大道与湖心路交汇处，坐落在白藤山脚下，连接珠海金湾和斗门。项目红线范围约 19.2hm²。

项目范围内主要由水体和硬化地面组成，建设前作为建材加工场地和临时办公场地，降雨后大量径流污染物汇入湖体，办公场地内的生活污水也直排湖体。现场有较多废弃材料。项目建设前现状情况见图 6-126。

图 6-126　白藤山生态修复湿地公园建设前

白藤山生态修复湿地公园项目海绵城市建设指标包括：年径流总量控制率不小于 87.5%，对应设计降雨量为 53.9mm，SS 削减率不低于 60%，项目内湖体水质不低于《地表水环境质量标准》GB 3838—2002 中 IV 类水标准。利用废弃采石场，将场地重新焕发生机，打造为一座顺应场地文脉记忆的城市生态修复湿地公园。

2. 设计思路

项目采取三大策略：循环＋重构＋弹性边界。将无方向性的水体流动有序化，使整个公园流动起来，同时有序的方向性得到强化，将水在场地中的循环突显起来。水体流向见图 6-127。

图 6-127　水体流向图

　　模糊边界，强调湖岸边界的生态性与空间趣味性，引导水体流动的方向性。通过对场地内外边界的分离、切割、重组，使周边场地与水体的界限更加模糊，同时改变边界较单一和生硬的局面，营造更具丰富性、更强渗透性的多重界面。平时的公众开放性公园与科普型公园在人流密度、场地功能和管理模式上将形成较大差异。公园场地使用弹性化设计，运用留白、移动和装卸原理，使场地符合平时和活动时及其他可能性功能转换。水位变化见图 6-128，周边场地与水体的界限见图 6-129。

图 6-128　水位变化图

图 6-129　周边场地与水体的界限

3. 设计方案

（1）改造内容

1）生态修复

　　白藤山经过多年的开采已经对山体及场地造成了一定程度的破坏，场地的硬底化及废弃材料的堆积，亦对生态修复产生了很大的挑战。项目在对山体进行地质灾害评估的基础上，尽量保留山体原貌，对山脚下场地进行生态化修复，包括恢复部分绿化、设置生态沟渠、对硬底化的场地敷设透水铺装等。

2）场地利用

场地现状堆积了很多建筑废料、碎石等，同时场地基底混凝土状况基本完好，经过多年的使用，使场地出现了很大的高差。在此基础上，项目通过现状材料改造再利用，消化现状场地高差，营造景观效果。同时增设篮球场、足球场、极限运动区、娱乐休闲广场、阶梯看台、栈道等市民休闲运动空间。

3）雨水管理

在有限的复杂场地，通过设计海绵设施，对场地内的雨水进行管理，实现年径流总量控制率 87.5%、年 SS 总量控制率 60% 的海绵指标。白藤山生态修复湿地公园项目采用系统治理思路，遵守自然做功、自然排水的原则，结合景观造景对地形的需求，对场地竖向进行合理化设计，以满足雨水径流有序排放。雨水首先经过源头海绵设施（雨水花园、植草沟、透水铺装）滞蓄、净化，再通过排水沟、旱溪转输，末端设置湿塘、表流湿地净化雨水，最终雨水汇入中央景观湖，湖体内培养植物、生物等生态圈，保障湖体水质，且湖体具有调蓄场地内雨水及山洪水功能，保证周边场地的排水安全。雨水走廊流线见图 6-130~ 图 6-132。

图 6-130　雨水走廊流线分析图

图6-131　雨水走廊设施布置一

图6-132　雨水走廊设施布置二

（2）设施设计

在海绵设施选型时紧扣源头减排—过程控制—末端调蓄的海绵建设思想。

1）源头减排

源头减排方面，人行道采用透水铺装，消纳路面雨水；局部结合景观布置植草沟、雨水花园，起到路面雨水的收集、净化、滞蓄作用，能够有效消纳周边降雨径流，见图6-133和图6-134。

（a）　　　　　　　　　　　　　　　　（b）

图6-133　白藤山生态修复湿地公园中透水铺装实景图
（a）透水人行道；（b）透水广场

（a）　　　　　　　　　　　　　　　　（b）

图6-134　白藤山生态修复湿地公园中雨水花园、植草沟实景图
（a）雨水花园；（b）植草沟

2）过程控制

过程控制方面，超过海绵设施控制容积的场地径流雨水先通过排水沟收集，在雨水入湖前，设置湿塘、湿地等控制初期雨水污染，同时调蓄部分雨水，最终汇入中央景观湖进行调蓄，见图6-135和图6-136。

同时在白藤山山脚处设置旱溪，净化雨水、打造景观效果的同时，暴雨时保证场地及周边道路的排水安全，最终汇入中央景观湖，见图6-137。

图 6-135　过程控制路径图　　　　　　　　　　　图 6-136　湿塘调蓄净化

图 6-137　白藤山山脚处旱溪实景图

3）末端调蓄

末端调蓄方面，作为整个场地雨水流向的末端，中央景观湖收集整个公园的雨水径流，径流雨水通过源头、过程净化后，充分保障入湖雨水的水质，同时在中央景观湖构建生态系统，使湖水能够自我净化。超标雨水通过溢流堰经珠海大道箱涵进入 1 号主排河，见图 6-138。

图 6-138　旱溪、表流湿地调蓄净化

4.特色与创新

本公园迎合城市发展与市民需求，结合场地自身特点，为公园类项目树立了可复制、可推广的海绵城市建设常态化设计的模板。主要体现在以下两个方面：

（1）场地生态化修复

白藤山经过多年的开采已经对山体及场地造成了一定程度的破坏，场地的硬底化及废弃材料的堆积，亦对生态修复产生了很大的挑战。项目在对山体进行地质灾害评估的基础上，对山脚下场地进行生态化修复，恢复部分绿化、设置生态沟渠。将场地原有的水塘改造成景观水体，调蓄雨水，存蓄白藤山场地及周边道路的径流，既保留了山体开采的痕迹，保留了历史记忆，也实现了景观性和功能性。

（2）就地取材

本着生态修复的原则，在保留现有场地记忆的前提下进行了创意性的改造。把大量的现状材料融入场地设计，如岩石、预制混凝土块、碎石、废弃轨道等。为了保证景观的持久性和低维护性，选择预制混凝土作为步道板的主要材料。预制混凝土步道板平滑、致密且表面干净，使灰尘的沉降降到最低。它同时也是一种生态友好的步行材料，不会阻止雨水的渗透。见图6-139~图6-141。

图6-139 现状混凝土块、利用混凝土块做休闲座椅

图6-140 现状碎石、利用碎石做石笼

图6-141　现状条石、利用条石做草坪台阶

（3）海绵设施与景观有机融合

践行生态优先的理念，在山脚处设置的旱溪营造出与天然山溪相似的景观，降雨时以潺潺流水的溪流形态呈现，晴天时以干涸的卵石冲沟形态展示。雨季收集、截流、转输山体洪水，保证周边区域水安全的要求，旱季作为市民亲近自然的休闲空间，见图6-142。

（a）　　　　　　　　　　　　　　　　　　（b）

（c）　　　　　　　　　　　　　　　　　　（d）

图6-142　雨水通道功能图
（a）旱溪；（b）雨天旱溪；（c）泄水通道；（d）雨天泄水通道

5. 实施效果

白藤山生态修复湿地公园建成后，年径流总量控制率可达到87.5%，对应设计降雨量53.9mm。同时对场地内及周边区域的雨水及山洪水具有调蓄作用，保证周边场地的排水安全。环境脏乱差的原采石场蝶变为体育公园、休闲健身场所，景观湖的水质得到提升，倒映着白云与彩霞，成群的鱼悠闲地游动，鹭鸟等水禽至此安家，人与自然相处融洽。在这里，城市与自然和谐共生，呈现出一幅独特的画卷。项目荣获2022法国巴黎DNA设计大奖（DNA Paris Design Awards）。

6.5.2　上海临港新片区顶科社区科学公园景观工程

1. 项目概况

世界顶尖科学家社区（以下简称"顶科社区"）位于中国临港新片区滴水湖南侧，是全国首个"科学家社区"城市单元。顶科公园则位于顶科社区内，用地范围北至顶科路，南至涟卓路，东至顶慧路与科洲路，西至海洋一路，夏涟河由西向东流经基地。本次工程为公园景观工程，包括夏涟河及其南北两侧两块绿地。其中，北地块104879m²，用地性质为G1公共绿地，南地块16619m²，用地性质为G1公共绿地；夏涟河水域22092m²，用地性质为E1水域。工程总用地面积约143590m²，见图6-143。

设计目标：根据《上海临港试点区海绵城市专项规划》，各类地块年径流总量控制目标中绿地达到90%，对应设计降雨量为41.82mm；年径流污染控制率达到60%；雨水资源化利用率5%。

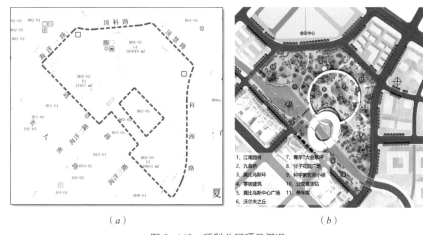

（a）　　　　　　　　　　　　　　　　　　　　（b）

图6-143　顶科公园项目概况

（a）工程建设范围图；（b）总体方案平面图

2. 设计思路

科学公园的总体设计理念为"有机自然，休闲运动，科学社交，文化艺术"，即展现"无处不在的绿色、无处不在的科学、无处不在的艺术"。以"莫比乌斯环"的理念，形成一个融交通、展示、文化、演绎等多重功能的竖向体验空间。

（1）设计原则

1）功能性原则

海绵城市建设应以保障城市交通安全，确保正常有效的排水功能为前提，在应用海绵城市理念建设的区域，城市雨水管渠和泵站的设计重现期、径流系数等设计参数按相关标准执行，满足水生态、水环境、水安全的相关要求。

2）因地制宜原则

根据生态修复工程自然地理条件、水文地质特点、水资源禀赋状况、降雨规律、水环境保护与内涝防治要求等，合理确定低影响开发控制目标与指标，科学规划布局和选用雨水花园、植草沟、透水铺装、息壤多功能调蓄等低影响开发设施及其组合系统。

3）易管养原则

在同等条件下，应优先选择管理和维护次数较少、维护简单、成本低的设施，设施内植物宜根据水分条件、径流雨水水质等进行选择，宜选择耐盐、耐淹、耐污等能力较强的乡土植物。

4）系统统筹原则

低影响开发设施的排出口应与周边水系或城市雨水管渠系统相衔接，保证上下游排水系统的顺畅。

（2）技术路径

本工程海绵城市设计分为源头海绵城市设计和末端海绵城市设计两部分内容，源头海绵城市设计主要为绿地公园内雨水径流控制，末端海绵城市设计主要为项目周边地块雨水径流控制。

1）源头海绵城市设计

根据场地区域及项目自身的特点，考虑项目面临的问题，设施重点采用雨水"渗、滞、蓄、净、用、排"等多种技术设施，涵盖透水铺装、雨水花园、植草沟等不同类型的海绵设施进行雨水径流的源头净化、源头滞蓄、削减和资源利用。本项目重点采用"渗、蓄、净、排"的海绵技术设施，并结合场地自然特征，根据汇水区域划分，充分考虑各个海绵设施溢流系统，达到小雨不积水，大雨不内涝的目的。

本项目海绵城市雨水控制路线见图6-144。

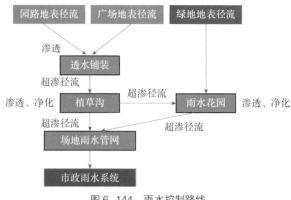

图 6-144　雨水控制路线

2）末端海绵城市设计

末端调蓄净化采用地下调蓄池＋湿地的组合工艺进行雨水调蓄和净化，将雨水管网末端通过智慧截流井接入地下调蓄池，调蓄池内雨水提升后经过湿地净化处理后排入河道，或用于绿化浇灌，见图 6-145。

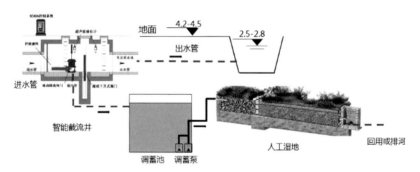

图 6-145　末端调蓄净化技术路线图

3. 设计方案

（1）汇水分区划分

针对地块及雨水管网特征，本项目工程划分为 5 个汇水分区，其中汇水分区 1、2、3 为北侧区域，汇水分区 4、5 为南侧区域。汇水分区见图 6-146。

（2）海绵设施布置

本工程海绵设施布设在靠近园路和小广场及停车场周边的地势较平缓、较低的绿地内，用于收集硬质铺装和绿地内径流雨水，拟在汇水分区 1、2、3、4、5 建设的海绵设施为雨水花园、植草沟、透水铺装。

海绵设施布置平面图见图 6-147。

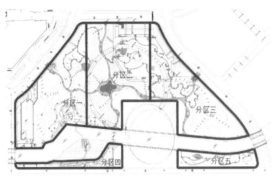

图 6-146　汇水分区图

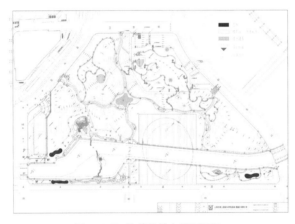

图 6-147　海绵设施布置平面图

1）雨水花园

雨水花园是人工挖掘的浅凹绿地，被用于汇聚并吸收来自屋顶或地面的雨水，通过植物、沙土的综合作用使雨水得到净化，并使之逐渐渗入土壤，涵养地下水，或使之补给景观用水等城市用水，是一种生态可持续的雨洪控制与雨水利用设施。顶科公园雨水花园结构见图 6-148。

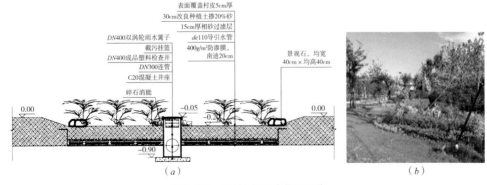

图 6-148　顶科公园雨水花园设计
（a）雨水花园结构图；（b）雨水花园实景照片

2）植草沟

本工程景观设计植草沟设置边坡坡度 1：3，纵坡 3%，倒三角形植草沟，蓄水高度控制在 100~200mm，植草沟宽 1.5m。该植草沟为具有调蓄能力的湿式植草沟，植草沟的典型构造与实景见图 6-149。

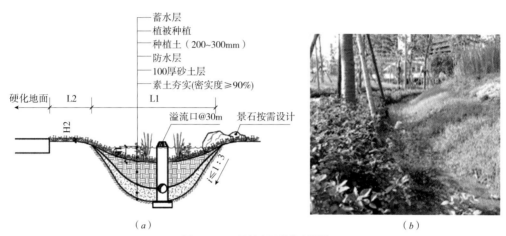

图 6-149　顶科公园植草沟设计
（a）植草沟结构图；（b）植草沟实景照片

3）透水铺装

透水铺装按照面层材料不同可分为透水砖铺装、透水混凝土铺装和透水沥青混凝土铺装，嵌草砖、园林铺装中的鹅卵石、碎石铺装等也属于渗透铺装。透水材料铺装实景见图 6-150。

图 6-150　透水铺装实照片
（a）透水混凝土铺装；（b）江南园林鹅卵石铺装

（3）末端海绵城市设计方案

顶科公园周边水系主要为夏涟河和橙和港。内河除涝控制最高水位 3.75m；控制常水位 2.50~2.80m；预降最低水位 2.00m。2021 年河道关键断面水质为 Ⅳ 类水。根据排水网管规划，橙和港西侧片区划分为 6 个排水分区，共设置 5 处末端调蓄净化设施，分别位于橙和港和夏涟河两侧绿地内。其中有 3 处位于顶科公园内，分别为分区三、分区四、分区五排水管网系统末端，见图 6-151、图 6-152。

4. 特色与创新

秉承公园城市建设有机融合的先进理论，在全域绿色开放空间建设的基础上，以科学公园为示范，打造生态绿色、智慧科技、无界共享的城市公园，实现生态海绵城市、高端产业集聚、宜居社会生活的高效协调可持续发展。

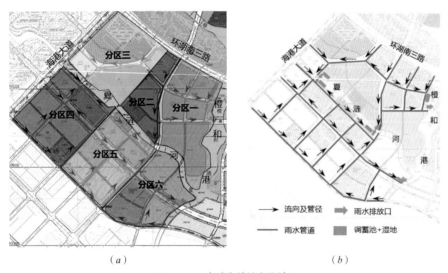

（a）   （b）

图 6-151　末端海绵城市设计图

（a）海绵城市排水分区图；（b）片区末端调蓄池位置图

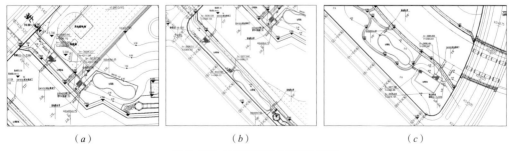

（a）   （b）   （c）

图 6-152　末端调蓄净化设施布置图

（a）分区三末端调蓄净化设施布置图；（b）分区四末端调蓄净化设施布置图；（c）分区五末端调蓄净化设施布置图

（1）海绵城市建设重点生态示范

切实落实海绵城市建设理念，加强竖向设计，增加雨水调蓄空间，统筹落实雨水调蓄设施的空间布置，如透水铺装、下凹绿地、雨水花园、景观水体等调蓄设施的设计，确保特大暴雨期间城市安全。

（2）雨水资源化利用设计示范

本项目在末端设计 1 号截流井和调蓄池，主要截流夏涟河北侧海洋一路雨水管网末端雨水，调蓄池内雨水通过人工湿地净化后部分进入雨水回用水池。人工湿地采用潜流湿地形式，湿地出水先排入回用水池，达到回用水池调蓄水位后，溢流排入河道。由回用水泵提升后经一体化净化消毒设备后用于公园绿化浇灌。

5. 实施效果

本项目地块年径流总量控制目标中达到 90%，对应设计降雨量为 41.82mm，年径流污染控制率达到 60%。同时展现出绿、林、水、路、湿等生态全要素多重空间功能复合的海绵城市建设重点生态新示范，成为一个全球新时代重大前沿科学策源地和感知世界顶尖科学成就的"生态 +"网红打卡地。项目建成后效果见图 6-153。

（a）　　　　　　　　　　　　　　　　　（b）

图 6-153　顶科公园建设实施效果
（a）公园全景照片；（b）江南园林片区全景照片

6.5.3　上海黄浦江东岸滨江公共空间贯通开放鳗鲡嘴滨江绿地工程

1. 项目概况

上海黄浦江东岸滨江公共空间贯通开放鳗鲡嘴滨江绿地工程位于上中路隧道区域南侧和三林地块之间，属浦东新区。规划地区紧邻前滩国际商务社区，随着上海市建设"两个中心"工作向纵深推进，前滩国际商务社区的重要性和吸引力将进一步提升，对周边区域的结构性影响力也将逐渐增强，使上中路隧道区域面临更高的发展平台和更好的发展机遇，各方面发展优势将进一步凸显。

上海黄浦江东岸滨江公共空间贯通开放鳗鲡嘴滨江绿地工程作为上海绿地系统规划中"一纵两横"景观中的"一纵"——"黄浦江"滨水景观的重要节点，其建设促使上海绿地规划系统布局结构趋于完整。黄浦江作为上海的母亲河，赋予上海滨水城市不可剥离的自然生态格局。呈带状的滨江公园不仅是浦江沿岸绿地，也是上海城市公共绿地布局的有机组成部分，相互之间联系密切，见图6-154。

图6-154　建设后现场鸟瞰照片

鳗鲡嘴滨江绿地项目总占地面积68495m²，内部规划建设木铺装、硬质园路铺装、运动道路及场地、绿地4种下垫面，其中以绿地为主，面积占比63.52%。根据《上海市海绵城市专项规划》相关要求，本项目主要雨水管理目标见表6-9。

主要雨水管理目标汇总表　　　　　　　　　　　　　　表6-9

指标项目	指标数值
年径流总量控制率	75%（对应设计降雨量22.2mm）
年径流污染控制率	≥45%（以SS计）
排水标准	5年一遇降雨不积水

2. 设计思路

遵循"规划引领、生态优先、安全为重、因地制宜、统筹建设"的基本原则，通过"渗、滞、蓄、净、用、排"等工程措施，以净为核心，以蓄、滞、用为重点，以渗、排为辅助，统筹建设低影响开发雨水系统。

（1）项目范围内硬质园路、运动道路及场地采用透水铺装设计，从源头减少地表径流的产生量；

（2）沿木铺装、园路、运动道路及场地边缘设置植草沟，收集并输送初期雨水径流至装配式延时调节设施控制消纳；

（3）在绿地内地形低点设置雨水花园，中后期雨水径流通过表面溢流和绿地地形设计，漫流至雨水花园调蓄控制消纳，超标雨水溢流至排水管网；

（4）绿地雨水径流通过地形设计汇流至低点处的雨水花园调蓄消纳；

（5）在不影响排水功能的基础上，于排水边沟内设置无动力缓释控污装置，将其改造为无动力延时调节设施（边沟型），调蓄净化雨水径流，上层仍保持排水功能。

3. 设计方案

项目技术路线见图 6-155。

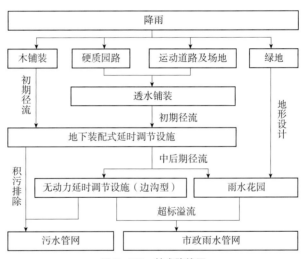

图 6-155　技术路线图

（1）设计调蓄容积计算

本项目设计调蓄容积计算见表 6-10。

设计调蓄容积计算表　　　　　　　　　　表 6-10

项目	木铺装	硬质园路	运动道路及场地	绿地	合计
面积（m²）	2163.69	16930.81	5895.67	43504.88	68495.05
径流系数	0.8	0.25	0.25	0.15	0.2039
年径流总量控制率（%）			75		
设计降雨量（mm）			22.2		
设计调蓄容积（m³）	38.43	93.97	32.72	144.87	309.99

（2）海绵设施

本工程根据场地情况，因地制宜设置雨水花园、植草沟、透水铺装等设施，雨水花园其结构示意见图图 6-156。

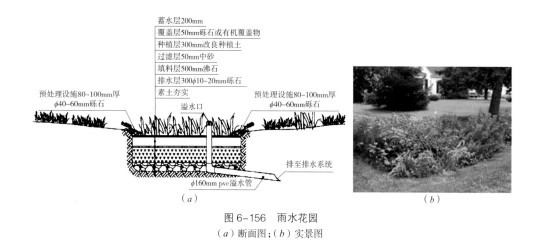

图 6-156 雨水花园
（a）断面图；（b）实景图

植草沟是用来收集、输送和净化云水的表面覆盖植被的明渠，可用于衔接其他海绵设施、城市雨水管渠和排涝除险系统，本项目采用转输型植草沟，收集和输送下垫面雨水径流至各海绵设施，其结构示意见图 6-157。

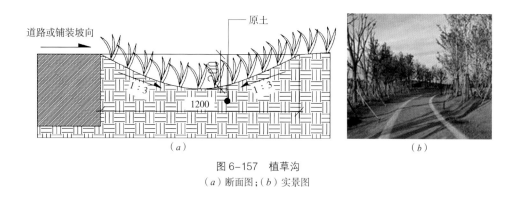

图 6-157 植草沟
（a）断面图；（b）实景图

无动力延时调节设施是在雨水存储和径流峰值削减基础上，通过缓释排水延长雨水停留时间从而实现雨水净化和延时排放的径流控制设施。无动力延时调节设施的蓄水设施主要用于雨水蓄存，其蓄水容积由设计调蓄量决定，形式可以为塘、池、沟和管等。本项目无动力延时调节设施采用边沟储水的形式，其结构示意见图 6-158。

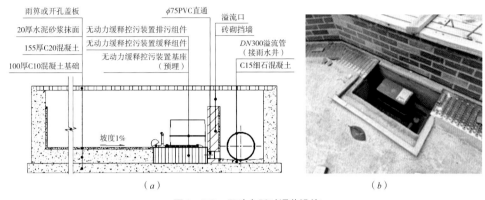

图 6-158　无动力延时调节设施
（a）断面图；（b）实景图

地下装配式延时调节设施是基于无动力延时调节技术并对延时调节工艺进行升级，集成无动力匀流缓释功能、无动力自动排污功能和储水调蓄功能的海绵城市雨水基础控制设施。设施集约化利用装配式、功能化的模块空间，通过延时沉淀净化雨水，有效控制径流污染，并实现净化后的清洁雨水自动匀流缓释排出和沉积污染物的自动排除。设施标准化、模块化快速装配构建保证施工质量、缩短施工周期，对环境污染小、综合效益高，是一种绿色、环保、低碳的海绵城市雨水基础控制设施，其断面结构示意见图 6-159。

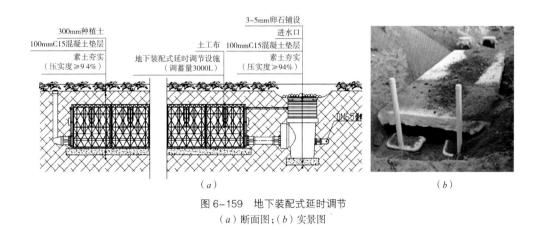

图 6-159　地下装配式延时调节
（a）断面图；（b）实景图

（3）海绵设施汇总

布置海绵设施汇总表见表 6-11。地下装配式延时调节设施建设过程现场照片见图 6-160。

海绵设施汇总表

表 6-11

序号	设施名称	规格型号	单位	数量
1	透水铺装		m²	22826.5
2	雨水花园	表层有效蓄水 20cm	m²	308.0
3	地下装配式延时调节设施	无动力运行，24h 排空	m³	138.0
4	无动力延时调节设施（边沟型）	无动力运行，24h 排空	m³	57.0
5	植草沟	转输型	m	680.0

图 6-160　地下装配式延时调节设施建设过程现场照片

建成后现场照片见图 6-161、图 6-162。

4. 特色与创新

在不影响原有排水功能的基础上，充分利用排水边沟将其改造为具有调蓄功能的无动力延时调节设施（边沟型），减少其他对景观有一定影响的设施使用量，同时将装配式绿色施工建造技术运用于海绵城市建设中，不仅缩短了施工周期、保证了施工质量，同时节约资源、保护环境、减少污染。

图 6-161　建设后现场铺装、绿地照片

图 6-162　建设后现场鸟瞰照片

5. 实施效果

本项目海绵设施总调蓄容积为 $318.2m^3$，大于设计调蓄容积 $309.99m^3$，满足年径流总量控制率 75% 的指标要求，年径流污染控制率为 58%，高于年径流污染控制率 45% 的指标要求。本项目从设计到技术设施的选用，再到设施的施工建设，整个过程中不仅充分考虑了如何实现海绵设施的雨水控制效果，同时还兼顾考虑如何减轻设施运营维护、降低对外部环境影响、减少资源消耗、保障施工质量等多方面的问题。

6.5.4　武汉光谷中央生态大走廊一、二期工程

1. 项目概况

光谷中央生态大走廊项目位于武汉新城光谷中心城区域西侧，是光谷"黄金十字轴"战略南北生态轴的重要组成部分。工程北起九峰山，南至龙泉山，南北全长 10km，工程建设面积约 348hm²，规划绿道约 12km，规划水道 8.5km。该项目包含一、二期工程，其中：

一期工程：北起高新大道、南至高新五路，东临豹溪路，西至光谷四路，建设面积约 125.9hm²，其中，水体面积约 15.1hm²，陆地面积约 110.8hm²。

二期工程：南北顺接一期工程，由三个地块组成，总面积约 192.9hm²，其中陆地 148hm²，水体面积约 44.9hm²。建成后实景图见图 6-163。

图 6-163　生态大走廊总体鸟瞰航拍实景图

2. 设计思路

光谷中央生态大走廊以海绵城市理念为指导，在尊重原有豹子溪的自然形态的基础上，以建设和恢复人水和谐相处为目标，主要从水安全保障、水环境系统构建、水生态修复、水资源利用和水文化五个方面开展。

3. 设计方案

光谷中央生态大走廊以海绵城市理念建设，将原有点状分散的小型排水沟打造成为连续的雨洪廊道、连续的景观界面、连续的生态廊道、连续的健身通道，成为武汉新城一座海绵城市理念的生态廊道。

根据《武汉市海绵城市专项规划》，本项目年径流总量控制率指标要求为 85%，面源污染削减率要求为 70%。主要利用公园水体调蓄雨水，削峰滞洪，建设了适应河流不同水位的雨水弹性消纳空间，控源截污系统、雨水湿地净化系统，水生植物群落的构建、水生动物群落的恢复、自循环的水资源利用系统，展现人、水、自然和谐共生理念等，实现水安全、水环境、水生态、水资源、水文化的统一，成为海绵城市理念、技术应用和展示的典范工程，也是一处供市民参观、游览的生态基地。

（1）生态海绵设施系统

根据《东湖新技术开发区海绵城市建设规划》及《武汉市海绵城市专项规划（分区建设指引）》，本项目属于豹子溪下游片汇水区，为公园绿地类项目，年径流总量控制率应达到 85%，对应设计降雨量 43.3mm。场地内总径流污染去除率为 70%。场地内的海绵设施（主要包括雨水花园、植草沟等）平均污染物去除率约为 60%，其余污染物由河道水生态净化，技术路线及海绵设施实景见图 6-164。

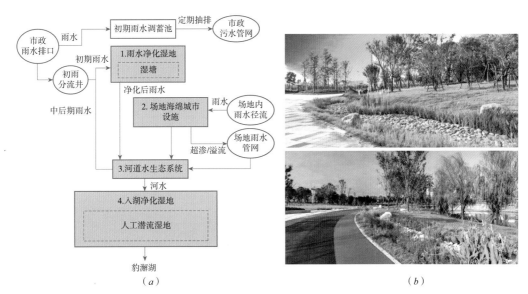

图 6-164　生态海绵系统技术路线及海绵设施实景图
（a）系统技术路线图；（b）生态植草沟实景照片

（2）雨水蓄塘系统

本工程雨水蓄塘包含两部分：集中展示型雨水蓄塘、生态散布式雨水蓄塘。

集中展示型雨水蓄塘包含 7 个塘体，总面积为 10215m²，预留调蓄深度 0.5m，调蓄容积为 4574m³。可达到年径流总量控制率的要求。雨水蓄塘雨水径流控制流程为：雨水→河道→提升水泵→预处理→表流湿地→河道，见图 6-165。

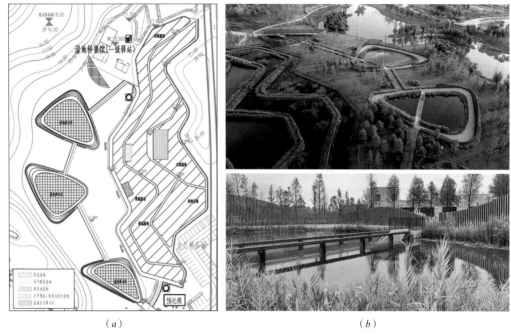

（a）　　　　　　　　　　　　　　　　（b）

图 6-165　集中展示型雨水蓄塘工艺流程及实景图

（a）集中展示型雨水蓄塘工艺流程；（b）集中展示型雨水蓄塘及沉水廊道实景图

生态散布式雨水湿塘，由浅塘，深塘两部分组成，共设置处9处，分散布置于各处，总面积为12197m²，其中浅塘8277m²，深塘3863m²，浅塘设计深度为0.8m，深塘的设计深度为1.2m，湿塘调蓄净化雨水的设计容积为8412m²。湿塘的水质净化目标主要通过悬浮物（SS）来监测，同时兼顾景观效果，设计的雨水湿塘的静止处理时间为1d，见图6-166。

（3）入湖净化湿地系统

对于水质提升，本项目豹子溪在龙泉山北麓段的入湖处，利用现状的鱼塘和荷塘打造的入河功能湿地，通过"近自然"的设计工艺，利用还原自然界水生的动植物，主要是水生植物对豹子溪进入湿地的水质进行净化。场地内雨水径流经场地内海绵城市设施滞蓄净化后，超渗和溢流雨水径流进入场地雨水管网或河道，经入湖净化湿地一级生态表流湿地、多级生态复合床、二级生态表流湿地、生态湿地多塘系统及水下森林生态系统进一步处理后排入豹澥湖。净化湿地的主要技术路线见图6-167。

豹子溪水经泵站提升进入预处理单元，曝气塘后，河水缓慢流入下游的生态处理单元。生态处理采用人工湿地技术、生态稳定塘、河水下森林技术相结合的方案，工艺串联连接，本方案充分利用现有地形、地貌条件，通过级配粒径和种植具有一定观赏能力、

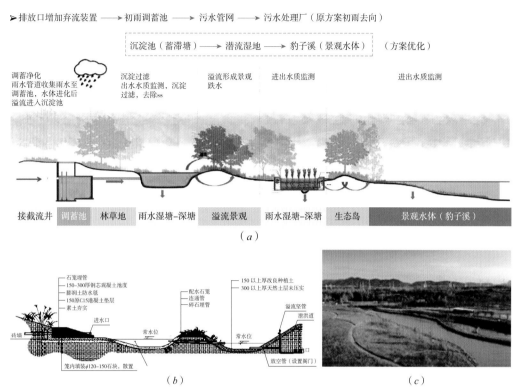

图6-166 生态散布式雨水湿塘处理系统图及实景图（续）

（a）初期雨水处理系统图；（b）雨水湿塘大样图；（c）生态散布式雨水湿塘实景图

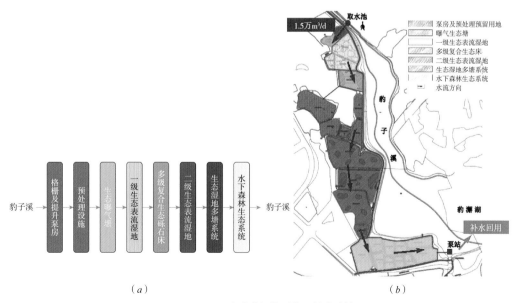

图6-167 入湖净化湿地系统 – 技术路线

（a）工艺流程图；（b）平面布置及水系循环示意图

经济价值的植物等降低污水中的 N、P 负荷。

入湖净化湿地设计结合生态及景观的需求,植物种植、水深结合现状塘体水深情况确定。在进水水质稳定,温度适宜,维护适宜的情况下,对氨氮及总磷的消减量分别可达 2.85t/a 及 0.60t/a。

经过本工程的实施,初期雨水就近进入湿地系统,减少径流污染及径流峰值,满足年径流总量控制率及污染物去除率要求。入湖净化湿地整合现状鱼塘,通过构建水生态系统,打造净化功能湿地和自然景观湿地,保障豹子溪入湖水质和湿地景观功能,增加生物多样性,吸引鸟类到湿地栖息,最终实现水清、气净、鱼跃、景美、花香的效果,见图 6-168。

4. 特色与创新

(1)构建行洪空间和人类活动空间弹性调整和适应的海绵城市弹性系统

生态大走廊兼顾行洪与景观生态,基于城市排水廊道水位周期性变化的特点,根据不同水位确定步道安全标高。枯水期时通过增设多级溢流堰进行蓄水,同时设置生态补水湿塘,结合初雨净化系统,雨季时蓄水,旱季时放水对河道进行生态补水,在满足城市防洪排涝的要求下保证河道内的水面景观效果;雨季时通过河道进行蓄水,保证正常水面线和通行要求;在行洪时允许洪水淹没部分绿地、湿塘,让渡出必要空间,保障行

(a)　　　　　　　　　　　　　　　　(b)

(c)　　　　　　　　　　　　　　　　(d)

图 6-168　生态大走廊实景图

(a)近自然设计 - 溪潭模式航拍实景照片;(b)集中展示型雨水蓄塘及科普中心实景照片;

(c)生态水岸实景照片;(d)生态河道实景照片

洪安全。通过不同水位下的景观设计，形成弹性的适应性景观，体现海绵城市中顺应自然的理念。

（2）综合应用海绵城市理念和技术

设计过程中，全方位运用了海绵城市在水安全、水环境、水生态、水资源、水文化方面的理念和技术，并很好地与行洪排水、景观、休闲娱乐等功能有机结合。遵循了海绵城市建设的保护、修复、低影响开发的建设途径，以生态保护为核心优先进行建设，保留自然水体、绿地，不刻意改变原有水体形态；在现状水系的基础上结合行洪要求疏浚拓宽河道，将现状点状水塘串联形成连续的雨洪廊道；对现存的高大树木和富有景观性的水生植物在设计时予以保留，运用湿地植物的自净特点，最大限度地净化水体。

（3）打造海绵城市理念科普及示范展示基地

全面应用海绵城市理念和技术，取得了良好的社会效果，采用设计手段构建了宽阔的、亲近自然的活动空间吸引了周边大量市民进行休闲娱乐，项目范围内外的"绿道"和"空轨"系统的建设，为海绵城市理念的实地化教育、宣讲创造了极佳的观赏学习条件。让市民在娱乐、休闲、享受大自然的同时，深刻体验海绵城市构建人与自然和谐相处的文化内涵。

5. 实施效果

光谷中央生态大走廊是全国首批 36 个生态环境导向的开发（EOD）模式试点项目，光谷中央生态大走廊规划与设计对标可持续发展国际标准（ISO37101），其经验已作为案例纳入 ISO37108 国际标准《城市和社区可持续发展 商务区 ISO 37101 本地实施指南》和《城市和社区可持续发展 商务区 GB/T 40759 本地实施指南》GB/T 40763—2021 中，通过国际标准示范工作的开展，进一步提升东湖高新区治理体系治理能力；项目建成后可辐射光谷片区 100 万常住人口，满足到访人群的观赏、游憩、娱乐、健身、亲子、亲水等需求，极大改善城市的户外慢行及城市生态观光条件，提升区域旅游品质，形成光谷新的生态名片。

6.6　河湖水体

6.6.1　常州滆湖近岸带水生态修复工程

1. 项目概况

滆湖位于太湖上游，俗称沙子湖、西太湖，为江苏省第六大湖泊，在苏南地区仅次于太湖，是太湖流域湖泊群中的重要组成部分。然而，近几十年来由于围垦等人类活动的影响，滆湖的面积大大缩小。中华人民共和国成立初，滆湖湖泊水面积 187km²，人类开发活动极少。围垦始自 20 世纪 50 年代中期，至今，湖泊水域面积仅 144.1km²。见图 6-169。

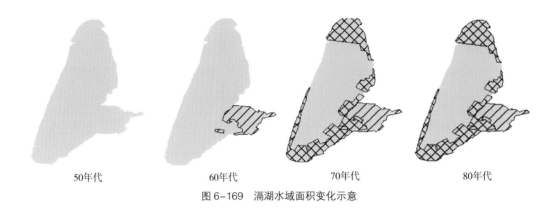

50年代　　　　　　60年代　　　　　　70年代　　　　　　80年代

图 6-169　滆湖水域面积变化示意

根据《江苏省湖泊保护条例》《江苏省滆湖保护规划》，拟统筹退田还湖、水生态修复等要求，在滆湖退田还湖形成的有利湖底地形基础上，推进水生态修复，实施近岸带水生态修复工程建设。

2. 设计思路

近岸带生态修复的理论基础是恢复生态学，其基本思路是通过对近岸带生态系统退化的原因进行分析诊断，运用生物、生态工程的技术与方法，依据人为设定的目标，选择适宜的先锋物种，构建种群和生态系统，实行分级恢复，以逐步使生态系统的结构、功能尽可能地恢复到原有的或更高的水平，最终达到生态系统的自我维持和良性循环状态。

（1）通过退田还湖工程的协同推进，提供了可利用的土方，为基底地形的重塑提供了可能，以不同植被恢复的水深要求为设计参数，明确退田还湖的目标高程及地形重塑方案。

（2）利用退田还湖形成的有利湖底地形，进行包括水生植物恢复和水生动物调控，打造多样生境，以完善食物链。

3. 设计方案

结合滆湖几十年来的围垦现状，本次近岸带水生态修复工程位于常州市武进区，将围绕退田还湖工程及生态系统恢复两部分展开，其中，嘉泽高新片区总计还湖面积约 1.3964km²，水生植物恢复面积约 1974390m²，水生动物投放总量约 19360kg。

（1）退田还湖工程

基底是近岸带生态系统赖以生存的载体，为水生植物提供扎根基础，也为微生物及底栖动物提供附着介质和场所。结合生态系统生境营造的需求，在退田还湖时，通过堤防建设、田面挖深、隔梗清除及鱼塘改造等措施，营造不同的水深条件，进而为挺水植物、浮叶植物、沉水植物及水生动物提供适宜的生境条件。

综合考虑滆湖近岸带现有地形，采取两种退田还湖后的基底地形塑造模式，见图 6–170。

（ *a* ）　　　　　　　　　　　　　　　　　　　（ *b* ）

图 6–170　基底地形重塑模式
（ *a* ）保留基底记忆；（ *b* ）不保留基底记忆

保留现状鱼塘机理，对现有地形不过多重塑，结合现有地形，布置沉水、挺水、浮叶等不同水生植物。该模式适合于现有地形与退田还湖要求较为接近的东岸。滆湖东岸基底地形重塑模式见图 6–171。

不保留现状鱼塘机理，对现有地形进行重塑，结合种植需求，营造沉水、挺水、浮叶等不同水生植物的适宜生境。该模式适用于现有地形较退田还湖要求偏高的西岸。滆湖西岸基底地形重塑模式见图 6–172。

（2）生态系统恢复

滆湖现状湖体透明度低，水生植被分布面积低，难以建立起健康的草型湖泊生态系统。利用退田还湖形成的有利湖底地形，进行挺水植物、浮叶植物和沉水植物群落的恢复，形成挺水 – 浮叶 – 沉水群落交错带，发挥水生植被的物理拦截和净化吸收作用，见图 6–173。

同时，针对滆湖水生生物多样性低，生态系统食物链结构简单的问题，通过大型底栖动物投放，利用其对悬浮物的过滤絮凝作用提高水体透明度，增加水质净化能力。通过鱼类投放延长食物链，利用鱼类对浮游藻类的控制作用，降低悬浮颗粒浓度，改善物质循环与能量流动，提高氮磷的去除效率。实施效果图见图 6–174、图 6–175。

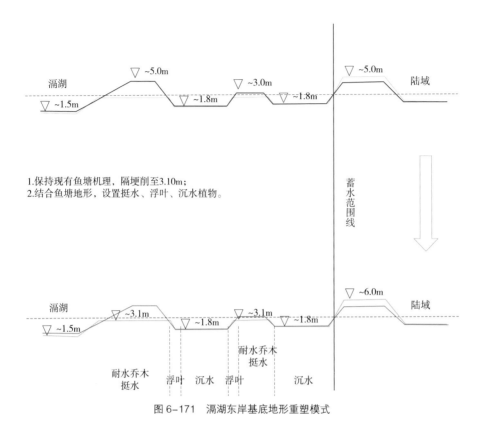

1.保持现有鱼塘机理，隔埂削至3.10m；
2.结合鱼塘地形，设置挺水、浮叶、沉水植物。

图6-171 漭湖东岸基底地形重塑模式

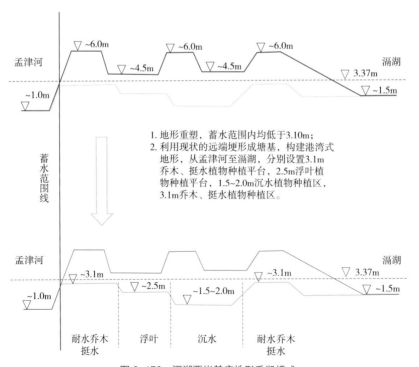

1. 地形重塑，蓄水范围内均低于3.10m；
2. 利用现状的远端埂形成塘基，构建港湾式地形，从孟津河至漭湖，分别设置3.1m乔木、挺水植物种植平台，2.5m浮叶植物种植平台，1.5~2.0m沉水植物种植区，3.1m乔木、挺水植物种植区。

图6-172 漭湖西岸基底地形重塑模式

图 6-173　水生植物恢复品种

图 6-174　实施效果图 1

图 6-175　实施效果图 2

4. 特色与创新

（1）尊重自然，保留场地记忆

项目没有选择通过大量挖填方重新塑造新的"自然肌理"，覆盖鱼塘经多年生产留下的历史痕迹，而是维护和利用圩田湿地的生态本底与智慧，将湿地系统嵌入原有肌理之中，通过建立近岸带湿地系统来修复近岸带浅滩栖息地，见图 6-176。

（2）丰富岸线，营造生态缓坡

打造多种的断面形式，全面营造生态缓坡，在富足的缓坡空间内为水生动植物提供丰富多样的生存空间，实现陆域生态系统向水生生态系统的自然过渡，保证滆湖近岸带生态修复的自然性，见图 6-177。

图 6-176　濕湖退田还湖地形营造效果图

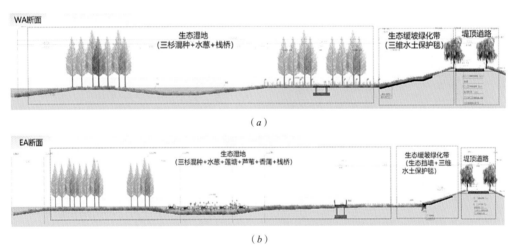

（a）

（b）

图 6-177　濕湖典型岸线示意图

（a）WA 断面图；（b）EA 断面图

（3）因地制宜，构建多样生境

结合退田还湖后的地形营造，在湖滨线上塑造多样化的栖息地，为不同的生物提供栖息、觅食、营巢繁殖的空间，通过自繁、重新引入等措施，构建适宜生长的动植物群落系统，恢复生态系统食物网的完整性，见图 6-178。

图 6-178　滆湖栖息地营造示意图

（4）韧性措施，应对气候变化

考虑滆湖水位常年的波动性，及低水位、常水位、高水位之间的差距，水岸带植物配植也充分考虑了水生植物的耐受程度。此外，防汛通道、人行步道、亲水平台等基础设施亦充分考虑了不同工况下的水位，见图 6-179。

5. 实施效果

本工程先导段于 2022 年 9 月开始施工，整体工程于 2023 年 4 月启动施工，目前先导段水生态修复已初显成效，项目实施范围内，水体透明度显著提升，水生植物长势稳定。

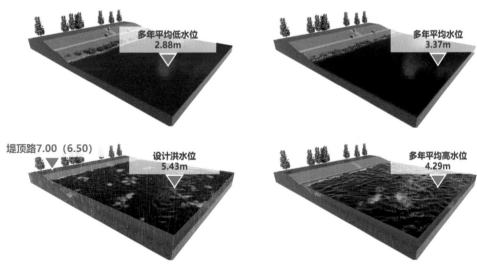

图 6-179　滆湖韧性理念

6.6.2　晋江市区水系连通及生态提升工程

1. 项目概况

晋江市位于福建东南沿海，范围内多山地且濒临外海，年降水量一般在 1000~1400mm，年降水变差系数在 0.24~0.28，年降水分布不均，总的趋势是由东南沿海向西北方向递增，最大年降雨量 2128.5mm（1983 年磁灶站），最小年降雨量 591.5mm（1988 年金井站）。

缺塘溪、梧桐溪和梧垵溪是晋江市中心城区附近三条河道，属于典型的径流年内分配差异较大的季节性缺水河道，面临上游非汛期来水稀少、枯水期水量严重不足的问题。工程建设前梧桐溪、梧垵溪沿线水质均有不同程度的污染，河道自上游至下游水体普遍呈现黑臭状态，越往下游水质越差，水体臭味散发，严重影响周边村民生活，见图 6-180。

（a）　　　　　　　　　　　　　　　　（b）

（c）　　　　　　　　　　　　　　　　（d）

图 6-180　工程实施前河道现场情况（续）
（a）梧桐溪现状河道污染情况 1；（b）梧桐溪现状河道污染情况 2；
（c）梧垵溪现状河道污染情况 1；（d）梧垵溪现状河道污染情况 2

本工程项目实施主要目标是为福建晋江市中心城区 3 条主干河道补充优质的水源，恢复市区水系生态流量，为水生态系统自我修复创造必要条件。工程建设内容主要包括生态补水工程、蓄水保水工程、生态修复工程和补水节点生态设计四个主要方面，工程总投资 28467.26 万元。

2. 设计思路

为维持上述河道必要的生态流量和提高河流自净能力，启动晋江市梧桐溪、梧垵溪、缺塘溪生态补水工程。工程将通过仕头电灌站提取南高干渠水量作为补水水源，先利用原有农业灌溉渠道仕头干渠引水，在东山水库附近转为有压管道输水，再沿晋光路和世纪大道输送至三条河道上游进行补水。按上下游关系逐段分解为：上游渠道工程、中游提水（补水）工程、下游河道及山塘水体工程。

（1）上游渠道工程子项是将市区北部南干渠丰富的水量利用原有仕头电灌站提水，沿原有农业灌溉渠道仕头干渠输水至东山水库附近补水工程子项的提水泵站。

（2）补水工程子项，在东山水库段至梧桐溪、梧垵溪、缺塘溪三条溪流上游补水点，现状无可利用管线、渠道以供作为补水通道，因此自东山水库至各溪流补水点，建设生态补水工程进行供水。

（3）河道工程子项，主要针对河槽的清理重塑和河滩地生态改造两大方面，根据现状主河道及河滩地形态，以保护和自然恢复为主。

3. 设计方案

（1）工程规模

本工程以生态补水为核心，确认工程规模的主要核心是生态补水流量。结合工程实际情况，采用一种在经典水力学方法 R2CROSS 法基础上进一步优化的生态流量计算方法。

R2CROSS 法由 Nehring1979 年提出并成功地运用于科罗拉多州的栖息地需水量方案，是科罗拉多州水资源保护董事会（CWCB）最常采用的一种定量方法。由于 R2CROSS 方法中包括对根据湿周率推求生态流量的考量，使用前提条件上具有一定的局限性，本项目研究了该方法在南方小型河流生态流量计算中的适用性，在逐一分析不同水力参数之间关系的基础上，提出一种参数取值的优化方法，可以较为方便和快速的确定 R2CROSS 法中平均水深、平均流速参数的合适取值，并从多个实测断面中判断是否具备同时满足适宜水深和流速要求的可能，进而选择出适合水生动植物生态系统基础需求的典型断面和河段。

通过相关计算，三条河流的合计补水量为 16.79 万 m^3/d，即 1.94m^3/s。综合河道自身生态流量需求和区域水资源配置条件后，计算后缺塘溪需补水量 0.30m^3/s，梧桐溪需补水量 0.75m³/s，梧垵溪需补水量 0.89m³/s，且经区域水资源相关论证，区域水资源能够提供相应生态补水水量。

（2）工程措施

工程建设内容主要包括生态补水工程、蓄水保水工程、生态修复工程和补水节点生态设计。

1）生态补水

经实地勘察，当前缺塘溪、梧桐溪和梧垵溪面临上游非汛期来水稀少，枯水期水量严重不足，水质污染严重等问题，需要增加补水量，以维持河道必要的生态流量和提高河流自净能力。将市区北部九十九溪和南干渠丰富的水量利用原有仕头电灌站提水，沿原有农业灌溉渠道仕头干渠输水至东山水库附近，并新建提水泵站，再沿道路两侧埋设输水管道至三条河道上游水库山塘或支河进行生态补水。工程总平面图见图 6-181。

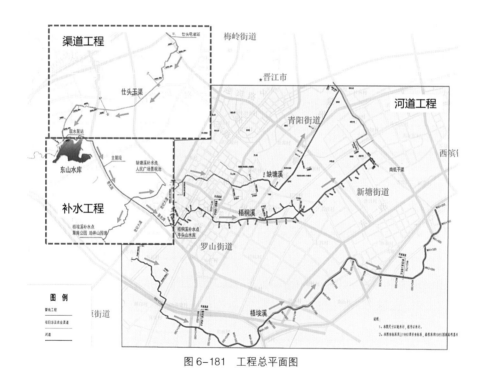

图 6-181　工程总平面图

2）蓄水保水

结合水面线及河底纵坡，在河流中上游增设或翻建生态溢流堰，抬高上游水位，利用水流势能营造深潭浅滩，以利于恢复生物多样性，见图 6-182。同时，溢流堰使河水形成落差，水流在下落过程充分与空气结合，达到曝气效果，增加水流含氧量。

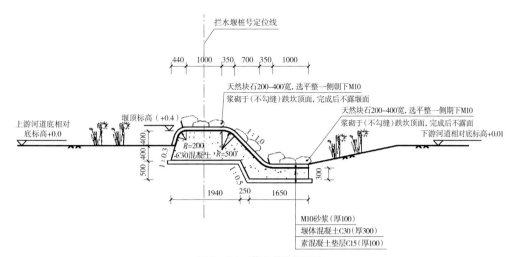

图 6-182　蓄水溢流堰设计

3）生态修复

对河道的生态修复治理，主要针对河槽的清理重塑和河滩地的生态改造两大方面。其中，上游未进行驳岸建设河段以保护和自然修复为主，局部设置小型跌水设施，增强水体流动性；中游主河槽重塑，河滩地水生植被梳理，栽植挺水植物，提高水体自净能力和生态景观；下游增设梯级拦水堰或局部河段设置乱石椿铺上小石块，形成变化的急流和深水区域。

4）补水节点生态设计

劝井山围塘和牛头山水库是本次补水线路的补水节点。本着湿地修复的角度展开项目，主要恢复水库的水面积，再此基础上增加亲水游步道及小广场设计，见图 6-183。

项目建成后效果见图 6-184。

4. 特色与创新

（1）采用生态补水解决季节性断流

本项目研究 R2CROSS 法在南方小型河流生态流量计算中的适用性，使用了一种在此基础上优化的生态流量计算方法。开展生态补水，大幅度降低水中污染物浓度，提高溶氧量，为好氧微生物提供适宜的生存环境，进而提高河流的纳污能力和抗风险能力，有效避免长时间积累的污染物在汛期首场洪水时集中下泄，引发下游严重污染事件。

（2）发挥海绵作用，保障防洪安全

河道整治在蓄水、调节河川径流、补给地下水和维持区域水平衡中发挥着重要作用，是蓄水防洪的天然"海绵"。对缺塘溪、梧埠溪、梧桐溪等长期干涸甚至淤塞的河道，进

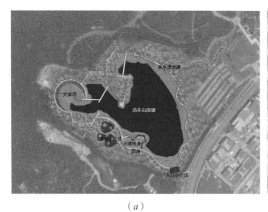

（a）　　　　　　　　　　　　　　　（b）

图 6-183　补水节点的生态景观设计
（a）劝井山围塘；（b）牛头山水库（社店公园）

（a）

（b）　　　　　　　　　　　　　　　（c）

图 6-184　工程实施后的实际拍摄效果
（a）梧垵溪整治后实景图；（b）社店公园效果图；（c）梧垵溪整治后实景图

行适当整治，疏浚河槽，有助于进一步发挥河道的槽蓄作用，同时使受损的干涸河道恢复成湿地或草地生态系统，湿地有巨大的渗透能力和蓄水能力，可以滞后降水产流，削减并滞后洪峰，减少洪水径流，在一定程度上也保障了防洪安全。

5. 实施效果

项目大部分内容已完工投入使用后，能够提供最大补水流量 1.94m³/s，可以满足维持项目下游的三条河道的生态基流的需求，河道生态环境逐步好转。配合沿线截污、封堵违法排口等相关配套工程，河道水质由原有的劣 V 类水质，逐渐稳定在 IV 类，河道的周边环境同步改善。

6.6.3　海南三亚崖州湾科技城水系工程

1. 项目概况

三亚崖州湾科技城位于崖州湾东部，规划范围东起西线铁路、西至南山港和崖州湾滨海，南起港口路、北至宁远河，规划范围总面积为 2614.75hm²。本工程范围为规划科技城（26.1km²）内全部水系（除已完成设计的水系以外）；重点研究范围：G98 高速东侧水系，面积约 3.29km²。本工程包括 9 条河道，总长约 16.84km，施工临时排水渠道约 3.4km，景观绿化面积约 78hm²，以及相应的生态措施，见图 6-185。

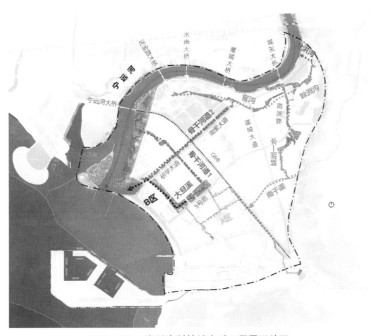

图 6-185　崖州湾科技城水系工程平面总图

现状主要存在问题如下：

（1）区域除涝能力较弱。工程范围内部分区域竖向高程较低，区域内自然水系分布有限，且规模小，部分未连通，导致区域排水排涝能力较弱。竖向高程较低的区域集中在近宁远河、近海附近，汛期时，这些高程较低的区域不仅向外排水困难，而且周边地势高的地区客水将大量汇入，使得区域内发生严重积水，带来城市内涝的风险。

（2）河道生态需水无保障。科技城现状仅有大旦溪、官沟、妹洲沟、妹洲一水四条现状水系。大旦溪位于规划地区的东南部，官沟位于规划地区的北部，妹洲沟与妹洲一水位于规划地区的西部，各条河道分布散乱。同时，规划地区上游无稳定水源，难以形成有效补给，区域生态需水无保障。

（3）生态系统退化明显。崖州湾科技城水系生态岸线不足，现有自然岸线防护系统结构不甚完整，生态阻控能力低下。水系点源污染、面源污染问题突出，污染物输送路径短，迁移过程中降解、截留比例小，加之区域水土流失和生活、建筑垃圾随意堆放，造成水体氮、磷等污染物累积，出现富营养化问题，部分河段甚至有黑臭的趋势，水质存有恶化的趋势。

本项目防洪标准与《崖州湾科技城防洪排涝及城市竖向专项规划》保持一致：宁远河崖州湾科技城段 G98 高速桥以上采用 20 年一遇防洪标准、G98 高速桥以下为 50 年一遇防洪标准，排涝标准采用 20 年一遇，24h 设计降雨量 344mm，防潮标准采用 50 年一遇。

2. 设计思路

本项目整体设计突出"生态、活力、绿色、共享"的理念。通过生态水系的系统化建设，综合性解决现场存在的水安全、水资源、水生态等多方面的问题。项目通过打通水系，连通各个排涝区域，保证片区的排涝安全；通过河道水动力的合理调配，保障片区的生态用水需求；通过生态海绵复合护岸的构建，在保障河道安全的前提下，构建水清岸绿的生态廊道。将河道景观绿化、水生生态修复、水体自净同人们日常生活休闲娱乐相统一，即能够为人们提供一个高质量生活的空间，又能使环境得到美化，水质得到改善。

3. 设计方案

科技城水系合计9条河道，全长16.84km。以崖城大道为界，分为"科创乐活区""绿色休闲区"两个片区，见图6-186。

"科创乐活区"位于科技新城片，充满活力创新氛围的户外滨河绿道空间，充分融合智慧生态、水上交通、滨河慢行、滨水共享空间等乐活元素，打造创新、动感、舒适的水上景观带。"科创乐活区"河道护岸采用"钢筋砼底座＋生态砌块挡墙＋三维水土保护

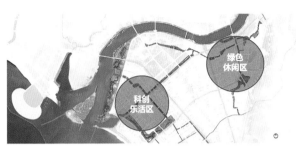

图 6-186　水系片区划分示意图

毯护坡 + 绿化"的复合式生态护岸结构，在保障河道排涝能力的基础上，兼顾生态和通航功能，见图 6-187、图 6-188。

　　"绿色休闲区"位于南滨农场等老城区，保持原生水脉，结合两岸的居民日常活动需求，塑造生态绿色氛围的康体、社交、漫步空间，感受婆娑树影、步移景异，体会历史人文、古韵故事。"科创乐活区"河道护岸采用"生态缓坡 + 生态湿地 + 绿化"的缓坡式生态护岸结构，构造更加蜿蜒、自然、开阔的生态休闲河道，见图 6-189、图 6-190。

（a）　　　　　　　　　　　　（b）　　　　　　　　　　　　（c）

图 6-187　"科创乐活区"效果图
（a）科技创新；（b）智慧共享；（c）动感乐活

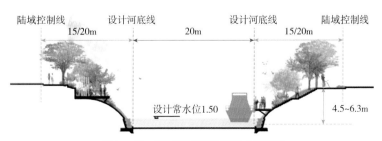

图 6-188　"科创乐活区"河道典型断面

（a）　　　　　　　　　　　　　（b）　　　　　　　　　　　　　（c）

图6-189　"绿色休闲区"效果图

（a）绿色休闲；（b）生态湿地；（c）文化古韵

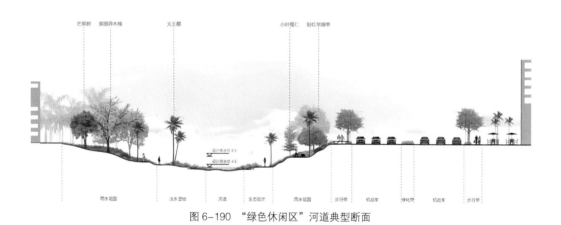

图6-190　"绿色休闲区"河道典型断面

　　本工程通过生态混凝土技术的创新应用，沿河绿地布置下凹绿地、植草沟等低影响开发措施，自然滞留、土壤渗透控制地表径流，达到消减地表雨水径流的目的。同时，滞留设施中含有适度的湿生植物，可通过植物吸附以及物理沉淀等机制去除污染物，达到水体净化目标。植物选用方面，设计团队筛选出在三亚市生长稳定、观赏性状良好、耐湿耐旱的海绵植物，包括金叶石菖蒲、芒草、香蒲等，见图6-191。

　　实施效果及实景见图6-192。

4. 特色与创新

　　本工程的实施体现了生态混凝土技术在河道工程中的系统化创新与应用。主要体现在如下四个方面：

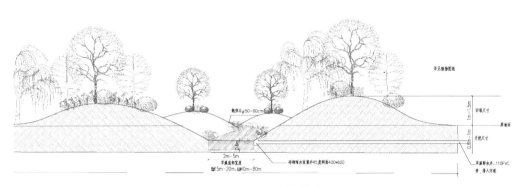

图 6-191　下凹绿地做法

图 6-192　建成后照片
（*a*）建成效果 1；（*b*）建成效果 2；（*c*）建成效果 3；（*d*）建成效果 4

（1）系统化利用生态混凝土技术的生态河道技术体系创新

通过系统化思维，开发了一系列结合生态混凝土技术的河道断面，针对没有条件开挖的束窄河道断面，开发了节省空间的互锁坞式生态挡墙结构；针对直立式护岸结构，开发了抗水土流失阶梯式生态框护岸结构；针对缓坡型护岸结构，开发了适用于行洪河道的复合景观生态护岸结构；针对有通航需求的河道，开发了适用于行洪及通航河道的防冲生态护岸结构。真正做到了因地制宜，多措并举，见图 6-193。

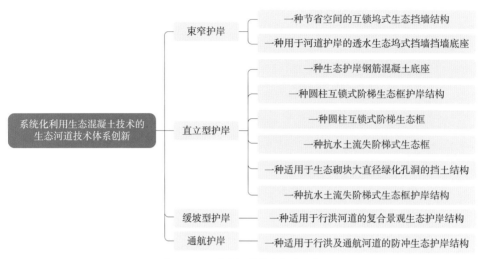

图 6-193　生态河道技术体系研发

（2）重力式生态砌块技术的创新应用

项目充分开发和利用了重力式生态砌块技术，实现了重力式生态砌块的预制，施工时只需要在现场进行组合吊装就可以完成挡墙的搭建，环保高效，美观自然。在实际应用过程中，通过合理设置"级配碎石＋无纺土工布＋生态袋"等多层反滤结构，克服了传统重力式生态砌块容易水土流失的问题，见图 6-194。

图 6-194　重力式生态砌块制备

（3）结合生态混凝土技术的复合型河道断面创新应用

项目采用"生态砌块＋塑钢板桩＋三维水土保护毯＋生态绿化"的复合型生态河道断面，安全功能、生态功能、景观功能多能融合，优化施工顺序，最终成功打造了水清岸绿的生态河道，见图 6-195。

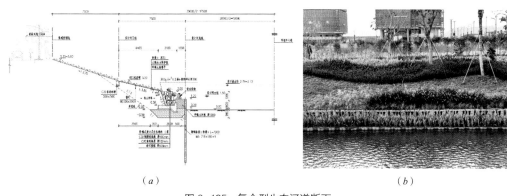

（a） （b）

图 6-195 复合型生态河道断面
（a）设计断面；（b）断面实景

（4）滨海地区抗盐碱技术与生态混凝土技术的融合创新

项目位于滨海地区，对于景观绿化还存在抗盐碱的难题。在生态河道断面设计中充分考虑了抗盐碱措施，采用"抗盐碱+生态护岸"的河道断面，河道景观绿化效果优秀，生态自然，获得了业主的肯定，见图 6-196。

图 6-196 抗盐碱措施施工

5. 实施效果

项目建成后，呈现鱼翔浅底、生态自然，市民纷纷驻足欣赏，享受与生态河道的亲近时光。项目荣获 2023 年"建华建材杯"第三届全国生态混凝土创新设计应用大赛生态工程应用类水利水运工程一等奖。

第7章　智慧案例

依据海绵城市试点建设总体部署，临港新片区于2018年启动了海绵城市管控平台及监测设施建设。临港海绵城市管控平台服务于海绵城市建设、运维与考核评估，在建设过程中融合"水弹性城市"理念，主要使用物联网，大数据，云计算等新一代信息化技术，以云计算虚拟化平台为基础，以海绵城市数据中心为核心，结合GIS+物联感知网络，多角度全方位实时监测海绵城市建设过程及运行情况，通过多源数据融合技术及数据分析技术，实现对海绵城市从规划建设到运行管理的闭环精准管理。

平台集硬件监测设备与软件系统为一身，包括集成站、岸边站、管网流量计、雨量计等监测站点（设备），以及在线监测系统、项目管理系统、运维管理系统、绩效考核系统、决策支持系统、公众服务系统等等软件子系统，涵盖雨量、流量、液位、水质等多项指标的监测仪表设备的建设，以及相关设施、设备的监测数据和运行状态监控，全面、实时、准确掌握区域内的水环境、水生态、水安全、水资源等信息，高效联动多个主体，让海绵城市功能得到充分、长效的发挥。平台总体架构详见图7-1。

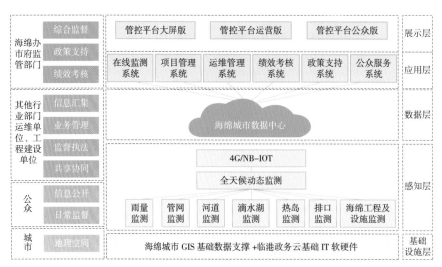

图 7-1　平台总体架构

7.1 六大功能模块 助力海绵长效管控

临港海绵城市智慧管控平台包含在线监测、项目管理、运维管理、绩效考核、决策支持、公众服务 6 个子系统，集监测、预警、设施运维、信息共享、绩效评估等功能为一体，支撑临港试点区海绵城市建设。

7.1.1 在线监测

在线监测系统依据临港试点区"试点区层面 – 汇水分区层面 – 排水分区层面 – 典型项目层面 – 典型海绵设施层面"5 层监测布点，展开对水质、雨量、流量、液位等多项指标的远程监测，用实时监测数据反映海绵城市的水资源情况和建设成果，为临港水环境、水生态、水安全、水资源的总体管理和海绵城市建设成效的评定提供数据支撑，见表 7-1 和图 7-2。

平台监测对象和指标选取 表 7-1

序号	监测层面	监测对象	监测类型	监测指标（在线）	监测意义
1	试点区	汇水分区	雨量	雨量	获取连续降雨数据，作为评估基础
2	汇水分区	滴水湖湖体	水质	五参数、氨氮、叶绿素/蓝绿藻	掌握湖区水体水质情况，为制定应改善措施提供依据
		滴水湖出入口	水质、液位	五参数、COD、TP、氨氮、液位	掌握入出水口水质情况，进行水质预警监测，防止污染水体进入或流出滴水湖
		河道关键断面	水质、液位	五参数、COD、TP、氨氮、液位	水环境、水质安全质量的考核依据
3	排水分区	排水口	排水口	流量、SS	掌握各排污口的水质情况，对潜在的污染源予以监督，及时应对突发污染事件
		管网	管网关键节点	流量、SS	作为过程监测数据，并为运行评估及风险预警提供依据
4	典型项目	典型项目地块	地块出口水质、水量	流量、SS	作为绩效考核评估的末端验证，为关键指标年径流总量控制率、城市面源污染控制率等计算提供依据
5	典型海绵设施	典型海绵设施	海绵设施水质、水量	流量、SS	检验设施运行效果，为地块年径流总量控制率、城市面源污染控制率的计算提供率定验证数据

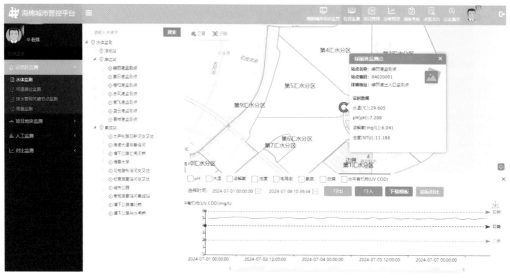

图 7-2　不同层级及设备在线监测实时数据
（来源：临港海绵城市智慧管控平台）

7.1.2　项目管理

项目管理系统统计了滴水湖环湖景观带、春花秋色景观工程、新芦苑海绵化改造等海绵工程项目的基本信息、项目改造前情况、项目设计及工程资料、项目监测信息的录入、审批以及档案管理，从而掌控项目建设进度，监管项目的建设质量，见图 7-3、图 7-4。

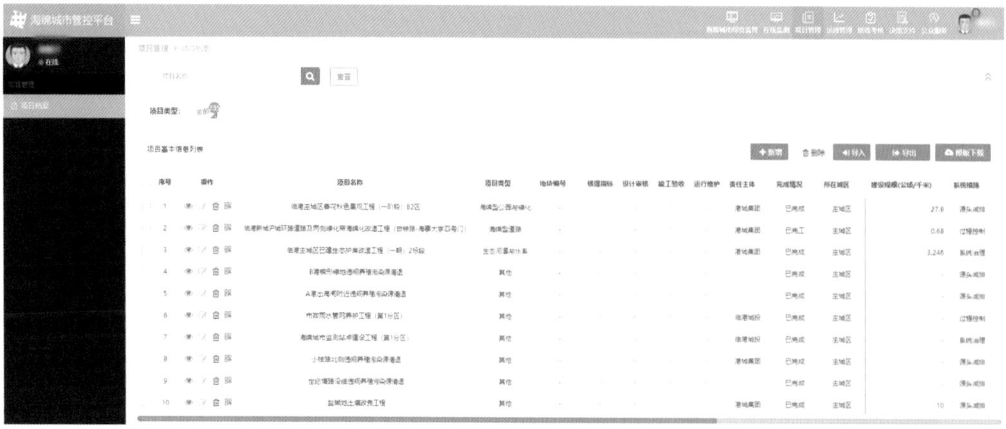

图 7-3　海绵工程项目基本信息列表
（来源：临港海绵城市智慧管控平台）

图 7-4 海绵工程项目信息详情页
（来源：临港海绵城市智慧管控平台）

7.1.3 运维管理

运维管理系统实现了海绵设施及监测设备巡检、养护、维修等一系列工作的信息化流程管理。系统具备完善的数据分析功能，统计监测设备状况、设备运维次数、巡检覆盖率、运维人员执勤情况等，且联动维护单位，建立了一套运维信息库，内容包括监测设备安装时间、运维记录、问题处理过程及运维现场照片等，能够协助维护单位建立各种巡检运维工作计划，落实责任主体，建立工单预警与反馈机制，以便及时发现问题，高效执行维护措施与快速反馈处理结果，见图 7-5。

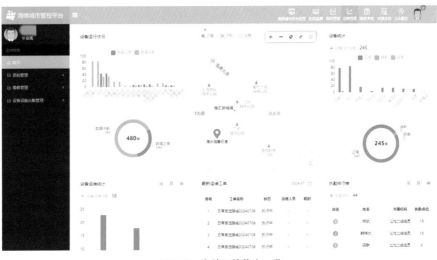

图 7-5 海绵运维信息一览
（来源：临港海绵城市智慧管控平台）

7.1.4　绩效考核

绩效考核系统结合住房城乡建设部海绵试点城市绩效考核要求，实现海绵考核的自评与自动汇总计算。主要包括考核指标资料录入，公式引擎管理，海绵绩效考核自检，海绵效果评估，统计分析等功能。系统以河道断面液位和水质数据、典型海绵设施流量和SS、管道流量和液位等数据作制成，以实时监测和定期填报相结合的方式获取数据，构建考核评估计算方法体系，见图7-6。

图 7-6　海绵绩效考核指标资料录入
（来源：临港海绵城市智慧管控平台）

7.1.5　决策支持

决策支持系统基于对水安全、水环境的全天候动态监测及平台内涝积水模型和水质预测模型，实现预警预报，为应急指挥调度提供支撑。水安全方面，针对海绵建设前后不同重现期降雨进行内涝风险模拟，并针对可能存在的内涝风险进行预警预报和指挥调度。水环境方面，分析不同重现期降雨下面源污染在管道排口处汇入河道时 COD、氨氮和 TP 的变化趋势，并针对水质较差区域模拟不同引水路线和引水量对河道水质的影响，以便提前做出水质预警。如发生突发性水污染事件，则通过分析模拟预测污染物的传播路径、范围和浓度及时制定应急响应指挥方案。应急预警平台中不同工况模拟结果见图7-7。

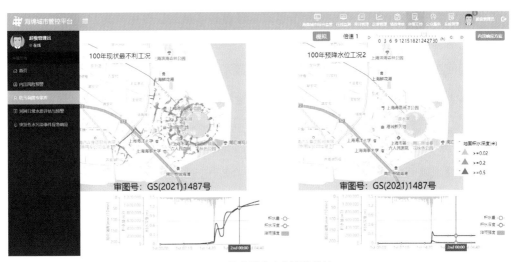

图 7-7　海绵城市应急预警模块
（来源：临港海绵城市智慧管控平台）

7.1.6　公众服务

公众服务系统面向社会公众，主要包括海绵城市宣传、建设进度公示、水情反馈、互动交流、系统管理等功能。系统通过网站、微信小程序、移动 APP 等形式，推行社会公众舆情监督、网上信息披露与公开，向公众提供水情信息查询、海绵城市信息互动等服务，增强社会公众对海绵城市的参与度，见图 7-8。

图 7-8　公众服务信息一览
（来源：临港海绵城市智慧管控平台）

7.2　高效联动各主体 构建多元共治体系

临港海绵城市智慧管控平台的主要服务对象为政府行政主管部门、海绵城市项目建设单位、海绵城市管控单位、政府相关职能部门和社会公众。平台依据不同服务对象，基于六大功能模块进行数据抽取与整合，以管控平台大屏版、管控平台运管版、管控平台公众版的展现形式，以满足不同用户的访问使用。

7.2.1　管控平台大屏版

管控平台大屏主要服务于临港管委会（海绵办）、海绵技术支持单位，其功能模块包括系统方案、在线监测、三维展示、场景展示、项目管理、运维管理、绩效考核、决策支持、生态环境。大屏基于 GIS 底图及三维场景，宏观展现了临港海绵整体建设情况，分平台和项目层级显示设备设施运行及维修情况，实现了海绵监测数据的实时监控与报警。同时通过在线监测与考核方法计算相结合的模式，对试点区、汇水分区、典型项目三个层级的海绵建设绩效指标的达标情况、不同降雨条件影响及最优调度方案、三维场景下汇水分区、排水分区划分及项目地块分布等内容均进行了可视化展示。便于政府部门动态监管海绵城市运行效果，及时开展城市内涝及防汛等事故应急指挥与调度，更高效统筹协调各单位相关工作的开展，见图 7-9。

图 7-9　管控平台大屏版系统方案功能模块
（来源：临港海绵城市智慧管控平台）

7.2.2　管控平台运管版

运管版主要服务于临港城投、项目建设单位、项目设计单位和海绵技术支持单位，是基于 PC 端对海绵项目建设、运行和绩效考核进行管理，其功能模块包括在线监测、项目管理、运维管理、绩效考核、决策支持、公众服务。运管版界面详见 7.1 节图 7-5~图 7-8。

7.2.3　管控平台移动版

移动版主要服务于项目运维单位、社会公众，包括运行维护 APP 和微信小程序。

1. 运行维护 APP

运行维护 APP 包括实时监测、异常报警和巡检维修等功能模块，可将监测点数据、报警信息和巡检任务实时传送至移动设备，便于现场运维人员随时查看与迅速响应，见图 7-10。

图 7-10　临港海绵城市智慧管控平台运行维护 APP 功能模块
（a）实时监测；（b）巡检维修

2.微信公众小程序

微信公众小程序包括临港海绵、业务监管和公众互动等功能模块。其中，临港海绵功能模块以图文、视音频等形式向公众普及了海绵知识技术，展示了临港海绵建设成果；业务监管功能模块展示了临港海绵项目分布、建设情况及资金使用情况、水质水量实时监测数据等；公众互动功能模块涵盖临港海绵信息发布、公众互动意见反馈等，提高公众对海绵城市的参与度与支持度，见图7-11。

图7-11　临港海绵城市智慧管控平台微信小程序功能模块
（a）临港海绵；（b）业务监管

7.3　多维度监测分析支撑片区海绵建设成效

目前临港海绵城市智慧管控平台已完成一、二期投运，平台在线监测网络在构建上紧密围绕临港海绵城市绩效考核指标体系这一核心，以数据支撑临港海绵城市建设的量化考核。

平台一期项目在水质水量关键节点处、典型项目及典型设施处部分监测点，包括17个水质监测站，15分关键节点流量及SS监测站，9个雨量监测站，10个河道液位监测站。同时，通过人工采样与实验室取样的方式辅助平台在线监测，对临港海绵城市试点区的河道主要断面、河道排口、项目排口等水质进行分析，为海绵设施运行维护和管理提供基础，满足对海绵城市建设的动态监管和对海绵城市建设的绩效考核的需求，见图7-12。

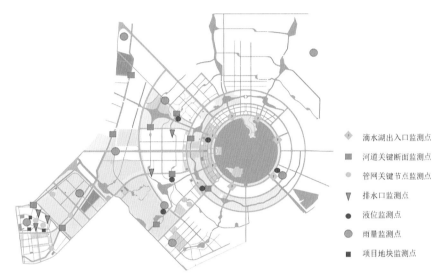

图例：
◆ 滴水湖出入口监测点
■ 河道关键断面监测点
● 管网关键节点监测点
▼ 排水口监测点
● 液位监测点
● 雨量监测点
■ 项目地块监测点

图7-12　临港海绵城市智慧管控平台一期监测点位分布

7.3.1　数据监测分析

1. 雨量监测

临港海绵城市智慧管控平台一期共安装9台在线雨量计，考虑到降雨分布的不均匀性，每8~9km^{2}布设1个雨量在线监测点，监测频率为10min 1次，用于反馈雨季不同汇水分区的降雨情况，也为年径流总量控制率等指标的量化评估提供依据。雨量监测点位分布见图7-13。

以海基六路海洋四路为例，统计该处雨量计2024年3月至5月监测数据可知，这3个月总累计雨量为61mm，最大降雨发生在5月11日，日降雨量为4.6mm（图7-14）。

2. 径流监测

临港海绵城市智慧管控平台一期对7处排水管网的关键节点、5处排水口及3处项目地块监测点进行了在线流量及水质（SS）监测，监测频率为15min 1次，以辅助评估临港

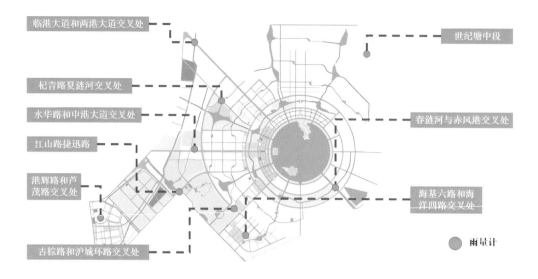

图7-13　一期9处雨量监测点位分布

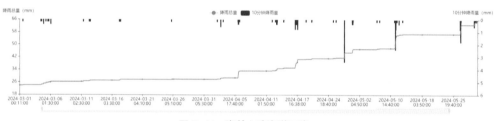

图7-14　海基六路海洋四路

海绵城市试点区各汇水分区的年径流总量控制率及年径流污染削减率。各监测点位分布见图7-15。

　　以芦云路和港辉路交叉口监测点为例，该处管网监测点的流量数据、SS浓度数据与降雨数据见图7-16。其中降雨数据出现异常，SS数值较为稳定。经现场运维人员进行设备修复后，流量数据在5月中旬起基本与降雨数据匹配。

3. 河道液位监测

　　河道液位监测可帮助及时掌握河道水位变化动态及规律，并进行风险预警预报；同时对比雨水排放管网流量与河道水位变化的对应关系，分析非降雨时段是否有污水排入河道。临港海绵城市管控平台一期共设置了10个河道液位监测点，监测频率为15min 1次。

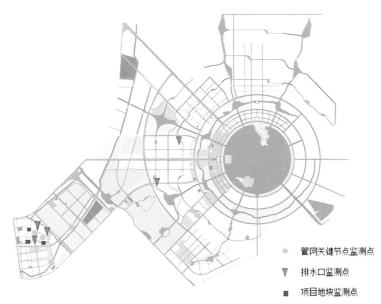

图 7-15　管网关键监测点位分布图

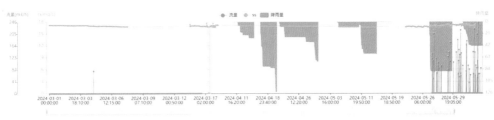

图 7-16　芦云路和港辉路交叉口管网监测流量、SS 浓度与降雨量

以古棕路和沪城环路交叉口监测点为例，其 2024 年 7 至 9 月河道水位变化见图 7-17。

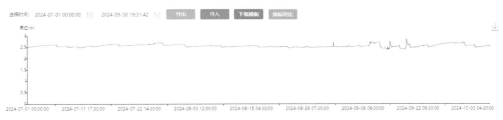

图 7-17　古棕路和沪城环路交叉口监测点水位

由上图可看出，该河道水位变化较为稳定，大部分时段水位维持在 2.5-3m 间，波动幅度不大，处于安全的常水位区间。

4.水质监测

为评估临港新片区海绵城市地表水环境质量变化规律，临港海绵城市智慧管控平台对新片区河道主要断面及滴水湖进行了在线水质监测，监测频率为4h 1次。其中，河道主要断面监测点有10处，滴水湖入湖口监测有7处。各监测点位分布见图7-18。

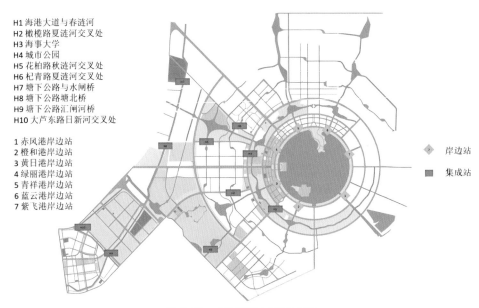

图7-18 水质监测站点位分布图

以蓝云港岸边站为例，对其2024年3月~5月份水质监测数据展开分析，详见图7-19、表7-2、表7-3。蓝云港岸边站所监测水体中，总磷这一指标因子在4月份出现过两次数值超标情况，经平台监测发现及时通知运维单位现场排查情况后，均在第一时间解除异常；除此之外，蓝云港岸边站所监测水体水质整体情况较好，这三个月内均稳定在Ⅲ类及以上标准，不存在超标情况。

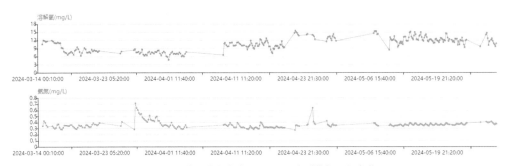

图7-19 蓝云港岸边站3月~5月水质指标因子变化

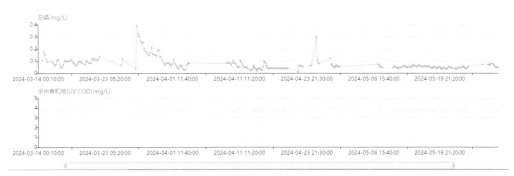

图 7-19　蓝云港岸边站 3 月~5 月水质指标因子变化（续）

蓝云港岸边站 2024 年 3 月~5 月水质达标率　　　　　　表 7-2

月份	Ⅰ	Ⅱ	Ⅲ	Ⅳ	Ⅴ	劣Ⅴ类	计入天数（d）	达标天数（d）	达标率（%）
3 月	0	7	8	0	0	0	15	15	100
4 月	0	22	1	0	0	0	23	23	100
5 月	0	22	0	0	0	0	22	22	100

蓝云港岸边站 2024 年 3 月~5 月各水质指标因子月平均浓度及水质评价　表 7-3

月份	指标	月度算术平均值	水质指标评价	月综合评价
3 月	溶解氧	8.4	Ⅰ类	Ⅲ类
	氨氮	0.38	Ⅱ类	
	总磷	0.124	Ⅲ类	
	COD	3.8	Ⅰ类	
4 月	溶解氧	10.3	Ⅰ类	Ⅱ类
	氨氮	0.33	Ⅱ类	
	总磷	0.063	Ⅱ类	
	COD	3.8	Ⅰ类	
5 月	溶解氧	12.2	Ⅰ类	Ⅱ类
	氨氮	0.36	Ⅱ类	
	总磷	0.050	Ⅱ类	
	COD	3.8	Ⅰ类	

7.3.2　建设成效分析

　　临港海绵城市智慧管控平台可实现临港区域内降雨、水质、水量等多源海绵城市监测数据的实时采集与设施设备运行状态的动态监控，为量化评估临港海绵城市的建设效果提供了有效的数据支撑。

1. 海绵设施建设效果监测分析（以新芦苑 F 区雨水花园为例）

（1）径流体积控制率

新芦苑 F 区雨水花园设计年径流总量控制率为 75%，对应设计降雨量 22.4mm，设施服务面积 73.2m²。自 2018 年 8 月至 2019 年 7 月，选取四场典型降雨进行分析，降雨数据来自雨量计"18044515003"，设施出水口安装有流量计进行在线实时监测。根据雨量数据和监测流量数据，计算单场降雨径流体积控制率，作为该海绵设施年径流总量控制率的评估验证。计算结果见表 7-4。

新芦苑 F 区雨水花园场次降雨监测结果表   表 7-4

序号	降雨日期	总降雨量（mm）	降雨历时（h）	最大一小时降雨量（mm）	设施进水径流体积（m³）	设施出水径流体积（m³）	场降雨径流体积控制率（%）
1	2018.08.16	118	25	44.4	8.6	3.6	58.1
2	2019.02.12	30	17.8	9.5	2.7	0	100
3	2019.06.18	45.6	18.2	5.6	4.1	0.67	84.2
4	2019.06.20	51.5	22	6.6	4.6	0.72	84

选取的四场降雨中，2019 年 2 月 12 日降雨情况下，雨水花园无出流，降雨被完全控制；总降雨量在 40~55mm 之间降雨下的径流体积控制率在 75% 以上，2018 年 8 月 16 日总量为 118mm 的降雨的情况下，径流体积控制率为 58.1%。因此，新芦苑 F 区雨水花园基本满足设计方案中年径流总量控制率 75% 的要求。

（2）污染物总量削减率

新芦苑 F 区雨水花园设计污染物总量削减率为 70%，设施出水口安装有流量计和 SS 计进行在线实时监测。设施进水 EMC 通过面源污染人工检测数据结合设施汇水范围内不同下垫面比例加权计算。分别于 2019 年 7 月 9 日和 2019 年 8 月 9 日，对临港市政道路、绿地、屋面、铺装、LID 等不同下垫面的面源污染进行人工采样检测，以获取典型下垫面场次降雨径流事件污染物平均浓度 EMC 及污染物累积规律。考虑最不利因素，选取 2019 年 8 月 9 日检测结果作为新芦苑 F 区雨水花园入口 EMC 的计算条件。根据在线流量数据以及在线 SS 数据，计算该设施单场次降雨出水 EMC 浓度。计算的结果见表 7-5。

选取的四场降雨中，2019.02.12 降雨情况下，雨水花园无出流，降雨被完全控制，污染物总量削减率 100%；总降雨量在 40~55mm 之间降雨下的污染物总量削减率在 70% 以上，2018 年 8 月 16 日总量为 118mm 的降雨情况下，污染物总量削减率为 49.2%。因此，新芦苑 F 区雨水花园基本满足设计方案中污染物总量削减率 70% 的要求。

新芦苑 F 区雨水花园场次降雨监测结果　　　　　表 7-5

序号	降雨日期	总降雨量（mm）	理论径流量（m³）	设施进水 EMC（mg/L）	设施出水 EMC（mg/L）	场降雨污染物总量削减率（%）
1	2018.08.16	118	8.6	246	125	49.2
2	2019.02.12	30	2.7	246	0	100
3	2019.06.18	45.6	4.1	246	72	70.7
4	2019.06.20	51.5	4.6	246	67	77.9

2. 项目地块建设效果监测分析（以新芦苑 F 区为例）

（1）径流体积控制率

新芦苑 F 区设计年径流总量控制率为 75%，对应设计降雨量 22.4mm，项目汇水面积 3.36hm²。降雨数据来自雨量计"18044515003"，项目总排口安装有流量计进行在线实时监测。选取 2018 年 8 月 16 日、2018 年 11 月 21 日和 2019 年 2 月 12 日三场典型降雨进行分析，根据雨量数据和监测流量数据，计算单场降雨径流体积控制率，作为该项目年径流总量控制率的评估验证。计算结果见表 7-6。

新芦苑 F 区场次降雨监测结果　　　　　表 7-6

序号	降雨日期	总降雨量（mm）	降雨历时（h）	最大一小时降雨量（mm）	理论径流量（m³）	项目出水径流体积（m³）	场降雨径流体积控制率（%）
1	2018.08.16	118	25	44.4	3964.8	1409.6	64.4
2	2018.11.21	38.2	25	6.4	1283.5	144.5	88.7
3	2019.02.12	30.4	17.7	5.6	1021.4	69	93

选取的四场降雨中，降雨量在 30~40mm 之间降雨下的径流体积控制率在 85% 以上，2018 年 8 月 16 日总量为 118mm 的降雨情况下，径流体积控制率为 64.4%。因此，新芦苑 F 区基本满足设计方案中年径流总量控制率 75% 的要求。

选取 2019 年 2 月 12 日典型降雨，通过模型模拟海绵改造前项目出流情况，与海绵改造后实际监测值进行对比，分析海绵项目建设的径流控制效果，见图 7-20。峰值流量由改造前的 0.025m³/s 降低至改造后的 0.006m³/s，峰值削减 76%；峰值时间由改造前的 315min 延迟至 330min，峰值延后 15min；总径流体积由改造前的 434.2m³ 减至 69m³，总排出削减 84%。可见海绵改造对径流峰值和径流总量有较明显的削减效果。

（2）污染物总量削减率

新芦苑 F 区设计污染物总量削减率为 45%，设施出水口安装有流量计和 SS 计进行在线实时监测。项目进水 EMC 通过面源污染人工检测数据结合设项目地块汇水范围内不

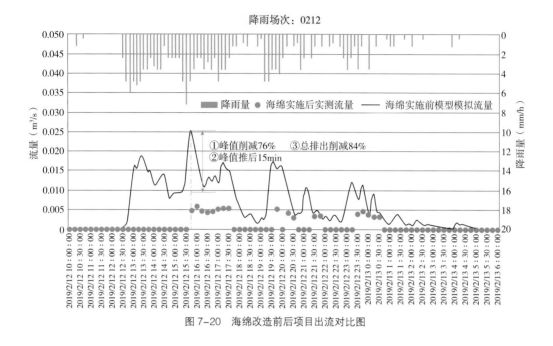

图 7-20　海绵改造前后项目出流对比图

同下垫面比例加权计算。分别于 2019 年 7 月 9 日和 2019 年 8 月 9 日，对临港市政道路、绿地、屋面、铺装、LID 等不同下垫面的面源污染进行人工采样检测，以获取典型下垫面场次降雨径流事件污染物平均浓度 EMC 及污染物累积规律。考虑最不利因素，选取 2019年 8 月 9 日检测结果作为新芦苑 F 区入口 EMC 的计算条件。根据在线流量数据以及在线SS 数据，计算该项目地块单场次降雨出水 EMC 浓度，计算的结果见表 7-7。

新芦苑 F 区场次降雨监测结果　　　　　　　　　　表 7-7

序号	降雨日期	总降雨量（mm）	理论径流量（m³）	项目进水 EMC（mg/L）	项目出水 EMC（mg/L）	场次降雨污染物总量削减率（%）
1	2018.08.16	118	3964.8	171	99.3	41.9
2	2018.11.21	38.2	1283.5	171	72.5	57.6
3	2019.02.12	30.4	1021.4	171	65.6	61.6

选取的四场降雨中，降雨量在 30~40mm 之间降雨下，新芦苑 F 区的污染物总量削减率均在 50% 以上，2018 年 8 月 16 日总量为 118mm 的降雨情况下，污染物总量削减率为41.9%。因此，新芦苑 F 区满足设计方案中污染物总量削减率 45% 的要求。

3. 排水分区建设效果监测分析（以主城区为例）

（1）径流体积控制率

主城区设计年径流总量控制率为 77.7%，项目汇水面积 10.5hm²。降雨数据来自雨量计

"18044515003"，排水分区两个排口 G4–G5 分别安装有流量计进行在线实时监测。选取 2018 年 8 月 ~2019 年 7 月一个完整水文年降雨进行分析，根据雨量数据结合水动力学模型，计算主城区年径流总量控制率（考虑 LID 设施缓排流量）。其中主城区理论径流量 148953m³，出水径流体积 31672m³，年径流总量控制率 78.7%，大于设计方案中规划值 77.7%。

选取 2018 年 8 月 16 日和 2019 年 2 月 12 日两场典型降雨进行分析，根据雨量数据和监测流量数据，计算单场降雨径流体积控制率，作为该项目年径流总量控制率的评估验证，计算结果见表 7–8。

新芦苑 F 区场次降雨监测结果　　　　　　　　表 7–8

序号	降雨日期	总降雨量（mm）	降雨历时（h）	降雨量最大一小时降雨量（mm）	理论径流量（m³）	项目出水径流体积（m³）	场降雨径流 体积控制率（%）
1	2018.08.16	118	27	34.9	14160	5172	63.6
2	2019.02.12	30	18.2	5.2	3600	694	80.7

选取的四场降雨中，降雨量在 30mm 时，径流体积控制率为 80.7%，2018 年 8 月 16 日总量为 118mm 降雨情况下，径流体积控制率为 63.6%，因此，主城区典型排水分区基本满足设计方案中年径流总量控制率 77.7% 的要求。

选取 2019 年 2 月 12 日典型降雨，通过模型模拟海绵改造项目出流情况，与海绵改造后实际监测值进行对比，分析海绵项目建设的径流控制效果，见图 7–21。峰值流量由改造前的 0.078m³/s 降低至改造后的 0.025m³/s，峰值削减 69%；峰值时间由改造前的

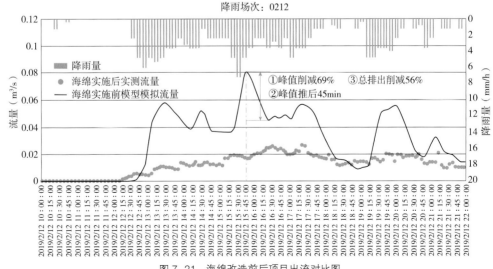

图 7–21　海绵改造前后项目出流对比图

225min 延迟至 270min，峰值延后 45min；总径流体积由改造前的 1568.4m³ 减小至 694m³，总排出削减 56%。可见海绵改造对径流控制有一定的效果。

（2）污染物总量削减率

主城区设计污染物总量削减率为 45%，排水分区的两个排口分别安装有流量计和 SS 计进行在线实时监测。选取 2018 年 8 月 ~2019 年 7 月一个完整水文年降雨进行分析，根据雨量数据结合水动力学模型，计算主城区年污染物总量削减率。其中主城区 SS 累计冲刷量 8.12t，SS 管网末端排量 4.33t，年污染物总量削减率 45.1%，大于设计方案中目标值 45%。

选取 2018 年 8 月 16 日和 2019 年 2 月 12 日两场典型降雨进行分析，根据雨量数据和监测 SS 数据，计算该项目单场次降雨径流污染物平均浓度，监测的结果见表 7-9。

主城区场次降雨监测结果　　　　　　　　　　表 7-9

序号	降雨日期	总降雨量（mm）	理论径流量（m³）	项目进水 EMC（mg/L）	项目出水 EMC（mg/L）	场降雨污染物总量削减率（%）
1	2018.08.16	118	14160	242	143	41
2	2019.02.12	30	3600	242	69.1	71.4

经核算，排水分区在降雨量较小时的径流污染物控制较好。

7.3.3　属地参数研究

根据海绵城市管控平台监测数据，对 Infoworks ICM 模型进行率定，确定属地化的模型参数。

7.3.3.1　水文模型参数

1. 海绵设施模型率定（以 F 区雨水花园为例）

新芦苑 F 区雨水花园设计年径流总量控制率为 75%，对应设计降雨量 22.44mm，设施服务面积 73.2m²。F 区雨水花园的 LID 参数率定数据选择 2019 年 6 月的两场降雨（场次 1、场次 2）及对应的排口流量数据。通过调整 LID 土壤层的导水率来匹配模拟与监测流量数据。经过率定后，导水率调整为 150mm/h。在场次降雨 1、2 下，模拟与监测流量数据见图 7-22、图 7-23。

2. 典型项目模型率定（以新芦苑 F 区为例）

新芦苑 F 区设计年径流总量控制率为 75%，对应设计降雨量 22.44mm，项目汇水面积 33600m²。新芦苑 F 区的水文参数率定数据选择 2019 年 2 月 12 日和 2018 年 8 月 16 日

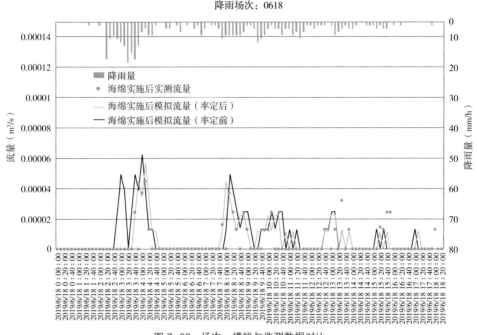

图 7-22　场次一模拟与监测数据对比

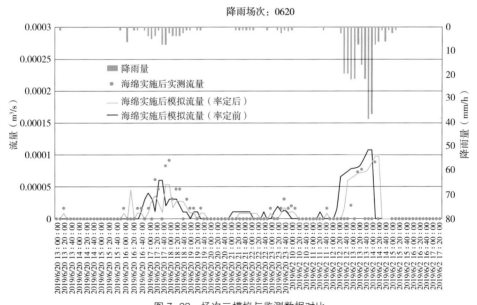

图 7-23　场次二模拟与监测数据对比

两场雨及对应的项目总排口流量数据。通过调整土壤初渗率、稳渗率这两个参数来匹配模拟与监测流量数据。经过率定后，这两个关键参数调整见表 7-10。

　　通过以上模型的率定和后续的验证过程，试点区整合模型所使用的水文参数能够比较精确及合理地反映试点区的实际水文过程。最终模型率定的水文水力参数见表 7-11。

关键参数调整　　　　　　　　　　　　表 7-10

关键参数	初设参数	率定后
初渗率（mm/h）	125	95
稳渗率（mm/h）	6.3	3.5

水文水力参数最终参数确定　　　　　　　　　　表 7-11

分类		率定参数	初设值	率定值
LID 参数		土壤层的导水率	100mm/h	150mm/h
水文参数	径流参数	固定径流系数	不透水表面 0.9	0.95
		土壤初渗率	125mm/h	95mm/h
		稳渗率	6.3mm/h	3.5mm/h
		衰减率	21/h	21/h
	汇流参数	曼宁 N	不透水表面 0.013，透水表面 0.1	不透水表面 0.013，透水表面 0.1
水力参数		管道糙率（曼宁 N）	0.013	0.018
		河道糙率（曼宁 N）	0.025~0.035	0.035

7.3.3.2 水质参数

仍以新芦苑 F 区为例，水质参数率定数据选择 2018 年 8 月 16 日、2019 年 2 月 12 日两场降雨及对应的项目排口 SS 浓度监测数据。通过调整累积因子 PS 及冲刷参数 C1 这两个参数来匹配模拟与监测 SS 浓度数据的峰值。经过率定后，这两个关键参数调整见表 7-12。

居民区关键参数调整表　　　　　　　　　表 7-12

监测地区	累计因子		冲刷参数（无物理意义）		
	PS	K1	C1	C2	C3
居民区	60	0.08	90000000	2.02	29

经对比统计，两场降雨的 SS 模拟与监测值得均值、峰值以及均值误差见表 7-13。

通过模型水质参数的率定和后续验证过程，典型项目区及试点区整合模型的均值误差在 -20%~20% 之间，河道水质所有点位的均值误差在 -30%~30% 之间。趋势与实测基本一致，能比较精确及合理地反映试点区实际的水质过程。

各场次模拟与监测对比评估　　表7-13

监测项目	场次1		场次2	
	模拟值	监测值	模拟值	监测值
SS均值（mg/L）	185	196	175	226
SS峰值（mg/L）	79	74	320	280
均值误差	-6%		15%	

最终模型所使用的水质参数见表7-14。

水质参数（累积冲刷）最终参数确定　　表7-14

率定参数	用地分类	初设值	率定值
PS累积参数 [kg/（hm²·d）]	道路	65	80
	居民区/文教/办公区	25	60
	草地/公园	6	40
	物流仓储	35	70
C1（冲刷参数）无量纲	/	100000000	90000000

7.3.4　辅助智慧决策

临港海绵城市智慧管控平台的构建紧密围绕上海临港海绵城市绩效考核指标体系（水生态、水环境、水资源、水安全、制度建设及执行情况、显示度六个方面合计18个指标）进行科学评估，建立起基于"监测数据基底＋平台模型模拟"的科学化分析机制，辅助管理层运营决策。2019年8月，为应对台风"利奇马"影响，根据台风预报情况，采用平台进行应急预案演练，以图、表、动画的形式进行展示，直观表达出防洪排涝调度方案，辅助调度人员进行调度方案的制定。临港地区根据调度方案开闸排水，对河道和湖泊进行预降水位，增加调蓄容积。台风前后，通过管控平台数据可以看出，临港地区河道、湖泊水位变化较小，被控制在稳定的范围内。

临港海绵城市智慧管控平台全面集成互联网、云计算、在线监测、自动化控制、数据库、水动力和管网模型等技术，服务于海绵城市建设全生命周期，全面保障临港海绵城市建设，有效提升政府智慧管理水平，提高涉水信息获取水平，拓展公众参与途径和窗口，为其他城市全域推进海绵城市建设提供参考模式。

展望

展望篇

第 8 章　展望

2015—2024 年期间，90 个城市先后开展海绵城市建设试点、示范工作，通过 3 年集中建设，城市防洪排涝能力及地下空间建设水平明显提升，河湖空间严格管控，生态环境显著改善，海绵城市理念得到全面、有效落实，推出一批可复制、可推广的经验和模式，为建设宜居、绿色、韧性、智慧、人文城市创造条件，推动全国海绵城市建设迈上新台阶。近年来，各地认真贯彻习近平总书记关于海绵城市建设的重要指示批示精神，采取多种措施推进海绵城市建设，对缓解城市内涝发挥重要作用。但试点、示范城市依旧是系统化全域推进海绵城市建设的主要阵地，部分城市仍然存在对海绵城市建设认识不到位、实施不系统等问题，影响海绵城市建设成效。

《关于推进海绵城市建设的指导意见》明确到 2030 年，城市建成区 80% 以上的面积达到目标要求；《关于加强城市内涝治理的实施意见》《关于进一步明确海绵城市建设工作有关要求的通知》等文件明确应扎实推动海绵城市建设，增强城市防洪排涝能力，用统筹的方式、系统的方法解决城市内涝问题，维护人民群众生命财产安全，为促进经济社会持续健康发展提供有力支撑。2023 年 12 月，习近平总书记考察上海时指出，应全面推进韧性安全城市建设，努力走出一条中国特色超大城市治理现代化的新路。以上均对系统化全域推进海绵城市建设提出新的要求，海绵城市建设作为城市规划建设管理的标配是大势所趋，建议从四方面持续开展海绵城市建设。

一是明确海绵实施路径。突出全域谋划，着眼于流域区域，全域分析城市生态本底，立足构建良好的山水城关系，实现城市水的自然循环。坚持系统施策，从"末端"治理向"源头减排、过程控制、系统治理"转变，从以工程措施为主向生态措施与工程措施相融合转变。坚持因地制宜，坚持问题导向和目标导向，结合气候地质条件、场地条件、规划目标和指标、经济技术合理性、公众合理诉求等因素，灵活选取"渗、滞、蓄、净、用、排"等多种措施组合，增强雨水就地消纳和滞蓄能力。坚持有序实施，结合城市更新行动，急缓有序、突出重点，优先解决积水内涝等对人民群众生活生产影响大的问题，优先将建设项目安排在短板突出的老旧城区，向地下管网等基础设施倾斜。

二是完善规划技术体系。规划体系方面，推进各级海绵规划评估和编制工作；在各层级国土空间规划、专项规划中衔接落实各级海绵城市规划相关核心指标和管控要求，实现多规协同。技术体系方面，探索海绵城市建设规划创新方法、修订海绵城市建设技术标准、标准图集、竣工验收标准等，编制建设成效评估标准、设施运维定额标准和施工指南；制定海绵城市建设工作要求和技术指引，加强多专业协同，注重多目标融合，实现全生命周期优化设计；大力发展海绵城市建设新产品新技术，围绕海绵城市建设开展标准化设计、发展标准化产品，重点探索适应不同区域特征的模块化技术、产品。

三是提升建设管理能力。立项管控方面，应在立项、可研、初设等全过程落实海绵要求。规划管控方面，应将海绵要求纳入国有建设用地使用权有偿使用合同或建设项目规划土地意见书、工程建设规划许可证。设计管控方面，应在设计方案、施工图审查环节将海绵内容纳入审查范围，并出台审查要点和管理细则。成效评估方面，应以排水分区为单元，持续开展成效评估，加强事中事后监管。运行维护方面，应加强智慧运营，将涉水智慧管理融入智慧城市建设。

四是加强组织领导保障。进一步压实城市人民政府海绵城市建设主体责任，建立政府统筹、多专业融合、各部门分工协同的工作机制，形成工作合力，增强海绵城市建设的整体性和系统性。各城市应出台海绵城市建设相关法规，为海绵城市的可持续发展提供立法保障。资金保障方面，落实规划编制、项目建设、运维的资金保障，完善城市更新类、城市维护类项目的海绵资金投入机制，明确有关专项资金优先支持海绵城市建设。宣传引导方面，加强海绵城市建设管理和技术人员的培训，保证海绵城市建设"不走样"；积极探索群众喜闻乐见的宣传形式，避免"海绵城市万能论""海绵城市无用论"，严禁虚假宣传或夸大宣传。

最终实现全国范围海绵城市建设常态化推进，海绵城市建设系统融入城市规划建设管理全过程，因地制宜地采取"渗、滞、蓄、净、用、排"等措施，充分发挥建筑、道路和绿地、水系等生态系统对雨水的吸纳、蓄渗和缓释作用，有效控制雨水径流，实现自然积存、自然渗透、自然净化的城市发展方式，海绵城市建设理念深入人心，老百姓幸福感和获得感切实提升；实现水安全韧性增强、水环境质量提升、水生态系统健康、水资源利用高效，助力城镇高质量发展和生态文明建设，促进人与自然和谐发展。

参考文献

[1] 中国工程建设标准化协会.海绵城市系统方案编制技术导则：T/CECS 865—2021[S].北京：中国计划出版社 2021.

[2] 上海市住房和城乡建设建设管理委员会.海绵城市建设技术标准：DG/TJ 08-2298—2019[S].上海：同济大学出版社，2019.

[3] Guo J C Y. Urban Flood Mitigation and Stormwater Management[M]. Boca Raton, FL: CRC Press，2017.

[4] Mah D, Putuhena F J, Rosli N. Environmental Technology：Potential of Merging Road Pavement with Stormwater Detention[J]. Journal of Applied Science & Process Engineering, 2014, 1（1），1–8.

[5] 桂晗亮，张春萍.城市面源污染研究现状及展望[J].环境保护前沿，2019，9（6）：775–781.

[6] 彭圣，张建红.WOD 模式在城市内涝防治领域的应用研究[J].中国工程咨询，2024，4：72–75.

[7] 孙跃平.日本东京城市排水管网的再建规划和技术措施[J].非开挖技术，2023，2：13–16.

[8] 贾卫红，李琼芳.上海市排水标准与除涝标准衔接研究[J].中国给水排水，2015，31（15）：122~126.

[9] 北京市市场监督管理局，北京市规划和自然资源委员会.城镇排水防涝系统数学模型构建与应用技术规程：DB11/T 2074—2022[S].北京：北京市市场监督管理局，北京市规划和自然资源委员会，2022.

[10] 黄兆玮，刘霞，徐辉荣，等.市政排水与城市排涝标准衔接理念及其应用案例分析[J].中国给水排水，2018，34（4）：16–21.

[11] 刘绪为，胡坚，王浩正，等.基于 TMDL 的金山湖水环境治理模拟耦合计算与实践[J].中国给水排水，2020，36（01）：105–109.

[12] 中华人民共和国住房和城乡建设部.城镇雨水调蓄工程技术规范：GB 51174—2017[S].北京：中国计划出版社，2017.

[13] 中华人民共和国住房和城乡建设部.室外排水设计标准：GB 50014—2021[S].北京：中国计划出版社，2021.

[14] 中国工程建设标准化协会.城镇排水管道混接调查及治理技术规程：T/CECS 758—2020[S].北京：中国计划出版社，2021.

[15] Edward B，Deb C. Illicit discharge detection and elimination A guidance manual for program development and technical assessments[R]. Washington，D.C.：U.S. Environmental Protection Agency，2004.

[16] Pitt R，Lalor M. Investigation of inappropriate pollutant entries into storm drainage systems[R]. Cincinnati：Washington，D.C.：U.S. Environmental Protection Agency，1993.

[17] 滝本麻理奈，金海秀纪，森永晃司，等．基于文献调查的雨天内涝防治研究 [J]. 下水道杂志，2024，61：76–84.

[18] 邓红兵，王青春，王庆礼，等．河岸植被缓冲带与河岸带管理 [J]. 应用生态学报，2001，12（6）：951–954.

[19] 王佳恒，颜蔚，段学军，等．湖泊生态缓冲带识别与生态系统服务价值评估——以滇池为例[J]. 生态学报，2023，43（3）：1005–1015.

[20] 晁爱敏，于海燕，盛天进，等．浦阳江干流河流生态缓冲带土地利用类型对水质和底栖动物的影响 [J]. 环境工程学报，2022（001）：016.

[21] 金相灿．湖滨带与缓冲带生态修复工程技术指南 [M]. 北京：科学出版社，2014.

[22] 朱金格，张晓姣，刘鑫，等．生态沟 – 湿地系统对农田排水氮磷的去除效应 [J]. 农业环境科学学报，2019，282（02）：163–169.

[23] 俞孔坚．城市阳台拥抱再野化自然——西安雁南生态公园二期 [J]. 景观设计学（中英文），2023（006）：011.

[24] 崔广柏，徐向阳，刘俊，等．滨水地区水资源保护理论与实践[M]. 北京：中国水利水电出版社，2009.